Altium Designer 20中文版从入门到精通

（微课视频版）

占金青　刘　敏　等编著

电子工业出版社
Publishing House of Electronics Industry
北京·BEIJING

内 容 简 介

本书以 Altium Designer 20 为基础，全面讲述了 Altium Designer 20 电路设计的各种基本操作方法与技巧。全书共分为 11 章，第 1 章 Altium Designer 20 概述；第 2 章电路原理图的设计；第 3 章元器件的绘制；第 4 章层次原理图的设计；第 5 章项目编译与报表输出；第 6 章元器件的封装；第 7 章印制电路板的设计；第 8 章电路仿真；第 9 章信号完整性分析；第 10 章和第 11 章为两个大型综合实例。本书配送电子资料，包含全书实例的源文件素材和全部案例同步讲解视频文件等。

本书可以作为大中专院校电子相关专业的教材，也可以作为各种培训机构的培训教材，还可以作为电子设计爱好者的自学辅导书。

图书在版编目（CIP）数据

Altium Designer 20 中文版从入门到精通：微课视频版/占金青等编著. —北京：电子工业出版社，2021.4
ISBN 978-7-121-40893-9

Ⅰ．①A… Ⅱ．①占… Ⅲ．①印刷电路—计算机辅助设计—应用软件 Ⅳ．①TN410.2

中国版本图书馆 CIP 数据核字（2021）第 055114 号

责任编辑：王艳萍
印　　刷：北京七彩京通数码快印有限公司
装　　订：北京七彩京通数码快印有限公司
出版发行：电子工业出版社
　　　　　北京市海淀区万寿路 173 信箱　　邮编　100036
开　　本：787×1 092　1/16　印张：24　字数：614.4 千字
版　　次：2021 年 4 月第 1 版
印　　次：2025 年 2 月第 5 次印刷
定　　价：88.00 元

凡所购买电子工业出版社图书有缺损问题，请向购买书店调换。若书店售缺，请与本社发行部联系，联系及邮购电话：（010）88254888，88258888。

质量投诉请发邮件至 zlts@phei.com.cn，盗版侵权举报请发邮件至 dbqq@phei.com.cn。

本书咨询联系方式：（010）88254574，wangyp@phei.com.cn。

前　言

Altium 系列软件一直以易学易用而深受广大电子设计者的喜爱。Altium Designer 20 作为新一代的板卡级设计软件,以 Windows 7 的界面风格为主,同时,Altium Designer 20 独一无二的 DXP 技术集成平台也为设计系统提供了与所有工具和编辑器相容的环境。友好的界面环境及智能化的性能为电路设计者提供了最优质的服务。

Altium Designer 20 是一套完整的板卡级设计系统,真正实现了在单个应用程序中的集成。Altium Designer 20 印制电路板(printed circuit board,PCB)电路图设计系统完全利用了 Windows 7 平台的优势,具有改进的稳定性、增强的图形功能和超强的用户界面,设计者可以选择最适当的设计途径以最优化的方式工作。

Altium Designer 20 构建于一整套板卡级设计及实现特性上,其中包括混合信号电路仿真、布局前/后信号完整性分析、规则驱动 PCB 布局与编辑、改进型拓扑自动布线及全部计算机辅助制造(computer aided manufacturing,CAM)输出能力等。与 Protel 及其他版本相比,Altium Designer 20 的功能得到了进一步的增强,可以支持 FPGA(Field Programmable Gate Array,现场可编程门阵列)和其他可编程元器件设计及其在 PCB 上的集成。

本书由江西省交通运输工程一流学科建设经费资助,由华东交通大学的占金青和刘敏两位老师编著,华东交通大学的张博、余为清、刘涛参与了部分章节的编写。其中,占金青编写了第 1~3 章,刘敏编写了第 4~6 章,张博编写了第 7~8 章,余为清编写了第 9~10 章,刘涛编写了第 11 章。胡仁喜、孟培等也为本书的编写提供了大量帮助,在此向他们表示感谢!

本书除利用传统的纸面讲解外,还随书配送了海量电子资料,包括全书讲解实例和练习实例的源文件素材,以及全部案例同步讲解视频文件。读者可以全方位、轻松方便地学习本书。

以上资源,读者可关注微信公众号"华信教育资源网",回复"40893"获得。

本书是作者的一点心得,在编写过程中,虽然努力使本书完善,但是疏漏之处在所难免,希望广大读者提出宝贵的批评意见,也可以加入 QQ 群 487450640 参与交流探讨。

编　者

2020 年 3 月

目　　录

第1章 Altium Designer 20 概述

电子设计自动化（electronic design automation，EDA）指的是用计算机协助完成电路中的各种工作，如电路原理图的绘制、PCB 的设计制作、电路仿真等设计工作。随着电子技术的发展，大规模、超大规模集成电路的使用，PCB 设计越来越精密和复杂。Altium 系列软件是 EDA 软件的突出代表，它操作简单、易学易用、功能强大。

知识重点

- ➢ Altium 的发展史和特点
- ➢ Altium Designer 20 软件的安装和卸载
- ➢ Altium 电路板的总体设计流程
- ➢ Altium Designer 20 的开发环境

1.1 Altium 的发展史和特点

1.1.1 Altium 的发展史

20 世纪 80 年代中期计算机应用进入各个领域并发挥着越来越大的作用。在这种背景下，美国 ACCEL Technologies 公司推出了第一个应用于电子线路设计的软件包——TANGO，这个软件包开创了 EDA 的先河。此软件包现在看来比较简陋，但在当时给电子线路设计带来了设计方法和方式的革命，人们纷纷开始用计算机来设计电子线路，直到今天国内许多科研单位还在使用这个软件包。

随着电子产业的飞速发展，TANGO 日益显示出其不适应时代发展需要的弱点。为了适应科学技术的发展，Protel Technology 公司以其强大的研发能力推出了 Protel For DOS，作为 TANGO 的升级版本，从此 Protel 这个名字在业内日益响亮。

20 世纪 80 年代末，Windows 操作系统开始日益流行，许多应用软件也纷纷开始支持 Windows 操作系统。Protel 也不例外，相继推出了 Protel For Windows 1.0、Protel For Windows 1.5 等版本。这些版本的可视化功能给用户设计电子线路带来了很大的方便，设计者不用再记一些烦琐的命令，也使用户体会到资源共享的乐趣。

20 世纪 90 年代中期，Windows 95 开始出现，Protel 也紧跟潮流，推出了基于 Windows 95 的 3.×版本。3.×版本的 Protel 加入了新颖的主从式结构，但在自动布线方面没有什么出众的表现。另外，由于 3.×版本是 16 位和 32 位的混合型软件，所以不太稳定。

1998 年，Protel 公司推出了 Protel 98，Protel 98 以其出众的自动布线能力获得了业内人士的一致好评。

1999 年，Protel 公司推出了 Protel 99，Protel 99 既有原理图的逻辑功能验证的混合信号仿真，又有 PCB 信号完整性分析的板级仿真，从而构成了从电路设计到真实板分析的完整体系。

2000 年，Protel 公司推出了 Protel 99 SE，其性能进一步提高，可以对设计过程有更大的控制力。

2001 年 8 月，Protel 公司更名为 Altium 公司。

2002 年，Altium 公司推出 Protel DXP，Protel DXP 集成了更多工具，使用更方便，功能更强大。

2003 年，Altium 公司推出 Protel 2004，对 Protel DXP 进行了完善。

2006 年初，Altium 公司推出 Protel 系列的高端版本 Altium Designer 6 系列，自此以后开始了以年份命名。

2007 年 5 月，Altium 公司推出的 Altium Designer Summer 8 将 ECAD 和 MCAD 两种文件格式结合在一起，还加入了对 OrCAD 和 PowerPCB 的支持。

2008 年，Altium Designer Winter 9 推出，此版本软件发布的 Altium Designer 引入新的设计技术和理念，以帮助设计创新电子产品。电路板设计空间功能增强，使用户可以更快地设计，全三维 PCB 设计环境，避免出现错误和不准确的模型设计。

2009 年 7 月，Altium 在全球范围内推出 Altium Designer Summer 9。Altium Designer Summer 9 即 v9.1（强大的电子开发系统）。为适应日新月异的电子设计技术，Summer 9 的诞生延续了连续不断的新特性和新技术的应用过程。

2010 年，Altium 公司宣布推出具有里程碑式意义的 Altium Designer 10，同时推出 Altium Vaults 和 AltiumLive，以推动整个行业向前发展，从而满足每个期望在"互联的未来"大展身手的设计人员的需求。

2012 年 3 月 5 日，Altium 公司宣布推出 Altium Designer 12。

2013 年 2 月是 Altium 发展史上的一个重要转折点，因为 Altium Designer 13 不仅添加和升级了软件功能，同时也面向主要合作伙伴开放了 Altium 的设计平台。它为使用者、合作伙伴及系统集成商带来了一系列的机遇，使电子行业发生了一次质的飞跃。

2013 年 10 月，Altium 公司推出 Altium Designer 14，支持电子设计使用软硬电路，打开了更多创新的大门。它还提供了电子产品的更小封装，节省材料和生产成本，增加了耐用性。

2015 年 5 月，Altium 公司推出 Altium Designer 15，此版本引入了若干新特性，显著提升了设计效率，改善了文档输出及高速设计自动化功能。

2015 年 11 月，Altium 公司推出 Altium Designer 16，此版本的新特性包括全新的备用元器件选择系统、可视化间距边界、全新的元器件布局系统等，提高了设计效率。

2016 年 11 月，Altium 公司推出 Altium Designer 17，此版本是一款专业的电路设计软件，集成板级和 FPGA 系统设计、基于 FPGA 和分立处理器的嵌入式软件开发，以及 PCB 版图设计、编辑和制造。

2018 年 1 月，Altium 公司推出 Altium Designer 18，此版本是一款新一代的 PCB 设计软件，包含一系列改进和新特性，增强了 BOM 清单功能和 ActiveBOM 功能，采用 Dark 暗夜风格的全新 UI，并且一直被人诟病的卡顿问题也得到了极大改进。

2019 年初，Altium 公司推出 Altium Designer 19，此版本拥有全新的替代元器件选择系统、直观的间距提示及智能的元器件布局系统等，并对附加功能进行了更新。

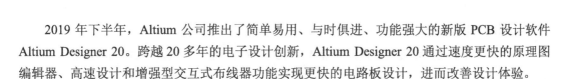

2019 年下半年，Altium 公司推出了简单易用、与时俱进、功能强大的新版 PCB 设计软件 Altium Designer 20。跨越 20 多年的电子设计创新，Altium Designer 20 通过速度更快的原理图编辑器、高速设计和增强型交互式布线器功能实现更快的电路板设计，进而改善设计体验。

1.1.2　Altium Designer 20 的主要特点

Altium Designer 20 是一款功能全面的 3D PCB 设计软件，该软件配备了最具创新性、功能强大且直观的 PCB 技术，支持 3D 建模、增强的 HDI、自动化布线等功能，可以连接 PCB 设计过程中的所有方面，使用户始终与设计的各个方面和各个环节无缝连接。

与上一版本相比，Altium Designer 20 的功能进行了全面升级，如增加了新的 PCB 连接绘图选项，新的选项在"查看配置"对话框中已经执行，以便于在单层模式中显示所有连接及为连接图显示层级颜色。软件还进一步改善了 PCB 中的 3D 机械 CAD 接口，改进在 STEP 文件中输出的变化，以便为板级部分使用"组件后缀"选项，以及在 PCB IDF 导出实用程序时，如果检测到了一个空的元器件注释，则会发出警告。最后 Altium Designer 20 还支持备用的 PDF 阅读器，使设计者能够运用该版本中提供的诸多全新功能，将自己从干扰设计工作的琐碎任务中解放出来，从而完全专注于设计本身。

1.设计环境

通过设计过程中各个方面的数据互连（包括原理图、PCB、文档处理和模拟仿真），显著地提升生产效率。

（1）变量支持：管理任意数量的设计变量，而无须另外创建单独的项目或设计版本。

（2）一体化设计环境：Altium Designer 从一开始就构建了功能强大的统一应用电子开发环境，包含完成设计项目所需的所有高级设计工具。

（3）全局编辑：Altium Designer 提供灵活而强大的全局编辑工具，触手可及，可一次更改所有或特定元器件。多种选择工具使用户可以快速查找、过滤和更改所需的元器件。

2.可制造性设计

学习并应用可制造性设计方法，确保 PCB 设计每次都具有功能性、可靠性和可制造性。

（1）可制造性设计入门：了解可制造性设计的基本技巧，为成功制造电路板做好准备。

（2）PCB 拼版：通过使用 Altium Designer 进行拼版，在制造过程中保护电路板并显著降低其生产成本。

（3）设计规则驱动的设计：在 Altium Designer 中应用设计规则覆盖 PCB 的各个方面，轻松定义设计需求。

（4）Draftsman 模板。通过在 Altium Designer 中直接使用 Draftsman 模板，轻松满足设计文档标准。

3.轻松转换

使用业内最强大的翻译工具轻松转换设计信息，如果没有这些翻译工具，我们的业绩增长将无法实现。

4．软硬结合设计

在 3D 环境中设计软硬结合板，并确认其 3D 元器件、装配外壳和 PCB 间距满足所有机械方面的要求。

（1）定义新的层堆栈：为了支持先进的 PCB 分层结构，开发了一种新的层堆栈管理器，它可以在单个 PCB 设计中创建多个层堆栈。这既有利于设计嵌入式元器件，又有利于软硬结合电路的创建。

（2）弯折线：Altium Designer 包含软硬结合设计工具集。弯折线使用户能够创建动态柔性区域，还可以在 3D 空间中完成电路板的折叠和展开，使用户可以准确地看到成品的外观。

（3）层堆栈区域：设计中具有多个 PCB 层堆栈，但是用户只能查看正在工作的堆栈对应的电路板的物理区域。对于这种情况，Altium Designer 会使用其独特的查看模式——电路板规划模式来解决。

5．PCB 设计

通过控制元器件布局和在原理图与 PCB 之间完全同步，轻松地操控电路板布局上的对象。

（1）智能元器件摆放：使用 Altium Designer 中的直观对齐功能，系统可快速将对象捕捉到与附近对象的边界或焊盘相对齐的位置。在遵守设计规则的同时，将元器件推入狭窄的空间。

（2）交互式布线：使用 Altium Designer 的高级布线引擎，在很短的时间内设计出最高质量的 PCB 布局布线，包括几个强大的布线选项，如环绕、推挤、环抱并推挤、忽略障碍，以及差分对布线。

（3）原生 3D PCB 设计：使用 Altium Designer 中的高级 3D 引擎，以原生 3D 实现清晰可视并与用户的设计进行实时交互。

6．原理图设计

通过层次化原理图和设计复用，在一个内聚的、易于导航的用户界面中，更快、更高效地设计顶级电子产品。

（1）层次化设计及多通道设计：使用 Altium Designer 分层设计工具将任何复杂或多通道设计简化为可管理的逻辑块。

（2）ERC 验证：使用 Altium Designer 电气规则检查（ERC）在原理图捕获阶段尽早发现设计中的错误。

（3）简单易用：Altium Designer 为用户提供了轻松创建多通道和分层设计的功能，将复杂的设计简化为视觉上令人愉悦且易于理解的逻辑模块。

（4）元器件搜索：从通用符号和封装中创建真实的、可购买的元器件，或从数十万个元器件库中搜索，以找到并放置所需要的确切元器件。

7．制造输出

体验从容有序的数据管理，并通过无缝、简化的文档处理功能为其发布做好准备。

（1）自动化的项目发布：Altium Designer 为用户提供受控和自动化的设计发布流程，确保用户的文档易于生成、内容完整并且可以进行良好的沟通。

（2）无缝 PCB 绘图过程：在 Altium Designer 统一环境中创建制造和装配图，使所有的文档与设计保持同步。

1.2　Altium Designer 20 软件的安装和卸载

1.2.1　安装 Altium Designer 20 的系统要求

Altium 公司为用户定义的 Altium Designer 20 软件的最低运行环境和推荐系统配置如下。

1. 安装 Altium Designer 20 软件的最低配置要求

（1）Windows 7、Windows 8 或 Windows 10（仅限 64 位）英特尔酷睿 i5 处理器或等同产品。

（2）4GB 内存。

（3）10GB 硬盘空间（安装+用户文件）。

（4）显卡（支持 DirectX 10 或更好版本），如 GeForce 200 系列、Radeon HD 5000 系列、Intel HD 4600。

（5）最低分辨率为 1680 像素×1050 像素（宽屏）或 1600 像素×1200 像素（4∶3）的显示器。

（6）Adobe Reader（用于 3D PDF 查看的 XI 或更新版本）。

（7）最新网页浏览器。

（8）Microsoft Excel（用于材料清单模板）。

2. 安装 Altium Designer 20 软件的推荐配置

（1）Windows 7、Windows 8 或 Windows 10（仅限 64 位）英特尔酷睿 i7 处理器或等同产品。

（2）16GB 内存。

（3）10GB 硬盘空间（安装+用户文件）。

（4）固态硬盘。

（5）高性能显卡（支持 DirectX 10 或以上版本），如 GeForce GTX 1060、Radeon RX 470。

（6）分辨率为 2560 像素×1440 像素（或更好）的双显示器。

（7）用于 3D PCB 设计的 3D 鼠标，如 Space Navigator。

（8）Adobe Reader（用于 3D PDF 查看的 XI 或以上版本）。

（9）网络连接。

（10）最新网页浏览器。

（11）Microsoft Excel（用于材料清单模板）。

1.2.2　Altium Designer 20 的安装

Altium Designer 20 虽然对运行系统的要求有点高，但安装起来很简单。

Altium Designer 20 的安装步骤如下。

（1）将安装光盘装入光驱后，打开该光盘，从中找到并双击"Altium Designer 20 Setup.exe"文件，弹出 Altium Designer 20 的安装界面，如图 1-1 所示。

图 1-1　Altium Designer 20 的安装界面

（2）单击"Next"按钮，弹出 Altium Designer 20 的安装协议对话框。无须选择语言，选中"I accept the agreement"复选框，如图 1-2 所示。

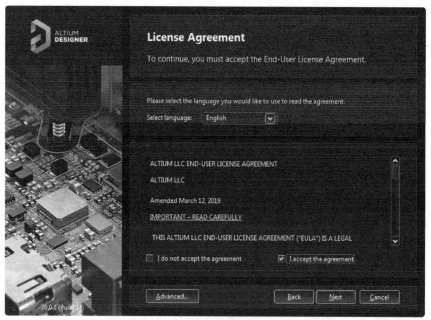

图 1-2　安装协议对话框

（3）单击"Next"按钮，弹出安装类型信息对话框，有 5 种类型，如果只进行 PCB 设计，则只选第一个；同样，需要进行什么设计就选择哪种类型。系统默认为全选。设置完毕后如图 1-3 所示。

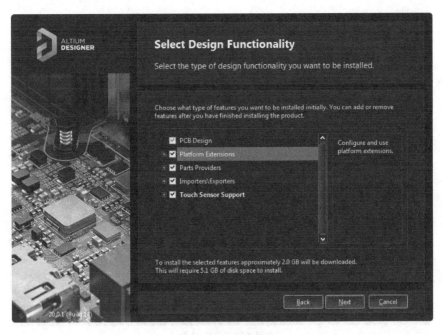

图 1-3　选择安装类型

（4）设置完成后，单击"Next"按钮，在弹出的对话框中，用户需要选择 Altium Designer 20 的安装路径。系统默认的安装路径为 C:\Program Files\Altium\AD20，如图 1-4 所示，用户可以通过单击"Default"按钮来自定义其安装路径。

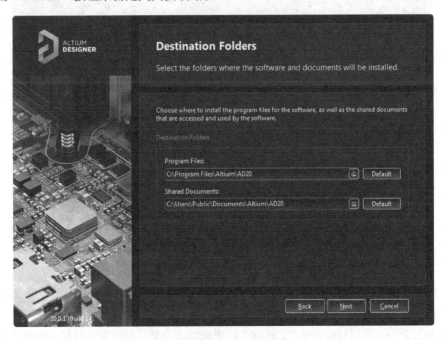

图 1-4　安装路径对话框

（5）确定好安装路径后，单击"Next"按钮，弹出确定安装对话框，如图 1-5 所示。继续单击"Next"按钮，此时对话框内会显示安装进度，如图 1-6 所示。由于系统需要复制大量文件，所以需要等待几分钟。

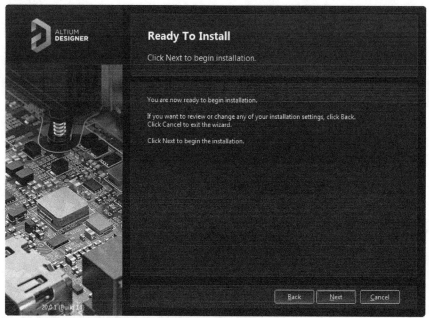

图 1-5　确定安装

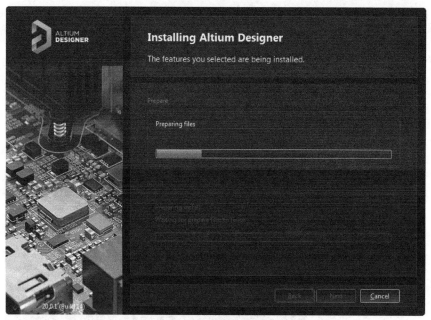

图 1-6　安装进度对话框

（6）安装结束后会弹出完成对话框，如图 1-7 所示。单击"Finish"按钮即可完成 Altium Designer 20 的安装工作。

在安装过程中，可以随时单击"Cancel"按钮来终止安装。安装完成以后，即可在 Windows 操作系统的"开始"→"所有程序"子菜单中创建一个 Altium Designer 20 菜单。

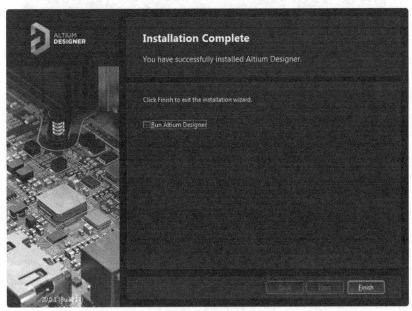

图 1-7　完成对话框

1.2.3　Altium Designer 20 的汉化

Altium Designer 20 安装完成后界面是英文的，用户可以调出中文界面。单击主界面右上角的 ⚙ 按钮，在弹出的"Preferences"（参数选择）对话框中选择"System"→"General"→"Localization"（本地化）选项，选中"Use localized resources"（使用本地资源）复选框，如图1-8 所示，保存设置后，重新启动程序就有中文菜单了，如图 1-9 所示。

图 1-8　"Preferences"对话框

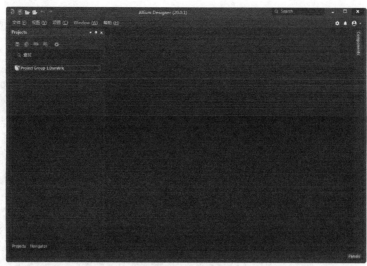

图 1-9　中文界面

1.2.4　Altium Designer 20 的卸载

Altium Designer 20 软件卸载的步骤如下。

（1）选择"开始"→"控制面板"选项，打开"控制面板"窗口。

（2）右击"Altium Designer 20"选项，在弹出的快捷菜单中选择"卸载"选项，开始卸载软件，直至卸载完成。

1.3　Altium 电路板的总体设计流程

为了让用户对电路设计过程有一个整体的认识和理解，下面我们介绍 PCB 的总体设计流程。通常情况下，从接到设计要求书到最终制作出 PCB，主要经历以下几个步骤。

1．案例分析

这个步骤严格来说并不是 PCB 设计的内容，但对后面的 PCB 设计又是必不可少的。案例分析的主要任务是决定如何设计原理图电路，同时也影响 PCB 如何规划。

2．电路仿真

在设计电路原理图之前，有时候会对某一部分电路设计并不十分确定，因此需要通过电路仿真来验证，其还可以用于确定电路中某些重要元器件的参数。

3．绘制原理图元器件

Altium Designer 20 虽然提供了丰富的原理图元器件库，但不可能包括所有的元器件，必要时需动手设计原理图元器件，建立自己的元器件库。

4．绘制电路原理图

找到所有需要的原理图元器件后，就可以开始绘制原理图了。根据电路复杂程度决定是否需要使用层次原理图。完成原理图后，用 ERC 工具查错，找到出错原因并修改原理图电路，重新查错到没有原则性错误为止。

5. 绘制元器件封装

与原理图元器件库一样，Altium Designer 20 也不可能提供所有元器件的封装。需要时可以自行设计并建立新的元器件封装库。

6. 设计 PCB

确认原理图没有错误之后，开始 PCB 的绘制。首先绘制出 PCB 的轮廓，确定工艺要求（使用几层板等）；然后将原理图传输到 PCB 中，在网络报表（简单介绍来历功能）、设计规则和原理图的引导下布局和布线；最后利用 DRC 工具查错。此过程是电路设计时另一个关键环节，它将决定该产品的实用性能，需要考虑的因素很多，不同的电路有不同的要求。

7. 文档整理

对原理图、PCB 图及元器件清单等文件予以保存，以便以后维护、修改。

1.4　Altium Designer 20 的开发环境

1.4.1　Altium Designer 20 的启动

启动 Altium Designer 20 的方法很简单。在 Windows 操作系统的桌面上选择"开始"→"所有程序"→"Altium Designer"选项，即可启动 Altium Designer 20。启动 Altium Designer 20 后，系统会出现如图 1-10 所示的启动画面，稍等一会后，即可进入 Altium Designer 20 的集成开发环境。

图 1-10　Altium Designer 20 的启动画面

1.4.2　Altium Designer 20 的主窗口

Altium Designer 20 启动成功后即可进入主窗口，如图 1-11 所示。用户可以使用该窗口进行项目文件的操作，如创建新项目、打开文件等。

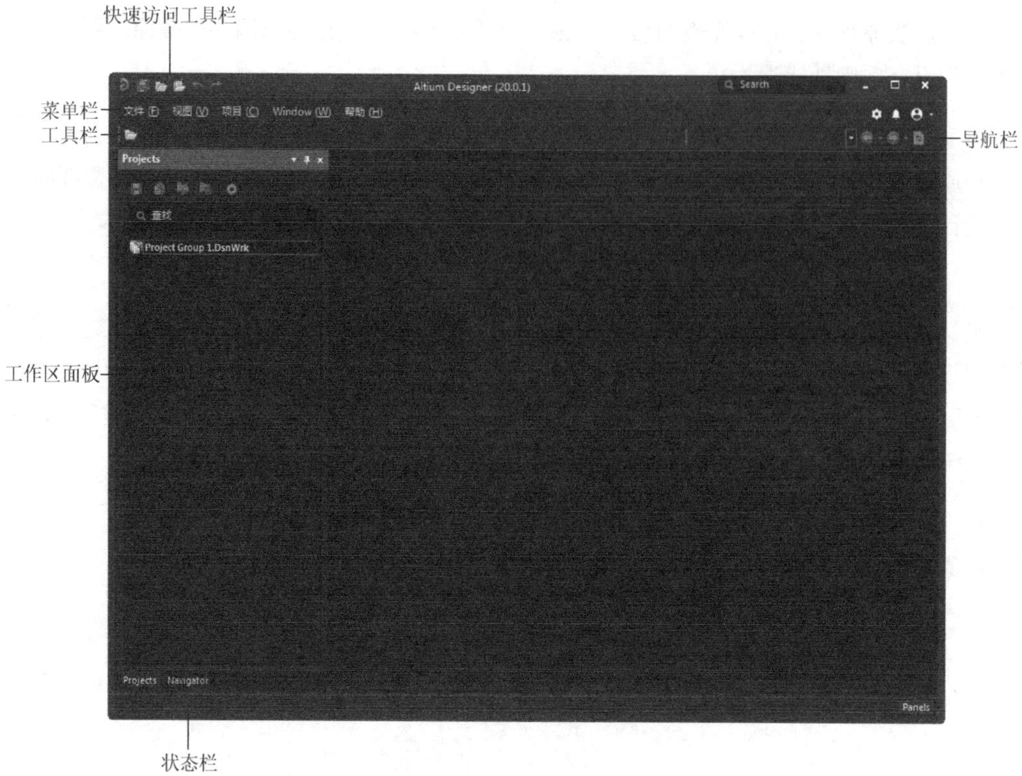

图 1-11　Altium Designer 20 的主窗口

Altium Designer 20 的菜单栏包括"文件""视图""项目""Window""帮助" 5 个菜单，如图 1-11 所示。

1）"文件"菜单

"文件"菜单主要用于文件的新建、打开和保存等，如图 1-12 所示。

下面介绍"文件"菜单中各个选项的功能。

（1）新的：用于新建文件，可以新建原理图文件、PCB 文件（PCB）等，其子菜单如图 1-13 所示。

（2）打开：打开已存在的文件。只要是 Altium Designer 20 能识别的文件都可以打开。

（3）打开工程：用于打开各种工程文件。

（4）打开设计工作区：用于打开设计工作区。

（5）保存工程：保存当前的工程文件。

（6）保存工程为：另存当前的工程文件。

（7）保存设计工作区：保存工程。

（8）保存设计工作区为：另存工程工作空间。

（9）全部保存：保存当前所有打开的文件。

（10）智能 PDF：用于生成 PDF 格式设计文件的向导。

（11）导入向导：用于将其他 EDA 软件的设计文档及库文件导入 Altium Designer 的导入向导，如 Protel 99 SE、CADSTAR、OrCAD、P-CAD 等设计软件生成的设计文件。

（12）运行脚本：用于运行各种脚本文件，如用 Delphi、Visual Basic、Java 等语言编写的脚本文件。

（13）最近的文档：用于列出最近打开过的文件。

（14）最近的工程：用于列出最近打开的工程文件。

（15）最近的工作区：用于列出最近打开的设计工作区。

（16）退出：退出 Altium Designer 20。

2）"视图"菜单

"视图"菜单主要用于进行视图管理，如工具栏、面板、状态栏及命令状态的显示和隐藏，其菜单如图 1-14 所示。

图 1-12　"文件"菜单　　　　图 1-13　"新的"子菜单　　　　图 1-14　"视图"菜单

（1）工具栏：用于控制工具栏的显示与隐藏。在其下一级菜单中，若选择"导航"选项，则显示 ；若选择"非文档工具"选项，则工具栏中将显示 ；"Customize"（自定制）为资源个性化修改命令，若选择此选项，将弹出如图 1-15 所示的对话框。

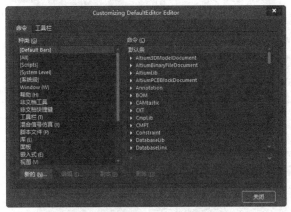

图 1-15　资源个性化修改对话框

（2）面板：用于控制工具栏的显示和隐藏。

（3）状态栏：用于控制工作窗口下方状态栏上标签的显示与隐藏。

（4）命令状态：用于控制命令行的显示与隐藏。

3）"项目"菜单

"项目"菜单主要用于项目文件的管理，包括项目文件的编译、添加、删除、显示差异和版本控制等，如图 1-16 所示。

4）"Window"菜单

"Window"菜单主要用于窗口的管理，包括调整窗口的大小、位置等，如图 1-17 所示。

（1）水平放置所有窗口：若选择此选项，则所有的窗口水平平铺。

（2）垂直放置所有窗口：若选择此选项，则所有的窗口纵向平铺。

（3）关闭所有：关闭所有窗口。

5）"帮助"菜单

"帮助"菜单主要用于打开帮助文件，如图 1-18 所示。

图 1-16　"项目"菜单

图 1-17　"Window"菜单

图 1-18　"帮助"菜单

在 Altium Designer 20 的开发环境窗口中可以同时打开多个设计文件，各个窗口会叠加在一起，根据设计的需要，单击设计文件顶部的文件提示项，即可在设计文件之间来回切换。如图 1-19 所示为同时打开多个设计文件的开发环境窗口。

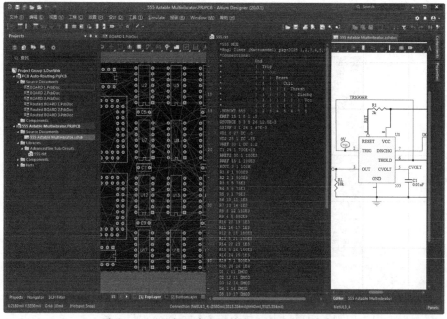
图 1-19　同时打开多个设计文件的开发环境窗口

1.4.3　Altium Designer 20 的原理图开发环境

下面来简单了解一下 Altium Designer 20 的几种具体的开发环境。

如图 1-20 所示为 Altium Designer 20 的原理图开发环境。在电路设计中，原理图是一个重要的环节，需要先设计出一个正确的、可续性高的原理图，才能方便后续的 PCB 设计。

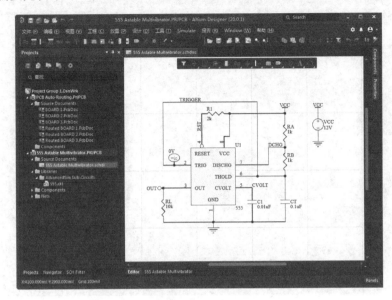

图 1-20　Altium Designer 20 的原理图开发环境

1.4.4　Altium Designer 20 的 PCB 开发环境

如图 1-21 所示为 Altium Designer 20 的 PCB 开发环境。PCB 是电子产品中电路元器件的支撑，它提供电路元件和器件之间的电气连接。

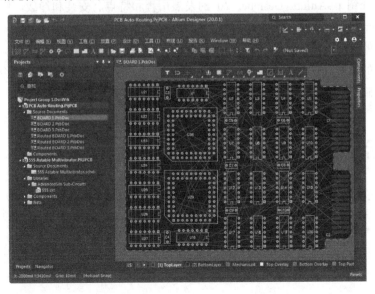

图 1-21　Altium Designer 20 的 PCB 开发环境

1.4.5　Altium Designer 20 的仿真编辑环境

如图 1-22 所示为 Altium Designer 20 的仿真编辑环境。熟练地运用 Altium Designer 的仿真功能，可以有效地对电路图进行仿真，得到有用的数据，对电路的设计有着极大的帮助。

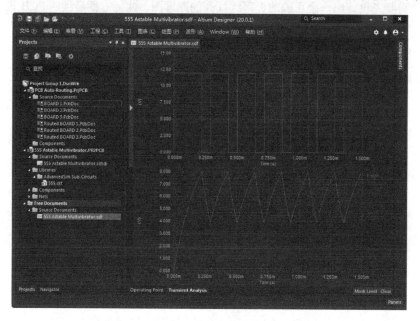

图 1-22　Altium Designer 20 的仿真编辑环境

1.5　本章小结

本章主要介绍了 Altium Designer 20 的发展历程和特点、安装和卸载，以及简要了解了 Altium Designer 20 的各种开发环境。由于具有强大的设计功能，Altium Designer 20 受到了广大电路设计人员的喜爱。

通过本章的学习，用户应该对 Altium Designer 20 软件有了初步的认识，为今后的学习奠定一个良好的基础。

1.6　课后思考与练习

（1）动手安装 Altium Designer 20 软件，熟悉其安装过程。

（2）打开 Altium Designer 20 的各种编辑环境，尝试操作相应的菜单和工具栏。

第2章 电路原理图的设计

在整个电路设计过程中，电路原理图的设计是电路设计的基础，只有在设计好电路原理图的基础上才可以进行 PCB 的设计和电路仿真等操作。本章将详细介绍如何设计、编辑和修改电路原理图。希望用户通过本章的学习，可以掌握原理图设计的过程和方法。

知识重点

➢ 电路原理图的设计步骤
➢ 原理图的编辑环境
➢ 图纸的设置
➢ 原理图工作环境的设置
➢ Altium Designer 20 元器件库
➢ 元器件的放置和属性编辑
➢ 元器件位置的调整
➢ 电路原理图的绘制

2.1 电路原理图的设计步骤

电路原理图的设计大致可以分为新建原理图文件、设置工作环境、放置元器件、原理图的布线、建立网络报表、原理图的电气规则检查、修改和调整、存盘和报表输出等几个步骤，其流程如图 2-1 所示。

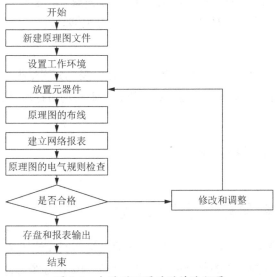

图 2-1　电路原理图的设计流程图

电路原理图的具体设计步骤如下。

1．新建原理图文件

在进入电路图设计系统之前，首先要创建新的 SCH 工程，在工程中建立原理图文件和 PCB 文件。

2．设置工作环境

根据实际电路的复杂程度来设置图纸的大小。在电路设计的整个过程中，图纸的大小都可以不断地调整，设置合适的图纸大小是完成原理图设计的第一步。

3．放置元器件

从元器件库中选取元器件，放置到图纸的合适位置，并对元器件的名称、封装进行定义和设定，根据元器件之间的连线等联系对元器件在工作平面上的位置进行调整和修改，使原理图美观且易懂。

4．原理图的布线

根据实际电路的需要，利用 SCH 提供的各种工具、指令进行布线，将工作平面上的元器件用具有电气意义的导线、符号连接起来，构成一张完整的电路原理图。

5．建立网络报表

完成上面的步骤之后，就可以看到一张完整的电路原理图了，但是要完成电路板的设计，还需要生成一个网络报表文件。网络报表是 PCB 和电路原理图之间的桥梁。

6．原理图的电气规则检查

当完成原理图布线后，需要设置项目编译选项来编译当前项目，利用 Altium Designer 20 提供的错误检查报告修改原理图。

7．修改和调整

如果原理图已通过电气检查，那么原理图的设计就完成了。这是对于一般电路设计而言的，但是对于较大的项目，通常需要对电路进行多次修改才能够通过电气规则检查。

8．存盘和报表输出

Altium Designer 20 提供了利用各种报表工具生成报表（如网络报表、元器件报表清单等）的功能，同时可以对设计好的原理图和各种报表进行存盘和输出打印，为 PCB 的设计做好准备。

2.2　原理图的编辑环境

2.2.1　创建、保存和打开原理图文件

Altium Designer 20 为用户提供了一个十分友好且适用的设计环境，它打破了传统的 EDA 设计模式，采用了以工程为中心的设计环境。在一个工程中，各个文件之间互有关联，当工程被编辑以后，工程中的电路原理图文件或 PCB 文件都会被同步更新。因此，要进行 PCB 的整体设计，就要在进行电路原理图设计的时候创建一个新的 PCB 工程。

1. 新建原理图文件

启动软件后进入如图 1-20 所示的 Altium Designer 20 原理图开发环境窗口。

创建新原理图文件有以下两种方法。

1）通过菜单创建

选择菜单栏中的"文件"→"新的"→"原理图"选项，在"Projects"（工程）面板中将出现一个新的原理图文件，如图 2-2 所示。若已有打开的原理图，要再新建一个原理图，则可通过选择菜单栏中的"文件"→"新的"→"原理图"选项来创建新原理图。Sheet1.SchDoc 为新建文件的默认名称，系统自动将其保存在已打开的工程文件中，同时整个窗口中出现了许多菜单项和工具项。

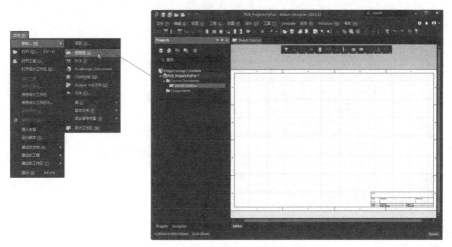

图 2-2　新建原理图文件

2）通过右键菜单命令创建

在新建的工程文件上右击，在弹出的快捷菜单中选择"添加新的...到工程"→"Schematic"（原理图）选项即可创建原理图文件，如图 2-3 所示。

图 2-3　通过右键菜单命令创建原理图文件

在新建的原理图文件处右击，在弹出的快捷菜单中选择"保存"选项，在弹出的"保存"对话框中输入原理图文件的文件名，如"MySchematic"，单击"保存"按钮即可保存新创建的原理图文件。

2．文件的保存

选择"文件"→"保存"选项，弹出如图 2-4 所示的对话框。在该对话框中，用户可以更改原理图的名称、所保存的文件路径等，文件默认类型为 Sheet1，扩展名为.SchDoc，设置完成后单击"保存"按钮即可。

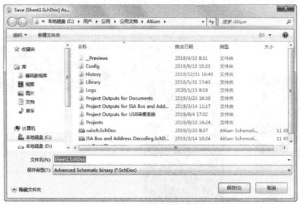

图 2-4　保存文件对话框

3．文件的打开

选择"文件"→"打开"选项，弹出如图 2-5 所示的对话框。选择要打开的文件，单击"打开"按钮将其打开。

图 2-5　打开文件对话框

2.2.2　原理图编辑器界面

在打开一个原理图文件或创建一个新的原理图文件的同时，Altium Designer 20 的原理图编辑器将被启动，如图 2-6 所示。下面介绍原理图编辑器的主要组成部分。

1．菜单栏

Altium Designer 20 设计系统对不同类型的文件进行操作时，主菜单的内容会发生相应的改变。在原理图编辑环境中，主菜单如图 2-7 所示。在设计过程中，对原理图的各种编辑都可以通过主菜单中的相应命令来实现。

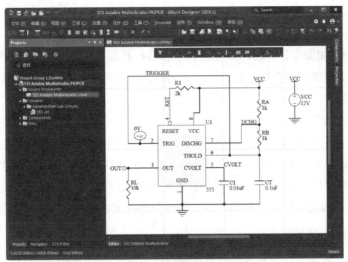

图 2-6　原理图编辑环境

图 2-7　原理图编辑环境中的主菜单

2．主工具栏

随着编辑器的改变，编辑窗口上会出现不同的主工具栏（"原理图标准"工具栏），主工具栏为用户提供了一些常用文件操作的快捷方式，如图 2-8 所示。

图 2-8　主工具栏

选择"视图"→"工具栏"→"原理图标准"选项，可以打开或关闭该工具栏。

3．"布线"工具栏

该工具栏主要用于绘制原理图时，放置元器件、电源、地、端口、图纸标号及未用引脚标志等，同时可以完成连线操作，如图 2-9 所示。

选择"视图"→"工具栏"→"布线"选项，可以打开或关闭该工具栏。

4．编辑窗口

编辑窗口就是进行电路原理图设计的工作区。在此窗口中可以新画一个电路原理图，也可以对原有的电路原理图进行编辑和修改。

5．坐标栏

在编辑窗口的左下方，状态栏上面会显示鼠标指针目前位置的坐标，坐标栏如图 2-10 所示。

图 2-9　"布线"工具栏

图 2-10　坐标栏

6. 工作面板

在原理图设计中经常用到的工作面板有"Projects"面板、"Components"（元件）面板及"Navigator"（导航）面板。

1）"Projects"面板

"Projects"面板如图 2-11 所示，其中列出了当前打开工程中的文件列表及所有的临时文件，提供了所有关于工程的操作功能，如打开、关闭和新建各种文件，以及在工程中导入文件、比较工程中的文件等。

2）"Components"面板

"Components"面板如图 2-12 所示。这是一个浮动面板，当鼠标指针移动到其标签上时，就会显示该面板，也可以通过单击标签在几个浮动面板之间进行切换。在该面板中可以浏览当前加载的所有元器件库，也可以在原理图上放置元器件，还可以对元器件的封装、3D 模型、SPICE 模型和 SI 模型进行预览，同时还能够查看元器件的供应商、单价、生产厂商等信息。

7. "Navigator"面板

"Navigator"面板能够在分析和编译原理图后提供关于原理图的所有信息，通常用于检查原理图，如图 2-13 所示。

图 2-11 "Projects"面板　　　图 2-12 "Components"面板　　　图 2-13 "Navigator"面板

2.2.3 窗口操作

在使用 Altium Designer 20 进行电路原理图的设计和绘图时，少不了要对窗口进行操作，熟练掌握窗口操作命令，将会极大地方便实际工作。

在进行电路原理图的绘制时，可以使用多种窗口缩放命令将绘图环境缩放到适合的大小，再进行绘制。Altium Designer 20 的所有窗口缩放命令都在"视图"菜单中，如图 2-14 所示。

下面介绍这些菜单命令，并举例演示。

（1）适合文件：适合整个电路图。该命令把整个电路图缩放在窗口中，如图 2-15 所示。

图 2-14　"视图"菜单

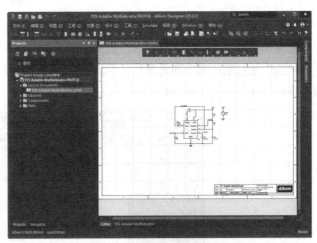

图 2-15　显示整个电路图

（2）适合所有对象：适合全部元器件。该命令将整个电路图缩放显示在窗口中，但是不包含图纸边框及原理图的空白部分，如图 2-16 所示。

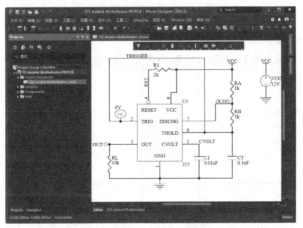

图 2-16　显示全部元器件

（3）区域：该命令是把指定的区域放大到整个窗口中。在启动该命令后，要用鼠标拖出一个区域，这个区域就是指定要放大的区域，如图 2-17 所示。

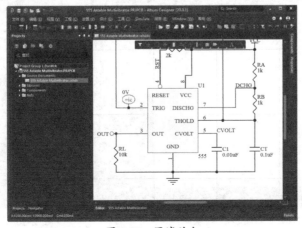

图 2-17　区域放大

（4）点周围：以光标为中心。使用该命令时，要先用鼠标选择一个区域，单击定义中心，再移动鼠标指针展开将要放大的区域，然后单击即可完成放大。该命令与区域命令相似。

（5）选中的对象：选中的元器件。单击选中某个元器件后，选择该命令，则显示画面的中心会转移到该元器件，如图 2-18 所示。

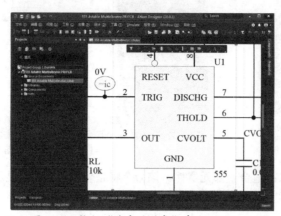

图 2-18 执行"选中的对象"命令后的效果

（6）放大、缩小：直接放大、缩小电路原理图。

（7）全屏：全屏显示。执行该命令后整个电路图会全屏显示。

2.3 图纸的设置

在绘制原理图之前，首先要对图纸的相关参数进行设置，主要包括"search"（搜索）功能，过滤对象的设置，图纸单位的设置，图纸尺寸的设置，图纸方向、标题栏和颜色的设置，以及网格和光标的设置等，以确定图纸的有关参数。

单击界面右下角的"Panels"按钮 Panels，弹出如图 2-19 所示的列表，选择"Properties"（属性）选项，弹出"Properties"面板，并自动固定在右侧边界上，如图 2-20 所示。

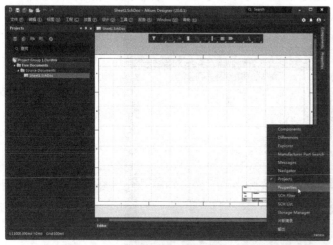

图 2-19 "Panels"列表

图 2-20 "Properties"面板

1."search"功能

"search"功能允许在面板中搜索所需的条目。在该选项组中，有"General"（通用）和"Parameters"（参数）两个选项卡。

2.设置过滤对象

在"Document Options"（文档选项）选项组中单击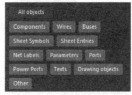下拉按钮，弹出如图 2-21 所示的对象选择过滤器。

单击"All objects"按钮，表示在原理图中选择对象时，选中所有类别的对象。其中包括 Components、Wires、Buses、Sheet Symbols、Sheet Entries、Net Labels、Parameters、Ports、Power Ports、Texts、Drawing objects、Other 选项，可单独选择其中的选项，也可全部选中。

图 2-21　对象选择过滤器

3.设置图纸单位

图纸单位可在"Units"（单位）选项组中进行设置，可以设置为公制（mm），也可以设置为英制（mil）。一般在绘制和显示时设为 mil。

可通过选择"视图"→"切换单位"选项，自动在两种单位之间进行切换。

4.设置图纸尺寸

"Page Options"（图页选项）选项组中的"Formating and Size"（格式与尺寸）选项为图纸尺寸的设置区域。Altium Designer 20 给出了 3 种图纸尺寸的设置方式。

第一种是"Template"（模板），单击"Template"下拉按钮，弹出的下拉列表如图 2-22 所示。在下拉列表中可以选择已定义好的图纸标准尺寸，包括模型图纸尺寸（A0_portrait～A4_portrait）、公制图纸尺寸（A0～A4）、英制图纸尺寸（A～E）、CAD 标准尺寸（A～E）、OrCAD 标准尺寸（Orcad_a～Orcad_e）及其他格式（Letter、Legal、Tabloid 等）的尺寸。

当一个模板被设置为默认模板后，每次创建一个新文件时，系统会自动套用该模板，适用于固定使用某个模板的情况。若不需要模板文件，则"Template"文本框中显示空白。

在"Template"下拉列表中选择 A、A0 等模板，单击 按钮，弹出如图 2-23 所示的"更新模板"对话框，提示是否更新模板文件。

第二种是"Standard"（标准风格），单击"Sheet Size"（图纸尺寸）右侧的下拉按钮 ，在弹出的下拉列表中可以选择已定义好的图纸标准尺寸，包括公制图纸尺寸（A0～A4）、英制图纸尺寸（A～E）、CAD 标准尺寸（A～E）、OrCAD 标准尺寸（OrCAD A～OrCAD E）及其他格式（Letter、Legal、Tabloid 等）的尺寸，如图 2-24 所示。

第三种是"Custum"（自定义风格），在"Width"（定制宽度）、"Height"（定制高度）文本框中输入需要修改的数值即可。

在设计过程中，除对图纸的尺寸进行设置外，往往还需要对图纸的其他选项进行设置，如图纸的方向、标题栏样式和图纸的颜色等。这些设置可以在"Page Options"选项组中完成。

图 2-22 "Template"下拉列表　　图 2-23 "更新模板"对话框　　图 2-24 "Sheet Size"下拉列表

5. 设置图纸方向、标题栏和边框

1）设置图纸方向

图纸方向可通过"Orientation"（定位）下拉列表进行设置，可以设置为水平方向（landscape），即横向；也可以设置为垂直方向（portrait），即纵向。一般在绘制和显示时设为横向，在打印输出时可根据需要设为横向或纵向。

2）设置图纸标题栏

图纸标题栏（明细表）是对设计图纸的附加说明，可以在该标题栏中对图纸进行简单的描述，也可以作为以后图纸标准化时的信息。Altium Designer 20 中提供了两种预先定义好的标题栏格式，即 Standard（标准格式，如图 2-25 所示）和 ANSI（美国国家标准格式，如图 2-26 所示）。选中"Title Block"（标题块）复选框，即可进行格式设计，相应的图纸编号功能被激活，可以对图纸进行编号。

图 2-25 标准格式标题栏

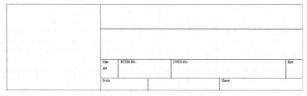

图 2-26 ANSI 标题栏

3）设置图纸边框

在"Units"选项组中，通过"Sheet Border"（显示边界）复选框可以设置是否显示边框。选中该复选框表示显示边框，否则不显示边框。

4）设置边框颜色

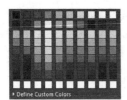

图 2-27 选择颜色

在"Units"选项组中，单击"Sheet Border"右侧的颜色框，在弹出的对话框中选择边框的颜色，如图 2-27 所示。

5）设置图纸颜色

在"Units"选项组中，单击"Sheet Color"（图纸的颜色）右侧的颜

色框，在弹出的对话框中选择图纸的颜色。

6. 设置图纸参考说明区域

在"Margin and Zones"（边界和区域）选项组中，通过"Show Zones"（显示区域）复选框可以设置是否显示参考说明区域。选中该复选框，表示显示参考说明区域，否则不显示参考说明区域。一般情况下应该选择显示参考说明区域。

7. 设置图纸边界区域

图 2-28 显示边界与区域

在"Margin and Zones"选项组中，显示图纸边界尺寸，如图 2-28 所示。在"Vertical"（垂直）、"Horizontal"（水平）两个方向上设置边框与边界的间距。在"Origin"（原点）下拉列表中选择原点位置为"Upper Left"（左上）或"Bottom Right"（右下）。在"Margin Width"（边界宽度）文本框中输入边界的宽度值。

2.4 原理图工作环境的设置

在电路原理图的绘制过程中，其效率性和正确性往往与原理图工作环境的设置有着十分密切的联系。本节我们将详细介绍原理图工作环境的设置，以使用户能熟悉这些设置，为后面原理图的绘制打下一个良好的开端。

选择菜单栏中的"工具"→"原理图优选项"选项，或在编辑窗口中右击，在弹出的快捷菜单中选择"原理图优选项"选项，弹出"优选项"对话框，如图 2-29 所示。

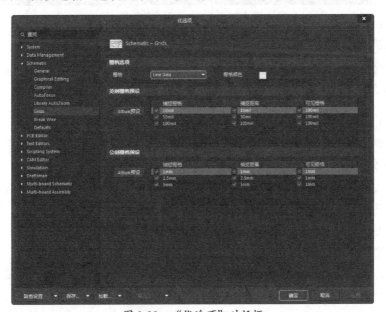

图 2-29 "优选项"对话框

在该对话框中有 8 个选项卡：General（常规设置）、Graphical Editing（图形编辑）、Compiler（编译）、AutoFocus（自动聚焦）、Library AutoZoom（元件库自动缩放）、Grids（网格）、Break Wire（断开连线）和 Defaults（默认）。下面将对这些选项卡进行具体介绍。

2.4.1　设置"General"选项卡

在"优选项"对话框中，选择左侧的"General"选项卡，如图 2-30 所示。"General"选项卡主要用来设置电路原理图的常规环境参数。

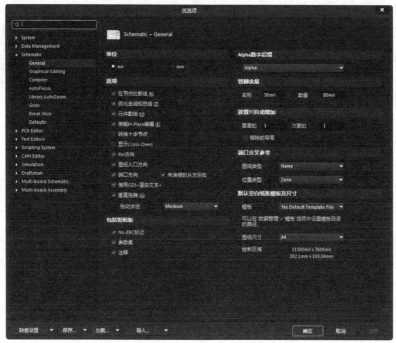

图 2-30　"General"选项卡

1．"单位"选项组

图纸单位可通过"单位"选项组来设置，可以设置为公制（mm），也可以设置为英制（mil）。一般在绘制和显示时设为 mil。

2．"选项"选项组

（1）"在节点处断线"复选框：选中该复选框后，在两条交叉线处自动添加节点后，节点两侧的导线将被分割成两段。

（2）"优化走线和总线"复选框：选中该复选框后，在进行导线和总线的连接时，系统将自动选择最优路径，并且可以避免各种电气连线和非电气连线的相互重叠。此时，下面的"元件割线"复选框也呈现可选状态。若不选中该复选框，则用户可以自己选择连线路径。

（3）"元件割线"复选框：选中该复选框后，会启动元器件分割导线的功能，即当放置一个元器件时，若元器件的两个引脚同时落在一根导线上，则该导线将被分割成两段，两个端点分别自动与元器件的两个引脚相连。

（4）"使能 In-Place 编辑"复选框：选中该复选框后，双击元器件的序号、标注等原理图中的文本对象时，可以直接进行编辑、修改，而不必打开相应的对话框。

（5）"转换十字节点"复选框：选中该复选框后，用户在绘制导线时，在相交的导线处会自动连接并产生节点，同时终止本次操作。若没有选中该复选框，则用户可以任意覆盖已经存在的连线，并可以继续进行绘制导线的操作。

（6）"显示 Cross-Overs"（显示交叉点）复选框：选中该复选框后，非电气连线的交叉点会以半圆弧显示，表示交叉跨越状态。

（7）"Pin 方向"（引脚说明）复选框：选中该复选框后，单击元器件某一引脚时，会自动显示该引脚的编号及输入/输出（I/O）特性等。

（8）"图纸入口方向"复选框：选中该复选框后，在顶层原理图的图纸符号中会根据子图中设置的端口属性显示输出端口、输入端口或其他性质的端口。图纸符号中相互连接的端口部分不随此项设置的改变而改变。

（9）"端口方向"复选框：选中该复选框后，端口的样式会根据用户设置的端口属性显示输出端口、输入端口或其他性质的端口。

（10）"使用 GDI+渲染文本+"复选框：选中该复选框后，可使用 GDI 字体渲染功能，精细到字体的粗细、大小等功能。

（11）"垂直拖拽"复选框：选中该复选框后，在原理图上拖动元器件时，与元器件相连接的导线只能保持直角。若不选中该复选框，则与元器件相连接的导线可以呈现任意的角度。

3．"包括剪贴板"选项组

"包括剪贴板"选项组主要用于设置使用剪贴板或打印时的参数，其中选项的含义说明如下。

（1）"No-ERC 标记"复选框：无 ERC 符号。选中该复选框后，在复制、剪切到剪贴板或打印时，对象的 No-ERC 标记将随对象被复制或打印。否则，复制和打印对象时，将不包括 No-ERC 标记。

（2）"参数集"复选框：参数集合。选中该复选框后，在使用剪贴板进行复制或打印时，对象的参数设置将随对象被复制或打印。否则，复制和打印对象时，将不包括对象参数。

（3）"注释"复选框：选中该复选框后，使用剪贴板进行复制操作或打印时，包含注释说明信息。

4．"放置时自动增加"选项组

"放置时自动增加"选项组用于设置元器件标识序号及引脚号的自动增量数，其中选项的含义说明如下。

（1）"首要的"：主增量，用来设置在原理图上连续放置某一种元器件时，元器件序号的自动增量数。系统默认值为 1。

（2）"次要的"：次增量，用来设置绘制原理图元器件符号时，引脚数的自动增量数。系统默认值为 1。

（3）"移除前导零"复选框：选中该复选框，元器件标识序号及引脚号去掉前面的 0。

5．"Alpha 数字后缀"选项组

"Alpha 数字后缀"选项组用于设置多组件的元器件后缀的类型。有些元器件内部是由多组元器件组成的，如 74 系列元器件 SN7404N 就是由 6 个非门组成的，可以通过"Alpha 数字后缀"选项组设置元器件的后缀。若选择"字母"选项，则后缀以字母表示，如 A、B 等；若选择"数字"选项，则后缀以数字表示，如 1、2 等。

下面以元器件 SN7404N 为例，在原理图图纸中放置 SN7404N 时，会出现一个非门，

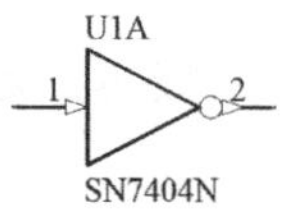

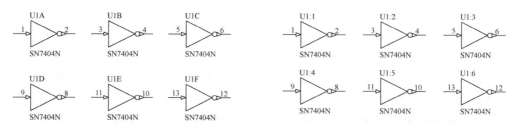

图2-31 SN7404原理图

如图2-31所示，而不是实际所见的双列直插元器件。

在放置元器件SN7404N时设置元器件属性，假定设置元器件标识为"U1"，由于SN7404N是6路非门，在原理图上可以连续放置6路非门，如图2-32所示。此时可以看到元器件的后缀依次为U1A、U1B等，按字母顺序递增。

在选择"数字"选项的情况下，放置SN7404N的6路非门后的原理图如图2-33所示，可以看到元器件后缀与图2-32中的后缀有所区别。

图2-32 选择"字母"选项后的SN7404N原理图　　图2-33 选择"数字"选项后的SN7404N原理图

6．"管脚余量"选项组

"管脚余量"选项组用于设置元器件上的引脚名称、引脚编号和元器件符号边缘间的间距，其中选项的含义说明如下。

（1）"名称"：用于设置元器件的引脚名称与元器件符号边缘之间的距离，系统默认值为50mil。

（2）"数量"：用于设置元器件的引脚编号与元器件符号边缘之间的距离，系统默认值为80mil。

7．"端口交叉参考"选项组

（1）"图纸类型"下拉列表：用于设置图纸中端口的类型，包括"Name"（名称）和"Number"（数字）两项。

（2）"位置类型"下拉列表：用于设置图纸中端口放置位置的依据，包括"Zone"（区域）和"Location X,Y"（坐标）两项。

8．"默认空白纸张模板及尺寸"选项组

该选项组用于设置默认的模板文件。可以在"模板"下拉列表中选择模板文件，选择后，模板文件名称将出现在"模板"下拉列表中。每次创建一个新文件时，系统将自动套用该模板。如果不需要模板文件，则"模板"下拉列表中显示"No Default Template File"（没有默认的模板文件）。

在"图纸尺寸"下拉列表中选择模板文件，选择后，模板文件名称将出现在"图纸尺寸"文本框中，在文本框下显示具体的尺寸大小。

2.4.2　设置"Graphical Editing"选项卡

在"优选项"对话框中，选择"Graphical Editing"选项卡，如图2-34所示。"Graphical Editing"选项卡主要用来设置与绘图有关的一些参数。

图 2-34　"Graphical Editing" 选项卡

1."选项"选项组

"选项"选项组主要包括如下设置。

（1）"剪贴板参考"复选框：用于设置将选取的元器件复制或剪切到剪贴板时，是否要指定参考点。如果选中该复选框，在进行复制或剪切操作时，系统会要求指定参考点，对于复制一个将要粘贴回原来位置的原理图部分非常重要，该参考点是粘贴时被保留部分的点，建议选中该复选框。

（2）"添加模板到剪切板"复选框：添加模板到剪切板上。若选中该复选框，当执行复制或剪切操作时，系统会把模板文件添加到剪贴板上。若不选中该复选框，可以直接将原理图复制到 Word 文档中。建议用户取消选中该复选框。

（3）"显示没有定义值的特殊字符串的名称"复选框：用于设置将特殊字符串转换成相应的内容。若选中此复选框，则当在电路原理图中使用特殊字符串时，显示时会转换成实际字符；否则将保持原样。

（4）"对象中心"复选框：选中该复选框后，在移动元器件时，光标将自动跳到元器件的参考点上（元器件具有参考点时）或对象的中心处（对象不具有参考点时）。若不选中该复选框，则移动对象时，光标将自动滑到元器件的电气节点上。

（5）"对象电气热点"复选框：选中该复选框后，当用户移动或拖动某一对象时，光标自动滑动到离对象最近的电气节点（如元器件的引脚末端）处。建议用户选中该复选框。如果想实现"对象中心"的功能，则应取消选中"对象电气热点"复选框，否则移动元器件时，光标仍然会自动滑到元器件的电气节点处。

（6）"自动缩放"复选框：用于设置插入组件时，原理图是否可以自动调整视图显示比例，以适合显示该组件。建议用户选中该复选框。

（7）"单一\符号代表负信号"复选框："单一\"表示负，选中该复选框后，只要在网络标签名称的第一个字符前加一个\，就可以将该网络标签名称全部加上横线。

（8）"选中存储块清空时确认"复选框：选中该复选框后，在清除选定的存储器时，将弹出一个确认对话框。通过设定这项功能可以防止由于疏忽而清除选定的存储器。建议用户选中该复选框。

（9）"标记手动参数"复选框：用于设置是否显示参数自动定位被取消的标记点。选中该复选框后，如果对象的某个参数已取消了自动定位属性，则在该参数的旁边会出现一个点状标记，提示用户该参数不能自动定位，需手动定位，即应该与该参数所属的对象一起移动或旋转。

（10）"始终拖拽"复选框：选中该复选框后，移动某一选中的图元时，与其相连的导线也随之被拖动，以保持连接关系。若不选中该复选框，则移动图元时，与其相连的导线不会被拖动。

（11）"'Shift'+单击选择"复选框：选中该复选框后，只有在按住 Shift 键时单击，才能选中元器件。使用此功能会使原理图编辑操作很不方便，建议用户不要选择。

（12）"单击清除选中状态"复选框：选中该复选框后，通过单击原理图编辑窗口中的任意位置，即可解除对某一对象的选中状态，不需要再使用菜单命令或"原理图标准"工具栏中的 ![按钮] （取消选择所有打开的当前文件）按钮。建议用户选中该复选框。

（13）"自动放置页面符入口"复选框：选中该复选框后，系统会自动放置图纸入口。

（14）"保护锁定的对象"复选框：选中该复选框后，系统会对锁定的图元进行保护；取消选中该复选框，则锁定对象不会被保护。

（15）"粘贴时重置元件位号"复选框：选中该复选框后，将复制粘贴后的元器件标号进行重置。

（16）"页面符入口和端口使用线束颜色"复选框：选中该复选框后，将原理图中的图纸入口与电路按端口颜色设置为线束颜色。

（17）"网络颜色覆盖"复选框：选中该复选框后，原理图中的网络显示对应的颜色。

2．"自动平移选项"选项组

"自动平移选项"选项组主要用于设置系统的自动摇景功能。自动摇景是指当鼠标指针处于放置图纸元器件的状态时，如果将鼠标指针移动到编辑区边界上，图纸边界自动向窗口中心移动。

该选项组主要包括如下设置。

（1）"类型"下拉列表：单击该选项右侧的下拉按钮，弹出如图 2-35 所示的下拉列表，其各项功能如下。

图 2-35 "类型"下拉列表

① "Auto Pan Fixed Jump"：以 Step Size 和 Shift Step Size 所设置的值进行自动移动。系统默认为"Auto Pan Fixed Jump"。

② "Auto Pan ReCenter"：重新定位编辑区的中心位置，即以光标所指的边为新的编辑区中心。

（2）"速度"：用于设置滑块自动移动的速度。滑块越向右，移动的速度越快。

（3）"步进步长"：用于设置滑块每一步移动的距离值。系统默认值为 30。

（4）"移位步进步长"：用于设置在按住 Shift 键的情况下，原理图自动移动的步长。该文本框中的值一般要大于"步进步长"文本框中的值，这样在按住 Shift 键时可以加快图纸的移动速度。系统默认值为 100。

3."颜色选项"选项组

"颜色选项"选项组用来设置所选对象的颜色。单击"选择"颜色框，即可自行设置对象的颜色。

4."光标"选项组

"光标类型"：用于显示光标的显示类型。

2.4.3　设置"Compiler"选项卡

在"优选项"对话框中，选择"Compiler"选项卡，如图 2-36 所示。"Compiler"选项卡主要用来设置对电路原理图进行电气检查时，对检查出的错误生成各种报表和统计信息。

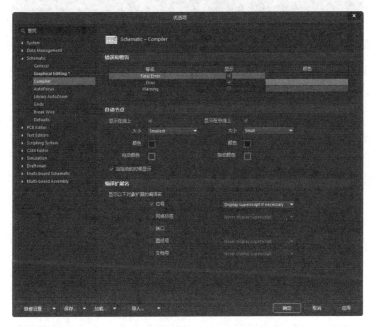

图 2-36　"Compiler"选项卡

1."错误和警告"选项组

"错误和警告"选项组用来设置是否显示编译过程中出现的错误，并可以选择颜色加以标记。系统错误有 3 种，分别是"Fatal Error"（致命错误）、"Error"（错误）和"Warning"（警告）。此选项组采用系统默认设置即可。

2."自动节点"选项组

"自动节点"选项组主要用来设置在进行电路原理图连线时，在导线的"T"形连接处，系统自动添加电气节点的显示方式。其中有 2 个选项供选择。

（1）"显示在线上"：在导线上显示，若选择此选项，导线上的"T"形连接处会显示电气节点。电气节点的大小用"大小"设置，有 4 种选择，如图 2-37 所示。在"颜色"中可以设置电气节点的颜色。

图 2-37　电气节点大小的设置

（2）"显示在总线上"：在总线上显示，若选择此选项，总线上的"T"形连接处会显示电气节点。电气节点的大小和颜色设置操作与前面的相同。

3. "编译扩展名"选项组

"编译扩展名"选项组主要用来设置要显示对象的扩展名。若选中"位号"复选框，则在电路原理图上会显示标识的扩展名。其他对象的设置操作同前。

2.4.4 设置"AutoFocus"选项卡

在"优选项"对话框中，选择"AutoFocus"选项卡，如图 2-38 所示。

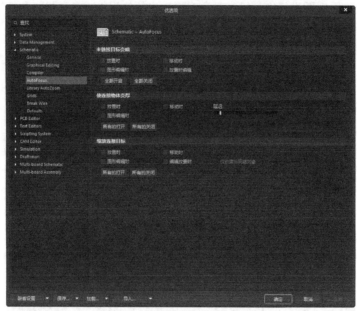

图 2-38 "AutoFocus"选项卡

"AutoFocus"选项卡主要用来设置系统的自动聚焦功能，此功能可根据电路原理图中的元器件或对象所处的状态进行显示。

1. "未链接目标变暗"选项组

"未链接目标变暗"选项组用来设置对未连接对象的淡化显示。其下有 4 个复选框供选择，分别是"放置时""移动时""图形编辑时""放置时编辑"，单击"全部开启"按钮可以全部选中，单击"全部关闭"按钮可以全部取消选中。

2. "使连接物体变厚"选项组

"使连接物体变厚"选项组用来设置对连接对象的加强显示。其下有 3 个复选框供选择，分别是"放置时""移动时""图形编辑时"。其他的设置同上。

3. "缩放连接目标"选项组

"缩放连接目标"选项组用来设置对连接对象的缩放。其下有 5 个复选框供选择，分别是"放置时""移动时""图形编辑时""编辑放置时""仅约束非网络对象"。第 5 个复选框在选中"编辑放置时"复选框后，才能进行选择。其他设置同上。

2.4.5　设置"Library AutoZoom"选项卡

"Library AutoZoom"选项卡用于设置元器件的自动缩放形式，如图 2-39 所示。

该选项卡中有 3 个单选按钮供用户选择，分别是"切换器件时不进行缩放""记录每个器件最近缩放值""编辑器中每个器件居中"。用户根据自己的实际情况进行选择即可，系统默认选中"编辑器中每个器件居中"单选按钮。

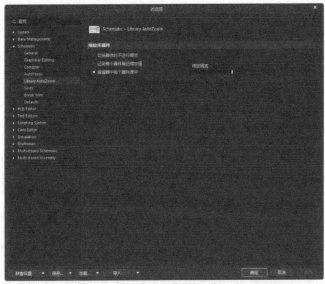

图 2-39　"Library AutoZoom"选项卡

2.4.6　设置"Grids"选项卡

在"优选项"对话框中，选择"Grids"选项卡，如图 2-40 所示。"Grids"选项卡用来设置电路原理图图纸上的网格。

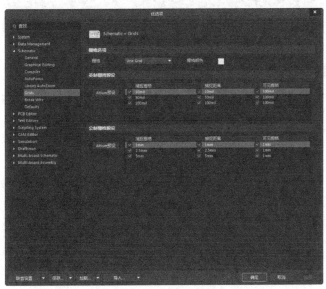

图 2-40　"Grids"选项卡

图 2-41 "Altium 预设"下拉列表

1. "英制栅格预设"选项组

"英制栅格预设"选项组用来将网格设置为英制网格形式。

单击"Altium 预设"按钮，弹出如图 2-41 所示的下拉列表。

选择某一种形式后，在旁边显示出系统对"捕捉栅格""捕捉距离""可见栅格"设置的默认值。用户也可以自己单击设置。

2. "公制栅格预设"选项组

"公制栅格预设"选项组用来将网格设置为公制网格形式。设置方法同上。

2.4.7 设置"Break Wire"选项卡

在"优选项"对话框中，选择"Break Wire"选项卡，如图 2-42 所示。"Break Wire"选项卡用来设置与"Break Wire"命令有关的一些参数。

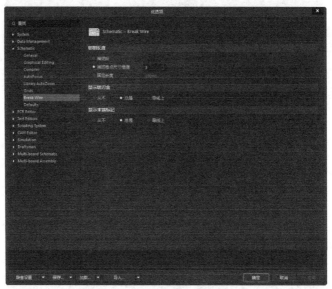

图 2-42 "Break Wire"选项卡

1. "切割长度"选项组

该选项组用来设置当执行"Break Wire"命令时，切割导线的长度。该选项组有以下 3 个单选按钮。

（1）"捕捉段"：选中该单选按钮后，当执行"Break Wire"命令时，光标所在的导线被整段切除。

（2）"捕捉格点尺寸倍增"：选中该单选按钮后，当执行"Break Wire"命令时，每次切割导线的长度都是网格的整数倍。用户可以在右侧的文本框中设置倍数，倍数的大小设置为 2～10。

（3）"固定长度"：选中该单选按钮后，当执行"Break Wire"命令时，每次切割导线的长度是固定的。用户可以在右侧的文本框中设置每次切割导线的固定长度值。

2. "显示切刀盒"选项组

该选项组用来设置当执行"Break Wire"命令时，是否显示切割框，有 3 个选项供选择，分别是"从不""总是""导线上"。

3."显示末端标记"选项组

该选项组用来设置当执行"Break Wire"命令时，是否显示导线的末端标记，有 3 个选项供选择，分别是"从不""总是""导线上"。

2.4.8　设置"Defaults"选项卡

在"优选项"对话框中，选择"Defaults"选项卡，如图 2-43 所示。"Defaults"选项卡用来设定进行原理图编辑时常用图元的原始默认值。

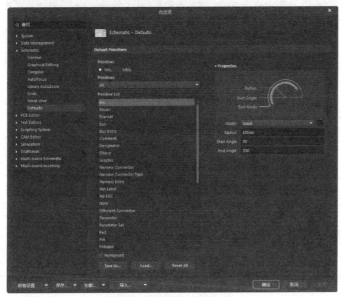

图 2-43　"Defaults"选项卡

1."Primitives"选项组

在原理图绘制中，使用的单位系统可以是英制单位系统（Mils），也可以是公制单位系统（MMs）。

2."Primitives"下拉列表

选择"Primitives"下拉列表中的某一选项，该类型所包括的对象将在"Primitive List"列表框中显示。

（1）All：全部对象。选择该选项后，在下面的"Primitive List"列表框中将列出所有的对象。

（2）Drawing Tools：指绘制非电气原理图工具栏所放置的全部对象。

（3）Other：指上述类别中没有包括的对象。

（4）Wiring Objects：指绘制电路原理图工具栏所放置的全部对象。

（5）Harness Objects：指绘制电路原理图工具栏所放置的线束对象。

（6）Library Parts：指与元器件库有关的对象。

（7）Sheet Symbol Objects：指绘制层次图时与子图有关的对象。

3．"Primitive List"列表框

可以选择"Primitive List"列表框中显示的对象，并对所选的对象进行属性设置或复位到初始状态。在"Primitive List"列表框中选定某个对象，如选择"Pin"（引脚）对象，如图 2-44 所示，在右侧的基本信息显示文本框中修改相应的参数设置。

图 2-44 "Pin"信息

在此处修改相关的参数，那么在原理图上绘制引脚时默认的引脚属性就是修改过的引脚属性设置。

在原始值列表框选中某一对象，单击"Reset All"按钮，则该对象的属性复位到初始状态。

4．功能按钮

（1）"Save As"（保存为）按钮：保存默认的原始设置，当所有需要设置的对象全部设置完毕，单击该按钮，弹出"文件保存"对话框，保存默认的原始设置。默认的文件扩展名为.dft，以后可以重新进行加载。

（2）"Load"（装载）按钮：加载默认的原始设置，要使用以前曾经保存过的原始设置，单击该按钮，弹出"打开文件"对话框，选择一个默认的原始设置文档即可加载默认的原始设置。

（3）"Reset All"（复位所有）按钮：恢复默认的原始设置。单击该按钮，所有对象的属性都回到初始状态。

2.4.9 设置网格和光标

1．设置网格

进入原理图的编辑环境后，会看到编辑窗口的背景是网格形的。图纸上的网格为元器件的放置和线路的连接带来了极大方便。由于这些网格是可以改变的，因此用户可以根据自己的需求对网格的类型和显示方式等进行设置。

Altium Designer 20 提供了"Visible Grid"（可见的）和"Snap Grid"（捕获）两个选项对网

格进行具体设置，如图 2-45 所示。

（1）"Visible Grid"选项：用来启用可视网格，即在图纸上可以看到网格。若选择此选项，图纸上的网格是可见的；若不选择此选项，图纸上的网格将被隐藏。

图 2-45　设置图纸网格

（2）"Snap Grid"复选框：用来启用在图纸上捕获网格功能。若选中此复选框，则光标将以设置的值为单位移动，系统默认值为 10 个像素点。若不选中此复选框，光标将以 1 个像素点为单位进行移动。

（3）"Snap to Electrical Object"（捕获电气对象）复选框：如果选中了该复选框，则在绘制连线时，系统会以光标所在位置为中心，以"Snap Distance"（栅格范围）文本框中的设置值为半径，向四周搜索电气对象。如果在搜索半径内有电气对象，则光标将自动移到该对象上并在该对象上显示一个圆亮点，搜索半径数值可以自行设定。如果不选中该复选框，则取消系统自动寻找电气对象的功能。

选择"视图"→"栅格"选项，其子菜单中有用于切换 3 种网格启用状态的命令，如图 2-46 所示。选择"设置捕捉栅格"选项，弹出如图 2-47 所示的"Choose a snap grid size"（选择捕获网格尺寸）对话框。在该对话框中可以输入捕获网格的参数值。

图 2-46　"栅格"子菜单

图 2-47　"Choose a snap grid size"对话框

Altium Designer 20 提供了两种网格形状，即"Lines Grid"（线状网格）和"Dots Grid"（点状网格），如图 2-48 所示。

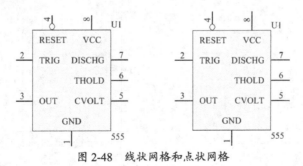

图 2-48　线状网格和点状网格

设置线状网格和点状网格的具体步骤如下。

（1）选择"工具"→"原理图优选项"选项，或在编辑窗口中右击，在弹出的快捷菜单中选择"原理图优选项"选项，弹出"优选项"对话框。在该对话框中选择"Grids"选项卡，如图 2-49 所示。

（2）在"栅格"下拉列表中有两个选项，分别为"Line Grid"和"Dot Grid"。若选择"Line Grid"选项，则在原理图图纸上显示线状网格；若选择"Dot Grid"选项，则在原理图图纸上显示点状网格。

（3）单击"栅格颜色"选项右侧的颜色框可以对网格颜色进行设置。设置完成后单击"确定"按钮即可。

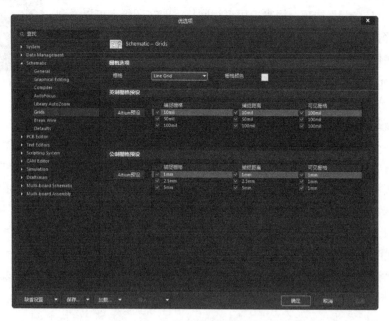

图 2-49　"优选项"对话框 1

2. 设置光标

选择"工具"→"原理图优选项"选项，或在编辑窗口中右击，在弹出的快捷菜单中选择"原理图优选项"选项，弹出"优选项"对话框。在该对话框中选择"Graphical Editing"选项卡，如图 2-50 所示。

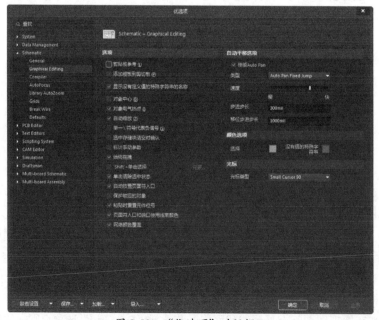

图 2-50　"优选项"对话框 2

在"Graphical Editing"选项卡的"光标"选项组中，可以对光标进行设置，包括光标在绘图时、放置元器件时、放置导线时的形状。

"光标类型"是指光标的类型，在"光标类型"下拉列表中有4 种光标类型可供选择，即"Large Cursor 90""Small Cursor 90""Small Cursor 45""Tiny Cursor 45"，如图 2-51 所示。放置元器件时 4 种光标的形状如图 2-52 所示。

图 2-51　"光标类型"下拉列表

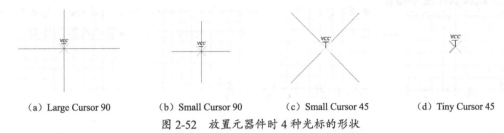

（a）Large Cursor 90　　　（b）Small Cursor 90　　　（c）Small Cursor 45　　　（d）Tiny Cursor 45

图 2-52　放置元器件时 4 种光标的形状

2.4.10　填写图纸设计信息

图纸设计信息记录了电路原理图的设计信息和更新信息，这些信息可以使用户更系统有效地对自己设计的电路图进行管理。所以在设计电路原理图时，要填写自己的图纸设计信息。

图 2-53　"Parameter"选项卡

在"Properties"面板中的"Parameter"（参数）选项卡中，可对图纸参数信息进行设置，如图 2-53 所示。

在该面板中可以填写的原理图信息很多，简单介绍如下。

（1）Address1、Address2、Address3、Address4：用于填写设计公司或单位的地址。

（2）ApprovedBy：用于填写项目设计负责人的姓名。

（3）Author：用于填写设计者的姓名。

（4）CheckedBy：用于填写审核者的姓名。

（5）CompanyName：用于填写设计公司或单位的名称。

（6）CurrentDate：用于填写当前日期。

（7）CurrentTime：用于填写当前时间。

（8）Date：用于填写日期。

（9）DocumentFullPathAndName：用于填写设计文件名和完整的保存路径。

（10）DocumentName：用于填写文件名。

（11）DocumentNumber：用于填写文件数量。

（12）DrawnBy：用于填写图纸绘制者的姓名。

（13）Engineer：用于填写工程师的姓名。

（14）ImagePath：用于填写影像路径。

（15）ModifiedDate：用于填写修改的日期。

（16）Organization：用于填写设计机构的名称。

（17）Revision：用于填写图纸版本号。

图 2-54　日期设置

（18）SheetNumber：用于填写原理图的编号。

（19）SheetTotal：用于填写电路原理图的总数。

（20）Time：用于填写时间。

（21）Title：用于填写电路原理图的标题。

在要填写或修改的参数上双击或选中要修改的参数后，在文本框中修改各个设定值。单击"Add"（添加）按钮，系统添加相应的参数属性。用户可以在如图 2-54 所示的"ModifiedDate"（修改日期）的"Value"（值）文本框中输入修改日期，完成该参数的设置。

2.5　Altium Designer 20 元器件库

Altium Designer 20 为用户提供了包含大量元器件的元器件库。在绘制电路原理图之前，首先要学会如何使用元器件库，包括元器件库的加载、卸载，以及查找自己需要的元器件。

2.5.1　打开"Components"面板

打开"Components"（元件）面板的方法如下。

（1）将鼠标指针放置在工作窗口右侧的"Components"标签上，此时会自动弹出"Components"面板，如图 2-55 所示。

（2）如果在工作窗口右侧没有"Components"标签，则单击面板底部控制栏中的"Panets/Components"（面板/元件库）按钮，在工作窗口右侧就会出现"Components"标签，并自动弹出"Components"面板。可以看到，在"Components"面板中，Altium Designer 20 系统已经加载了两个默认的元器件库，即通用元器件库（Miscellaneous Devices.IntLib）和通用接插件库（Miscellaneous Connectors. IntLib）。

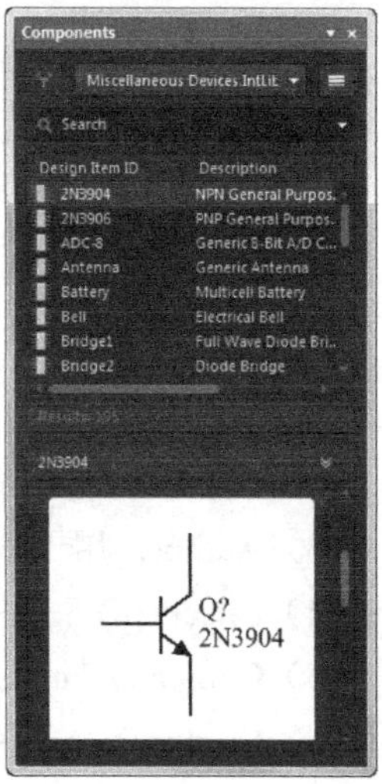

2.5.2　元器件的查找

图 2-55　"Components"面板

当用户不知道元器件在哪个库中时，就要查找需要的元器件。

1. 查找元器件

单击"Components"面板右上角的■按钮，在弹出的下拉列表中选择"File-based Libraries Search"（库文件搜索）选项，弹出如图 2-56 所示的"File-based Libraries Search"对话框。在该对话框中用户可以搜索需要的元器件。搜索元器件需要设置的参数如下。

（1）"搜索范围"下拉列表：用于选择查找类型，有"Components"（元件）、"Protel Footprints"（PCB 封装）、"3D Models"（3D 模型）和"Database Components"（数据库元件）4 种查找类型。

（2）若选中"可用库"单选按钮，系统会在已经加载的元器件库中查找；若选中"搜索路径中的库文件"单选按钮，系统会按照设置的路径进行查找；若单击"Refine last search"（精确搜索）按钮，系统会在上次查询结果中进行查找。

　　（3）"路径"选项组：用于设置查找元器件的路径，只有在选中"搜索路径中的库文件"单选按钮时才有效。单击"路径"文本框右侧的按钮，系统将弹出"浏览文件夹"对话框，供用户设置搜索路径。若选中"包括子目录"复选框，则包含在指定目录中的子目录也会被搜索到。"File Mask"文本框用于设定查找元器件的文件匹配符，"*"表示匹配任意字符串。

　　（4）"高级"选项：用于进行高级查询，如图 2-57 所示。在该选项的文本框中，可以输入一些与查询内容有关的过滤语句表达式，有助于使系统进行更快捷、更准确的查找。在文本框中输入"P80C51FA-4N"，单击"查找"按钮后，系统开始搜索。

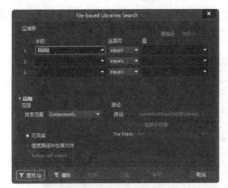

图 2-56　"File-based Libraries Search"对话框

图 2-57　"高级"选项

2．显示查找到的元器件及其所属元器件库

　　查找到"P80C51FA-4N"后的"Components"面板如图 2-58 所示。可以看到，符合搜索条件的元器件名、描述、所属库文件及封装形式在该面板上被一一列出，供用户浏览参考。

3．加载找到元器件的所属元器件库

　　选中需要的元器件（不在系统当前可用的库文件中）右击，在弹出的快捷菜单中执行放置元器件命令，或者单击元器件库面板右上方的按钮，弹出如图 2-59 所示的是否加载库文件的提示框。

　　单击"Yes"按钮，则元器件所在的库文件被加载；单击"No"按钮，则只使用该元器件而不加载其元器件库。

图 2-58　查找到"P80C51FA-4N"后的"Components"面板

图 2-59　是否加载库文件提示框

2.5.3　加载与卸载元器件库

由于加载到库面板中的元器件库要占用系统内存，因此当用户加载的元器件库过多时，就会占用过多的系统内存，影响程序的运行。建议用户只加载当前需要的元器件库，同时将不需要的元器件库卸载掉。

当用户已经知道元器件所在的库时，就可以直接将其添加到库面板中。加载元器件库的步骤如下。

（1）单击如图 2-55 所示的"Components"面板右上角的 ▤ 按钮，在弹出的下拉列表中选择"File-based Libraries Preferences"（库文件参数）选项，如图 2-60 所示，弹出"Available File-based Libraries"（可用库文件）对话框，如图 2-61 所示。

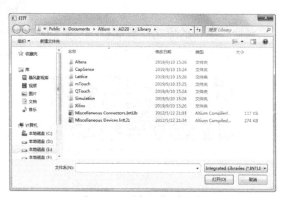

图 2-60　库文件参数　　　　　　图 2-61　"Available File-based Libraries"对话框

可以看到系统已经装入的两个元器件库：通用元器件库（Miscellaneous Devices.IntLib）和通用接插件库（Miscellaneous Connectors.IntLib）。

图 2-61 中的 上移(U) 和 下移(D) 按钮用来调整元器件库的排列顺序。

（2）加载绘图所需的元器件库。在如图 2-61 所示的对话框中有 3 个选项卡，"工程"选项卡列出的是用户为当前项目自行创建的库文件。"已安装"选项卡列出的是系统中可用的库文件，单击"安装"按钮，弹出如图 2-62 所示的"打开"对话框。在该对话框中选择确定的库文件夹并双击打开后，单击选中相应的库文件，再单击"打开"按钮，所选中的库文件即可出现在如图 2-61 所示的对话框中。

图 2-62　"打开"对话框

重复此操作可以把所需要的各种库文件添加到系统中，称为当前可用的库文件。加载完毕后，单击"关闭"按钮，关闭对话框。这时所有加载的元器件库都出现在元器件库面板中，用户可以选择使用。

（3）在如图 2-61 所示的"Available File-based Libraries"对话框中选择一个库文件，单击"删除"按钮，即可将该元器件库卸载。

由于 Altium Designer 10 后面版本的软件中元器件库的数量大量减少，如图 2-62 所示，不足以满足本书中原理图绘制所需的元器件，本书在配套资源中配备了大量元器件库，用于原理图中元器件的放置与查找。可以利用图 2-61 中的"安装"按钮，选择所需元器件库的路径，完成加载后即可使用。

2.6　元器件的放置和属性编辑

2.6.1　在原理图中放置元器件

在当前项目中加载了元器件库后，就要在原理图中放置元器件，下面以放置 P80C51FA-4N 为例，说明放置元器件的具体步骤。

（1）选择"视图"→"适合文件"选项，或者在图纸上右击，在弹出的快捷菜单中选择"视图"→"适合文件"选项，使原理图图纸显示在整个窗口中。也可以按 Page Up 键和 Page Down 键放大和缩小图纸视图，或者右击，在弹出的快捷菜单中选择"视图"→"放大"/"缩小"选项，同样可以放大或缩小图纸视图。

（2）在"Components"面板的元器件库下拉列表中选择"Philips Microcontroller 8-Bit.IntLib"选项使之成为当前库，同时库中的元器件列表显示在库的下方，找到元器件 P80C51FA-4N。

（3）使用"Components"面板上的"Search"过滤器快速定位需要的元器件，在过滤器文本框中输入"P80C51FA-4N"，即可直接找到 P80C51FA-4N 元器件。

（4）选中"P80C51FA-4N"并右击，在弹出的快捷菜单中选择"Place P80C51FA-4N"选项或直接双击元器件名，指针变成十字形，同时指针上悬浮着一个 P80C51FA-4N 芯片的轮廓。按下 Tab 键，将弹出"Properties"面板，可以对元器件的属性进行编辑，如图 2-63 所示。

（5）移动指针到原理图中的合适位置，单击将 P80C51FA-4N 放置在原理图上。按 Page Down 键和 Page Up 键可缩小和放大元器件，便于观察元器件放置的位置是否合适。按 Space 键可以使元器件旋转，每按一下，元器件旋转 90°，用来调整元器件放置的方向。

图 2-63　"Properties"面板

（6）放置完元器件后，右击或按 Esc 键可退出元器件放置状态，指针恢复为箭头状态。

2.6.2 编辑元器件属性

双击要编辑的元器件，弹出"Properties"面板，如图 2-63 所示是 P80C51FA-4N 的属性编辑面板。

下面介绍"Properties"面板的设置。

（1）Designator（标识符）：用来设置元器件序号。在"Designator"文本框中输入元器件标识，如"U1""R1"等。"Designator"文本框右侧的 ⊙ 按钮用来设置元器件标识在原理图上是否可见。

（2）Comment（注释）：用来说明元器件的特征。"Comment"文本框右侧的 ⊙ 按钮用来设置"Comment"的内容在图纸上是否可见。

（3）Description（描述）：用于对元器件的功能作用进行简单描述。

（4）Type（类型）：元器件符号的类型，在下拉列表中可以进行选择。

（5）Design Item ID（设计项目地址）：元器件在库中的图形符号。

（6）Rotation（旋转）：用来设置元器件在原理图上放置的角度。

2.6.3 删除元器件

当在电路原理图上放置了错误的元器件时，就要将其删除。在原理图上，我们可以一次删除一个元器件，也可以一次删除多个元器件，具体步骤如下。

这里我们以删除前面放置的 P80C51FA-4N 为例。

（1）选择"编辑"→"删除"选项，鼠标指针会变成十字形状。将十字形状指针移到要删除的 P80C51FA-4N 上，如图 2-64 所示。单击 P80C51FA-4N 即可将其从电路原理图上删除。

（2）此时，指针仍处于十字形状态，可以继续单击删除其他元器件。若不需要删除元器件，右击或按 Esc 键，即可退出删除元器件命令状态。

（3）也可以单击选取要删除的元器件，按 Delete 键将其删除。

（4）若需要一次性删除多个元器件，用鼠标选取要删除的多个元器件后，选择"编辑"→"删除"选项或按 Delete 键，即可以将选取的多个元器件删除。

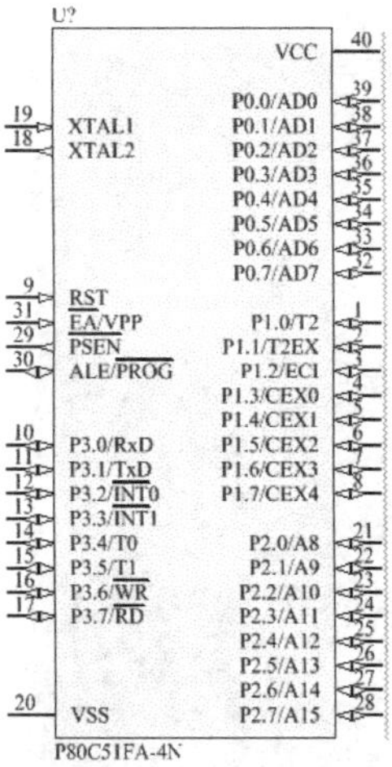

图 2-64　删除元器件

如何选取单个或多个元器件将在 2.7.1 小节中进行介绍。

2.6.4 管理元器件编号

对于元器件较多的原理图，当设计完成后，往往会发现元器件的编号变得很混乱或有些元器件还没有编号。用户可以逐个地手动更改这些编号，但是这样比较烦琐，而且容易出现错误。Altium Designer 20 提供了管理元器件编号的功能。

（1）选择"工具"→"标注"→"原理图标注"选项，弹出如图 2-65 所示的"标注"对话框。在该对话框中，可以对元器件进行重新编号。

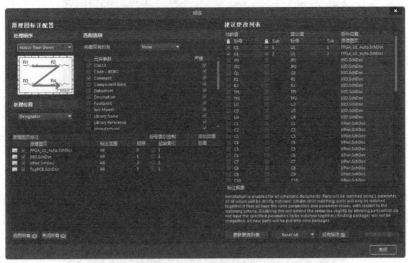

图 2-65　重置后的元器件编号

"标注"对话框分为两部分：左侧是"原理图标注配置"，右侧是"建议更改列表"。

① 在左侧的"原理图页标注"栏中列出了当前工程中的所有原理图文件。通过文件名前面的复选框，可以选择对哪些原理图进行重新编号。

在对话框左上角的"处理顺序"下拉列表中列出了 4 种编号顺序，即"Up Then Across"（先向上后左右）、"Down Then Across"（先向下后左右）、"Across Then Up"（先左右后向上）和"Across Then Down"（先左右后向下）。

在"匹配选项"选项组中列出了元器件的参数名。通过选中参数名前面的复选框，用户可以选择是否根据这些参数进行编号。

② 在右侧的"当前值"栏中列出了当前的元器件编号，在"建议值"栏中列出了新的编号。

（2）重新编号的方法。对原理图中的元器件进行重新编号的操作步骤如下。

① 选择要进行编号的原理图。

② 选择编号的顺序和参照的参数，在"标注"对话框中，单击"Reset All"（全部重新编号）按钮，对编号进行重置。系统将弹出"Information"（信息）对话框，提示用户编号发生了哪些变化，单击"OK"（确定）按钮，重置后，所有的元器件编号将被消除。

③ 单击"更新更改列表"按钮，重新编号，系统将弹出如图 2-66 所示的"Information"对话框，提示用户相对前一次状态和相对初始状态编号发生的改变。

④ 在"标注"对话框中可以查看重新编号后的变化。如果对这种编号满意，则单击"接收更改（创建 ECO）"按钮，在弹出的"工程变更指令"对话框中更新修改，如图 2-67 所示。

图 2-66　"Information"对话框

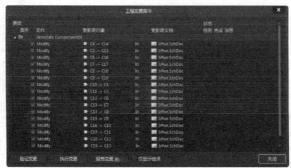

图 2-67　"工程变更指令"对话框 1

⑤ 在"工程变更指令"对话框中，单击"验证变更"按钮，可以验证修改的可行性，如图 2-68 所示。

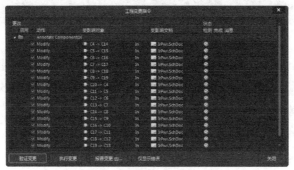

图 2-68　验证修改的可行性

⑥ 单击"报告变更"按钮，弹出如图 2-69 所示的"报告预览"对话框，在其中可以将修改后的报表输出。单击"导出"按钮，可以将该报表进行保存，默认文件名为"PcbIrda.PrjPcb And PcbIrda.xls"，是一个 Excel 文件；单击"打开报告"按钮，可以将该报表打开；单击"打印"按钮，可以将该报表打印输出。

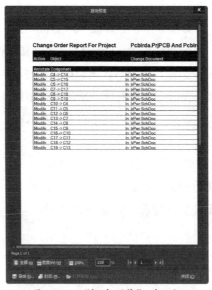

图 2-69　"报告预览"对话框

⑦ 单击"工程变更指令"对话框中的"执行变更"按钮，即可执行修改，如图 2-70 所示，对元器件的重新编号便完成了。

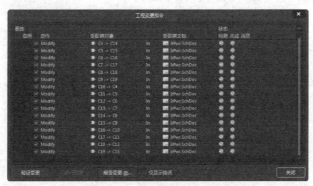

图 2-70　　"工程变更指令"对话框 2

2.6.5　回溯更新原理图元器件标号

"反向标注原理图"命令用于从 PCB 回溯更新原理图元器件标号。在设计 PCB 时，有时可能需要对元器件重新编号，为了保持原理图和 PCB 图之间的一致性，可以使用该命令基于 PCB 图来更新原理图中的元器件标号。

选择"工具"→"标注"→"反向标注原理图"选项，弹出如图 2-71 所示的对话框，要求选择 WAS-IS 文件，用于从 PCB 文件来更新原理图文件中的元器件标号。WAS-IS 文件是在 PCB 文档中执行"Reannotate"（回溯标记）命令后生成的文件。当选择 WAS-IS 文件后，系统将弹出一个消息框，报告所有将被重新命名的元器件。当然，这时原理图中的元器件名称并没有真正被更新。单击"确定"按钮，弹出"标注"对话框，如图 2-72 所示，在该对话框中可以预览系统推荐的重命名，再决定是否执行更新命令，创建新的 ECO 文件。

图 2-71　选择文件对话框

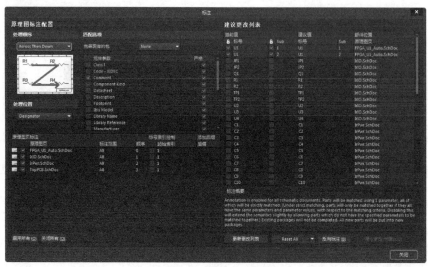

图 2-72　"标注"对话框

2.7　元器件位置的调整

元器件位置的调整就是利用各种命令将元器件移动到合适的位置，以及实现元器件的旋转、复制与粘贴、排列与对齐等。

2.7.1　选取和取消选取元器件

1. 元器件的选取

要实现元器件位置的调整，首先要选取元器件。选取的方法很多，下面介绍几种常用的方法。

1）用鼠标直接选取单个或多个元器件

对于单个元器件的情况，将鼠标指针移到要选取的元器件上单击即可。这时该元器件周围会出现一个绿色框，表明该元器件已经被选取，如图 2-73 所示。

图 2-73　选取单个元器件

对于多个元器件的情况，单击并拖动鼠标，拖出一个矩形框，将要选取的多个元器件包含在该矩形框中，释放鼠标左键后即可选取多个元器件，或者按住 Shift 键，逐一单击要选取的元器件，也可以选取多个元器件。

2）利用菜单命令选取

选择"编辑"→"选择"选项，弹出如图 2-74 所示的菜单。

（1）以 Lasso 方式选择：执行此命令后，指针变成十字形状，用鼠标选取一个区域，则区域内的元器件被选取。

（2）区域内部：执行此命令后，指针变成十字形状，用鼠标选取一个区域，则区域内的元器件被选取。

（3）区域外部：操作同上，区域外的元器件被选取。

图 2-74　"选择"菜单

（4）全部：执行此命令后，电路原理图上的所有元器件都被选取。

（5）连接：执行此命令后，若单击某一导线，则此导线及与其相连的所有元器件都被选取。

（6）切换选择：执行该命令后，元器件的选取状态将被切换，即若该元器件原来处于未选取状态，则被选取；若处于选取状态，则取消选取。

2．取消选取

取消选取也有多种方法，这里介绍几种常用的方法。

（1）直接单击电路原理图的空白区域，即可取消选取。

（2）单击主工具栏中的 ▒ 按钮，可以将图纸上所有被选取的元器件取消选取。

（3）选择"编辑"→"取消选中"选项，弹出如图 2-75 所示的菜单。

① 取消选中（Lasso 模式）：执行此命令后，取消区域内元器件的选取。

② 区域内部：取消区域内元器件的选取。

③ 外部区域：取消区域外元器件的选取。

④ 所有打开的当前文件：取消当前原理图中所有处于选取状态的元器件的选取。

⑤ 所有打开的文件：取消当前所有打开的原理图中处于选取状态的元器件的选取。

⑥ 切换选择：与图 2-74 中此命令的作用相同。

（4）按住 Shift 键，逐一单击已被选取的元器件，可以将其取消选取。

图 2-75　"取消选中"菜单

2.7.2　移动元器件

要改变元器件在电路原理图上的位置，就要移动元器件，包括移动单个元器件和同时移动多个元器件。

1．移动单个元器件

移动单个元器件分为移动单个未选取的元器件和移动单个已选取的元器件两种。

（1）移动单个未选取的元器件的方法如下。

将指针移到需要移动的元器件上（不需要选取），按下鼠标左键不放，拖动鼠标，元器件将会随指针一起移动，到达指定位置后释放鼠标左键，即可完成移动操作；选择"编辑"→"移动"→"移动"选项，指针变成十字形状，单击需要移动的元器件后，元器件将随指针一起移动，到达指定位置后再次单击，完成移动。

（2）移动单个已选取的元器件的方法如下。

将指针移到需要移动的元器件上（该元器件已被选取），同样按下鼠标左键不放，拖动至指定位置后释放鼠标左键；或者选择"编辑"→"移动"→"移动选中对象"选项，将元器件移动到指定位置；或者单击主工具栏中的 ✛ 按钮，指针变成十字形状，单击需要移动的元器件后，元器件将随指针一起移动，到达指定位置后单击，完成移动。

2. 移动多个元器件

需要同时移动多个元器件时，首先应将要移动的元器件全部选中，然后在其中任意一个元器件上按住鼠标左键并拖动，到适当位置后，释放鼠标左键，则所有选中的元器件都移动到了当前的位置；或者单击"原理图标准"工具栏中的 ✛ 按钮，将所有元器件整体移动到指定位置，完成移动。

2.7.3　旋转元器件

在绘制原理图的过程中，为了方便布线，往往要对元器件进行旋转操作。下面介绍几种常用的旋转方法。

1. 利用 Space 键旋转

单击选取需要旋转的元器件，按 Space 键可以对元器件进行旋转操作；或者单击需要旋转的元器件并按住不放，当指针变成十字形状后，按 Space 键同样可以进行旋转。每按一次 Space 键，元器件逆时针旋转 90°。

2. 利用 X 键实现元器件左右对调

单击需要对调的元器件并按住不放，当指针变成十字形状后，按 X 键可以对元器件进行左右对调操作，如图 2-76 所示。

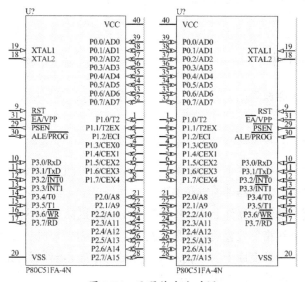

图 2-76　元器件左右对调

3. 利用 Y 键实现元器件上下对调

单击需要对调的元器件并按住不放，当指针变成十字形状后，按 Y 键可以对元器件进行上下对调操作，如图 2-77 所示。

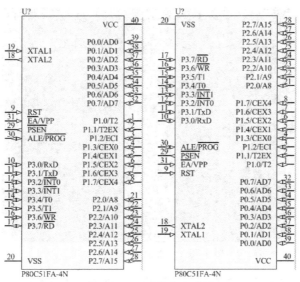

图 2-77　元器件上下对调

2.7.4　复制与粘贴元器件

1．元器件的复制

元器件的复制是指将元器件复制到剪贴板中，具体步骤如下。

（1）在电路原理图上选取需要复制的元器件或元器件组。

（2）进行复制操作，有以下 3 种方法。

① 选择"编辑"→"复制"选项。

② 单击工具栏中的"复制"按钮 。

③ 使用 Ctrl+C 或 E+C 组合键。

即可将元器件复制到剪贴板中，完成复制操作。

2．元器件的粘贴

元器件的粘贴就是把剪贴板中的元器件放置到编辑区中，有以下 3 种方法。

（1）选择"编辑"→"粘贴"选项。

（2）单击工具栏上的"粘贴"按钮 。

（3）使用 Ctrl+V 或 E+P 组合键。

执行粘贴命令后，指针变成十字形状并带有要粘贴元器件的虚影，在指定位置处单击即可完成粘贴操作。

3．元器件的阵列式粘贴

元器件的阵列式粘贴是指一次性按照指定间距将同一个元器件重复粘贴到图纸上。

（1）启动阵列式粘贴。选择"编辑"→"智能粘贴"选项或使用 Shift+Ctrl+V 组合键，弹出"智能粘贴"对话框，如图 2-78 所示。

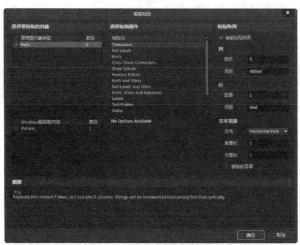

图 2-78　　"智能粘贴"对话框

（2）"智能粘贴"对话框的设置。选中"使能粘贴阵列"复选框，其他选项组功能如下。

①"列"选项组：用于设置列参数，"数目"用于设置每一列中所要粘贴的元器件个数；"间距"用于设置每一列中两个元器件的垂直间距。

②"行"选项组：用于设置行参数，"数目"用于设置每一行中所要粘贴的元器件个数；"间距"用于设置每一行中两个元器件的水平间距。

（3）智能粘贴的具体操作步骤。在每次使用智能粘贴前，必须通过复制操作将选取的元器件复制到剪贴板中。选择"编辑"→"智能粘贴"选项，在弹出的"智能粘贴"对话框中进行相应的设置，单击"确定"按钮。在指定位置单击，即可实现选定元器件的阵列式粘贴。如图2-79 所示为放置的一组 3×3 的阵列式电阻。

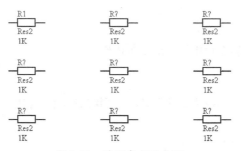

图 2-79　阵列式粘贴电阻

2.7.5　排列与对齐元器件

（1）选择"编辑"→"对齐"选项，弹出元器件"对齐"菜单，如图 2-80 所示。

其各选项的功能如下。

① 左对齐：将选取的元器件向最左端的元器件对齐。

② 右对齐：将选取的元器件向最右端的元器件对齐。

③ 水平中心对齐：将选取的元器件向最左端元器件和最右端元器件的中间位置对齐。

④ 水平分布：将选取的元器件在最左端元器件和最右端元器件之间等距离放置。

⑤ 顶对齐：将选取的元器件向最上端的元器件对齐。

⑥ 底对齐：将选取的元器件向最下端的元器件对齐。

⑦ 垂直中心对齐：将选取的元器件向最上端元器件和最下端元器件的中间位置对齐。

⑧ 垂直分布：将选取的元器件在最上端元器件和最下端元器件之间等距离放置。

（2）选择"编辑"→"对齐"→"对齐"选项，弹出"排列对象"对话框，如图 2-81 所示。元器件"排列对象"对话框主要包括 3 部分。

① "水平排列"选项组，用来设置元器件组在水平方向的排列方式。

a. 不变：水平方向上保持原状，不进行排列。

b. 左侧：水平方向左对齐，等同于"左对齐"命令。

c. 居中：水平中心对齐，等同于"水平中心对齐"命令。

d. 右侧：水平右对齐，等同于"右对齐"命令。

e. 平均分布：水平方向均匀排列，等同于"水平分布"命令。

图 2-80　元器件"对齐"菜单　　　　图 2-81　"排列对象"对话框

② "垂直排列"选项组。

a. 不变：垂直方向上保持原状，不进行排列。

b. 顶部：顶端对齐，等同于"顶对齐"命令。

c. 居中：垂直中心对齐，等同于"垂直中心对齐"命令。

d. 底部：底端对齐，等同于"底对齐"命令。

e. 平均分布：垂直方向均匀排列，等同于"垂直分布"命令。

③ "将基元移至栅格"复选框用于设定元器件对齐时，是否将元器件移动到网格上。建议选中此复选框，以便于连线时捕捉元器件的电气节点。

2.8　电路原理图的绘制

2.8.1　绘制原理图的工具

绘制电路原理图主要通过电路图绘制工具来完成，因此，熟练使用电路图绘制工具是必需的。启动电路图绘制工具的方法主要有两种。

1. 使用"布线"工具栏

选择"视图"→"工具栏"→"布线"选项，如图2-82所示，即可打开"布线"工具栏，如图2-83所示。

2. 使用菜单命令

选择"放置"选项或在电路原理图的图纸上右击，在弹出的快捷菜单中选择"放置"选项，弹出"放置"菜单中的绘制电路图菜单命令，如图2-84所示。这些菜单命令与"布线"工具栏中的各个按钮相互对应，功能完全相同。

图2-82 选择"布线"选项　　图2-83 "布线"工具栏　　图2-84 "放置"菜单

2.8.2 绘制导线和总线

1. 绘制导线

导线是电路原理图中基本的电气组件之一，原理图中的导线具有电气连接意义。下面介绍绘制导线的具体步骤和导线的属性设置。

1）启动绘制导线命令

启动绘制导线命令的方法主要有以下4种。

（1）单击"布线"工具栏中的"放置线"按钮█进入绘制导线状态。

（2）选择"放置"→"线"选项，进入绘制导线状态。

（3）在原理图图纸空白区域右击，在弹出的快捷菜单中选择"放置"→"线"选项。

（4）使用Ctrl+W或P+W组合键。

2）绘制导线的具体步骤

进入绘制导线状态后，指针变成十字形状，系统处于绘制导线状态。绘制导线的具体步骤如下。

（1）将指针移到要绘制导线的起点，若导线的起点是元器件的引脚，当指针靠近元器件引脚时，会自动移动到元器件的引脚上，同时出现一个红色的×表示电气连接的意义，单击确定导线的起点。

（2）移动指针到导线折点或终点，在导线折点处或终点处单击确定导线的位置，每转折一次都要单击一次。导线转折时，可以通过按 Shift+Space 组合键来切换选择导线转折的模式，共有 3 种模式，分别是直角、45° 和任意角，如图 2-85 所示。

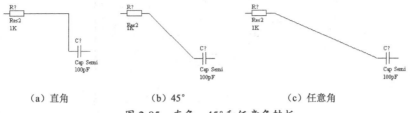

(a) 直角   (b) 45°   (c) 任意角

图 2-85   直角、45° 和任意角转折

（3）绘制完第一条导线后，右击退出绘制第一根导线。此时系统仍处于绘制导线状态，将指针移动到新导线的起点，按照上面的方法继续绘制其他导线。

（4）绘制完所有的导线后，右击退出绘制导线状态，指针由十字形状变成箭头。

3）设置导线属性

在绘制导线状态下按 Tab 键，弹出"Properties"面板，如图 2-86 所示。或者在导线绘制完成后，双击导线，弹出"Properties"面板。

在"Properties"面板中，可对导线的颜色和宽度进行设置。单击颜色框█，弹出颜色属性对话框，如图 2-87 所示，选择合适的颜色作为导线的颜色即可。

导线的宽度设置是通过"Width"（线宽）右侧的下拉列表来实现的，其中有 4 种选择："Smallest"（最细）、"Small"（细）、"Medium"（中等）、"Large"（粗）。一般不需要设置导线属性，采用默认设置即可。

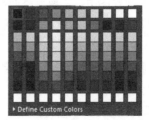

图 2-86   "Properties"面板   图 2-87   选择合适的颜色

4）绘制导线实例

这里以绘制 80C51 原理图为例来说明导线工具的使用。80C51 原理图如图 2-88 所示。后面介绍的绘图工具的使用都以 80C51 原理图为例来说明。

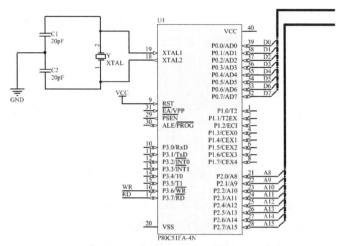

图 2-88   80C51 原理图

前面已经介绍了如何在原理图上放置元器件。按照前面所讲的方法在空白原理图上放置所需的元器件，如图 2-89 所示。下面利用绘制电路图工具栏中的命令完成 80C51 原理图的绘制。

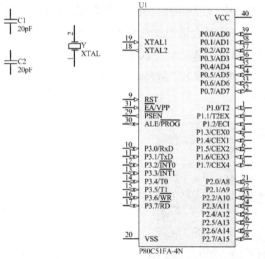

图 2-89   放置元器件

在 80C51 原理图中，主要绘制两部分导线，分别为第 18、19 引脚与电容、电源地等的连接，以及第 31 引脚 VPP 与电源 VCC 的连接。其他地址总线和数据总线可以连接一小段导线便于后面网络标签的放置。

启动绘制导线命令，指针变成十字形状。将指针移动到 80C51 的第 19 引脚 XTAL1 处，将在 XTAL1 的引脚上出现一个红色的 X，单击确定。拖动鼠标到合适位置单击将导线转折后，将指针拖至元器件 Y 的第 2 引脚处，此时指针上再次出现红色的 X，单击确定，第一条导线绘制完成，右击退出绘制导线状态。此时指针仍为十字形状，采用同样的方法绘制其他导线。只要指针为十字形状，就处于绘制导线状态下。若想退出绘制导线状态，右击即可，指针变成箭头后，才表示退出该命令状态。导线绘制完成后的 80C51 原理图如图 2-90 所示。

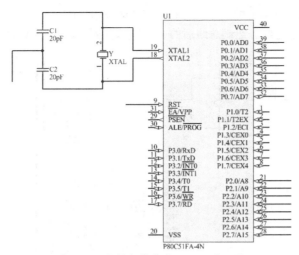

图 2-90 绘制完导线的 80C51 原理图

2．绘制总线

总线就是一条表达数条并行导线的线，如常说的数据总线、地址总线等。这样做是为了简化原理图，便于读图。总线本身没有实际的电气连接意义，必须由总线接出的各个单一导线上的网络名称来完成电气意义上的连接。由总线接出的各个单一导线上必须放置网络名称，具有相同网络名称的导线表示实际电气意义上的连接。

1）启动绘制总线命令

启动绘制总线命令的方法有如下 4 种。

（1）单击电路图"布线"工具栏中的■■按钮。

（2）选择"放置"→"总线"选项。

（3）在原理图图纸空白区域右击，在弹出的快捷菜单中选择"放置"→"总线"选项。

（4）使用 P+B 组合键。

2）绘制总线的具体步骤

启动绘制总线命令后，指针变成十字形状，在合适的位置单击确定总线的起点，拖动鼠标，在转折处单击或在总线的末端单击确定，绘制总线的方法与绘制导线的方法基本相同。

3）设置总线属性

在绘制总线状态下按 Tab 键，弹出"Properties"面板，如图 2-91 所示。在总线绘制完成后，如果想要修改总线属性，双击总线，同样会弹出"Properties"面板。

总线"Properties"面板的设置与导线"Properties"面板的设置相同，都是对总线颜色和总线宽度的设置，在此不再赘述。一般情况下采用默认设置即可。

4）绘制总线实例

绘制总线的方法与绘制导线的方法基本相同。启动绘制总线命令后，指针变成十字形状，进入绘制总线状态后，先在恰当的位置（P0.6 处空一格的位置，空位置是为了绘制总线分支）单击确定总线

图 2-91 "Properties"面板

的起点，然后在总线转折处单击，最后在总线的末端再次单击，完成第一条总线的绘制。采用同样的方法绘制剩余的总线。绘制总线后的 80C51 原理图如图 2-92 所示。

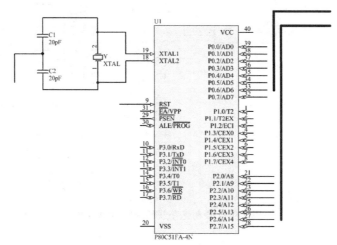

图 2-92　绘制总线后的 80C51 原理图

3．绘制总线分支

总线分支是单一导线进出总线的端点。导线与总线连接时必须使用总线分支，总线和总线分支没有任何的电气连接意义，只是让电路图看上去更有专业水平，因此电气连接功能要由网络标签来完成。

1）启动总线分支命令

启动总线分支命令的方法主要有以下 4 种。

（1）单击电路图"布线"工具栏中的■按钮。

（2）选择"放置"→"总线入口"选项。

（3）在原理图图纸空白区域右击，在弹出的快捷菜单中选择"放置"→"总线入口"选项。

（4）使用 P+U 组合键。

图 2-93　总线分支"Properties"面板

2）绘制总线分支的具体步骤

绘制总线分支的步骤如下。

（1）执行绘制总线分支命令后，指针变成十字形状，并有分支线"/"悬浮在指针上。如果需要改变分支线的方向，按 Space 键即可。

（2）移动指针到所要放置总线分支的位置，指针上出现两个红色的×，单击即可完成第一个总线分支的放置。依次可以放置所有的总线分支。

（3）绘制完所有的总线分支后，右击或按 Esc 键退出绘制总线分支状态，指针由十字形状变成箭头。

3）设置总线分支属性

在绘制总线分支状态下，按 Tab 键，弹出"Properties"面板，如图 2-93 所示，或者在退出绘制总线分支状态后，双击总线分支同样弹出"Properties"面板。

在"Properties"面板中，可以设置总线分支的颜色和线宽。其位置一般不需要设置，采用默认设置即可。

4）绘制总线分支实例

进入绘制总线分支状态后，指针上出现分支线"∕"或"∖"。在80C51原理图中采用"∕"分支线，可通过按 Space 键调整分支线的方向。绘制分支线很简单，只需要将指针上的分支线移动到合适的位置，单击即可。完成了总线分支的绘制后，右击退出绘制总线分支状态。这一点与绘制导线和总线不同，当绘制导线和总线时，右击退出绘制导线和总线状态，右击表示在当前导线和总线绘制完成后，开始下一段导线或总线的绘制。绘制完总线分支后的80C51原理图如图 2-94 所示。

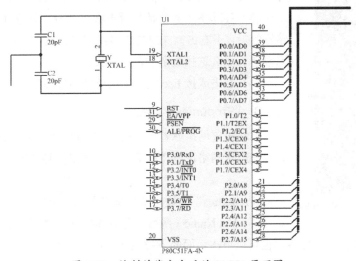

图 2-94　绘制总线分支后的 80C51 原理图

> **提示**
>
> 在放置总线分支时，总线分支朝向有时是不一样的，左边的总线分支向右倾斜，而右边的总线分支向左倾斜，这时只需要按 Space 键就可以改变总线分支的朝向。

2.8.3　设置网络标签

在原理图绘制过程中，元器件之间的电气连接除了使用导线，还可以通过设置网络标签来实现。网络标签实际上是一个电气连接点，具有相同网络标签的电气连接表明这些元器件是连在一起的。网络标签主要用于层次原理图电路和多重式电路中的各个模块之间的连接。也就是说，定义网络标签的用途是"连接"两个或两个以上没有相互连接的网络、命名相同的网络标签，使它们在电气含义上属于同一网络，这在 PCB 布线时非常重要。在连接线路比较远或线路走线复杂时，使用网络标签代替实际走线会使电路图简化。

1．启动执行网络标签命令

启动执行网络标签命令的方法主要有以下 4 种。

（1）选择"放置"→"网络标签"选项。

（2）单击"布线"工具栏中的 Net 按钮。

（3）在原理图图纸空白区域右击，在弹出的快捷菜单中选择"放置"→"网络标签"选项。

（4）使用 P+N 组合键。

2．放置网络标签

放置网络标签的步骤如下。

（1）启动放置网络标签命令后，指针将变成十字形状，并出现一个虚线方框悬浮在指针上。此方框的大小、长度和内容由上一次使用的网络标签来决定。

（2）将指针移动到放置网络名称的位置（导线或总线上），指针上出现红色的×，单击即可

放置一个网络标签，但是在一般情况下，为了避免以后再修改网络标签，在放置网络标签前，按 Tab 键，设置网络标签的属性。

（3）移动指针到其他位置继续放置网络标签（放置完第一个网路标签后，不右击）。在放置网络标签的过程中如果网络标签的末尾为数字，那么这些数字会自动增加。

（4）右击或按 Esc 键退出放置网络标签状态。

3．"Properties"面板

启动放置网络标签命令后，按 Tab 键弹出"Properties"面板。或者在放置网络标签完成后，双击网络标签弹出该面板，如图 2-95 所示。

图 2-95　"Properties"面板

"Properties"面板主要用来设置以下选项。

（1）Net Name（网络名称）：定义网络标签。在文本框中可以直接输入想要放置的网络标签，也可以单击后面的下拉按钮，在弹出的下拉列表中选取前面使用过的网络标签。

（2）颜色：单击颜色框█，可以在弹出的对话框中选择自己喜欢的颜色。

（3）Rotation：用来设置网络标签在原理图上的放置方向。在"Rotation"下拉列表中可以选择网络标签的方向，也可以用 Space 键实现方向的调整，每按一次 Space 键，网络标签的方向改变 90°。

（4）Font（字体）：单击字体，弹出的下拉列表如图 2-96 所示，用户可以在其中选择自己喜欢的字体。

图 2-96　字体设置

4．放置网络标签实例

在 80C51 原理图中，主要放置 WR、RD、数据总线（D0～D7）和地址总线（A8～A15）属性的网络标签。首先进入放置网络标签状态，按 Tab 键将弹出"Properties"面板，在"Net Name"文本框中输入"D0"，其他采用默认设置即可。移动指针到 80C51 的 AD0 引脚，出现红色的×符号，单击，完成网络标签 D0 的设置。依次移动指针到 D1～D7，会发现网络标签的末位数字会自动增加。单击完成 D0～D7 的网络标签的放置。用同样的方法完成其他网络标签的放置，右击退出放置网络标签状态。完成放置网络标签后的 80C51 原理图如图 2-97 所示。

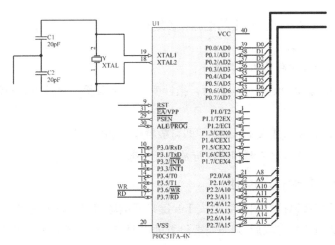

图 2-97　完成放置网络标签后的 80C51 原理图

2.8.4　放置电源和接地符号

放置电源和接地符号一般不采用绘图工具栏中的放置电源和接地符号命令，通常利用电源和接地符号工具栏完成电源和接地符号的放置。下面首先介绍电源和接地符号工具栏，然后介绍绘图工具栏中的放置电源和接地符号命令。

1. 电源和接地符号工具栏

选择"视图"→"工具栏"→"应用工具"选项，在编辑窗口上出现如图 2-98 所示的"应用工具"工具栏。

单击"应用工具"工具栏中的 ▉ ▾ 按钮，弹出电源和接地符号下拉列表，如图 2-99 所示。

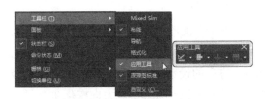

图 2-98　"应用工具"工具栏　　　　　图 2-99　电源和接地符号下拉列表

在电源和接地符号下拉列表中选择相应的选项，可以得到相应的电源和接地符号，非常方便易用。

2. 放置电源和接地符号

（1）放置电源和接地符号的方法主要有以下 5 种。

① 单击"布线"工具栏中的 ▉ 或 ▉ 按钮。

② 选择"放置"→"电源端口"选项。

③ 在原理图图纸空白区域右击，在弹出的快捷菜单中选择"放置"→"电源端口"选项。

④ 使用"应用工具"工具栏中的电源和接地符号。

⑤ 使用 P+O 组合键。

（2）放置电源和接地符号的步骤如下。

① 进入放置电源和接地符号状态后，指针变成十字形状，同时一个电源或接地符号悬浮在指针上。

② 在适合的位置单击或按 Enter 键，即可放置电源和接地符号。

③ 右击或按 Esc 键退出电源和接地符号放置状态。

3．设置电源和接地符号的属性

进入放置电源和接地符号状态后，按 Tab 键打开电源和接地符号的"Properties"面板，或者在放置电源和接地符号完成后，双击需要设置的电源符号或接地符号，也可以打开"Properties"面板，如图 2-100 所示。

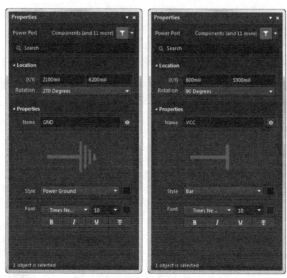

图 2-100　"Properties"面板

（1）颜色：用来设置电源和接地符号的颜色。单击右侧的颜色框，可以选择颜色。

（2）Rotation：用来设置电源和接地符号的方向，在下拉列表中可以选择需要的方向，有 0 Degrees、90 Degrees、180 Degrees、270 Degrees。方向的设置也可以通过在放置电源和接地符号时按 Space 键来实现，每按一次 Space 键就方向变化 90°。

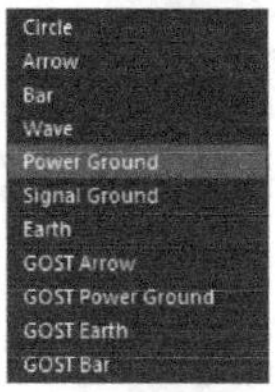

（3）（X/Y）：可以定位 X、Y 的坐标，一般采用默认设置即可。

（4）Style（类型）：在"Style"下拉列表中，有 11 种不同的电源和接地类型，如图 2-101 所示。

（5）Name（网络名称）：在网络标签中输入所需要的名称，如 GND、VCC 等。

图 2-101　电源和接地类型

4．放置电源与接地符号实例

在 80C51 原理图中，主要有电容与电源地的连接和 VPP 与电源 VCC 的连接。利用电源和接地符号工具栏以及绘图工具栏中放置电源和接地符号的命令分别完成电源和接地符号的放置，并比较两者的优劣。

（1）利用"应用工具"工具栏中的电源和接地符号下拉列表放置电源和接地符号。单击 VCC 图标，指针变成十字形状，同时有 VCC 图标悬浮在指针上，移动指针到合适的位置单击，完成 VCC 图标的放置。接地符号的放置与电源符号的放置完全相同，这里不再叙述。

（2）利用"布线"工具栏放置电源和接地符号。单击"布线"工具栏中的电源符号按钮，指针变成十字形状，同时电源图标悬浮在指针上，其图标与上一次设置的电源或接地图标相同。按 Tab 键，弹出如图 2-100 所示的电源和接地符号的"Properties"面板，在"Name"文本框中输入"VCC"作为网络标签，在"Style"下拉列表选择"Bar"选项，其他采用默认设置即可，移动指针到合适的位置单击，VCC 图标就出现在原理图上。此时系统仍处于放置电源和接地符号状态，采用上述同样的方法继续放置，完成后右击退出放置电源和接地符号状态。放置电源和接地符号后的 80C51 原理图如图 2-102 所示。

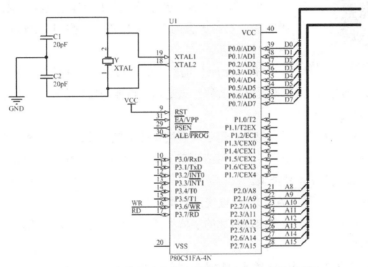

图 2-102　放置电源和接地符号后的 80C51 原理图

2.8.5　放置 I/O 端口

在设计电路原理图时，一个电路网络与另一个电路网络的电气连接有 3 种形式：①通过导线直接连接；②通过设置相同的网络标签来实现两个网络之间的电气连接；③相同网络标签的 I/O 端口，在电气意义上也是连接的。I/O 端口是层次原理图设计中不可缺少的组件。

1. 启动放置 I/O 端口命令

启动放置 I/O 端口命令的方法主要有以下 4 种。

（1）单击"布线"工具栏中的 D1 按钮。

（2）选择"放置"→"端口"选项。

（3）在原理图图纸空白区域右击，在弹出的快捷菜单中选择"放置"→"端口"选项。

（4）使用 P+R 组合键。

2．放置 I/O 端口的具体步骤

放置 I/O 端口的步骤如下。

（1）启动放置 I/O 端口命令后，指针变成十字形状，同时一个 I/O 端口图标悬浮在指针上。

（2）移动指针到原理图的合适位置，在指针与导线相交处会出现红色的×，这表明实现了电气连接，单击即可定位 I/O 端口的一端，移动指针使 I/O 端口大小合适，单击完成一个 I/O 端口的放置。

（3）右击退出放置 I/O 端口状态。

3．设置 I/O 端口的属性

在放置 I/O 端口状态下，按 Tab 键，或者在退出放置 I/O 端口状态后，双击放置的 I/O 端口符号，弹出"Properties"面板，如图 2-103 所示。

图 2-103　"Properties"面板

"Properties"面板主要包括如下属性设置。

（1）Name（名称）：用于设置端口名称。这是端口重要的属性之一，具有相同名称的端口在电气上是连通的。

（2）I/O Type（I/O 端口的类型）：用于设置端口的电气特性，对后面的电气规则检查提供一定的依据，有"Unspecified"（未指明或不确定）、"Output"（输出）、"Input"（输入）和"Bidirectional"（双向型）4 种类型。

（3）Harness Type（线束类型）：设置线束的类型。

（4）Font（字体）：用于设置端口名称的字体类型、大小、颜色，同时设置添加加粗、斜体、下画线、横线等效果。

（5）Border（边界）：用于设置端口边界的线宽、颜色。

（6）Fill（填充颜色）：用于设置端口内的填充颜色。

4．放置 I/O 端口实例

启动放置 I/O 端口命令后，指针变成十字形状，同时 I/O 端口图标悬浮在指针上。移动指针到 80C51 原理图数据总线的终点，单击确定 I/O 端口的一端，移动指针到 I/O 端口大小合适的位置单击确认，完成后右击退出放置 I/O 端口状态。此处图标中的内容是上一次放置 I/O 端口时的内容。双击放置的 I/O 端口图标，弹出"Properties"面板，在"Name"文本框中输入"D0"～"D7"，其他采用默认设置即可。地址总线的 I/O 端口设置不再叙述，放置 I/O 端口后的 80C51 原理图如图 2-88 所示。

2.8.6　放置通用 No ERC 标号

放置通用 No ERC 标号的主要目的是让系统在进行电气规则检查时，忽略对某些节点的检查。例如，系统默认输入型引脚必须连接，但实际上某些输入型引脚不连接也是常事，如果不放置通用 No ERC 标号，那么系统在编译时就会生成错误信息，并在引脚上放置错误标记。

1. 启动放置通用 No ERC 标号命令

启动放置通用 No ERC 标号命令的方法主要有以下 4 种。

（1）单击"布线"工具栏中的▉按钮。

（2）选择"放置"→"指示"→"通用 No ERC 标号"选项。

（3）在原理图图纸空白区域右击，在弹出的快捷菜单中选择"放置"→"指示"→"通用 No ERC 标号"选项。

（4）使用 P+I+N 组合键。

2. 放置通用 No ERC 标号的具体步骤

启动放置通用 No ERC 标号命令后，指针变成十字形状，并且在指针上悬浮一个红色的×，将指针移动到需要放置通用 No ERC 标号的节点上，单击完成一个通用 No ERC 标号的放置，完成后右击或按 Esc 键退出放置通用 No ERC 标号状态。

3. 设置通用 No ERC 标号的属性

在放置通用 No ERC 标号状态下按 Tab 键，或在放置通用 No ERC 标号完成后，双击需要设置属性的通用 No ERC 标号符号，弹出"Properties"面板，如图 2-104 所示。

图 2-104　"Properties"面板

在该面板中可以对通用 No ERC 标号的颜色及位置属性进行设置。

2.8.7　设置 PCB 布线标志

Altium Designer 20 允许用户在原理图设计阶段来规划指定网络的铜膜宽度、过孔直径、布线策略、布线优先权和布线板层属性。如果用户在原理图中对某些有特殊要求的网络设置 PCB 布线规则，在创建 PCB 的过程中就会自动在 PCB 中引入这些设计规则。

1. 启动放置 PCB 布线标志命令

启动放置 PCB 布线标志命令的方法主要有以下两种。

（1）选择"放置"→"指示"→"参数设置"选项。

（2）在原理图图纸空白区域右击，在弹出的快捷菜单中选择"放置"→"指示"→"参数设置"选项。

2. 放置 PCB 布线标志

启动放置 PCB 布线标志命令后，指针变成十字形状，"PCB Rule"图标悬浮在指针上，将指针移动到放置 PCB 布线标志的位置单击，即可完成 PCB 布线标志的放置，完成后右击退出放置 PCB 布线标志状态。

3. 设置 PCB 布线标志的属性

在放置 PCB 布线标志状态下按 Tab 键，或者在已放置的 PCB 布线标志上双击，弹出相应"Properties"面板，如图 2-105 所示。

在该面板中可以对 PCB 布线标志的名称、位置、旋转角度及布线规则属性进行设置。

（1）（X/Y）：用于设置 PCB 布线标志在原理图上的 X 轴和 Y 轴的坐标。

（2）"Label"（名称）文本框：用于输入 PCB 布线标志的名称。

（3）"Style"（类型）文本框：用于设置 PCB 布线标志在原理图上的类型，包括"Large"（大的）和"Tiny"（极小的）两种类型。

"Rules"（规则）和"Classes"（级别）选项组中列出了该 PCB 布线标志的相关参数，包括名称、数值及类型。选中任一参数值，单击"Add"按钮，弹出如图 2-106 所示的"选择设计规则类型"对话框，其中列出了 PCB 布线时用到的所有规则类型供用户选择。

图 2-105　"Properties"面板

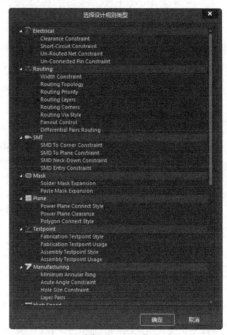

图 2-106　"选择设计规则类型"对话框

2.9　上机实例

通过前面的学习，相信用户对 Altium Designer 20 的原理图编辑环境、原理图编辑器的使用有了一定的了解，能够完成一些简单电路图的绘制。这一节将通过具体的实例讲述绘制电路原理图的步骤。

2.9.1　绘制抽水机电路

本例绘制的抽水机电路主要由 4 只晶体管组成。其中，潜水泵的供电受继电器的控制，继电器中线圈中的电流是否形成，取决于晶体管 VT4 是否导通。

绘制抽水机电路

1．建立工作环境

（1）选择"文件"→"新的"→"项目"选项，弹出"Create Project"（新建工程）对话框。

（2）默认选择"Local Projects"选项及"Default"（默认）选项，在"Project Name"（工程名称）文本框中输入文件名称"抽水机电路"，在"Folder"（路径）文本框中选择文件路径，如图 2-107 所示。完成设置后，单击"Create"按钮，关闭该对话框。

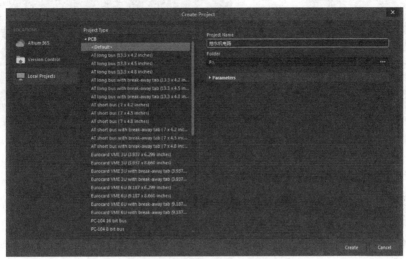

图 2-107　"Create Project"对话框

（3）选择"文件"→"新的"→"原理图"选项，新建电路原理图。在新建的原理图上右击，在弹出的快捷菜单中选择"另存为"选项，将新建的原理图文件保存为"抽水机电路.SchDoc"，如图 2-108 所示。在创建原理图文件的同时，也就进入了原理图设计环境。

图 2-108　创建原理图文件

（4）设置图纸参数。单击右下角的"Panels"按钮，在弹出的列表中选择"Properties"选项，弹出"Properties"面板，如图 2-109 所示。

在此面板中对图纸参数进行设置。这里将图纸的尺寸设置为"A4"，"Orientation"（定位）设置为"Landscape"，"Title Block"（标题块）设置为"Standard"，其他选项采用默认设置。

2．加载元器件库

单击"Components"面板右上角的  按钮，在弹出的下拉列表中选择"File-based Libraries Preferences"选项，弹出"Available File-based Libraries"对话框，在其中加载需要的元器件库。本例中需要加载的元器件库如图 2-110 所示。

在绘制电路原理图的过程中，放置元器件的基本依据是信号的流向，或从左到右，或从右到左。首先放置电路中关键的元器件，之后放置电阻、电容等外围元器件。本例中我们按照从左到右的顺序来放置元器件。

图 2-109　"Properties" 面板

图 2-110　本例中需要加载的元器件库

3. 查找元器件，并加载其所在的库

（1）这里我们不知道设计中所用到的 LM394BH 芯片和 MC7812AK 所在的库位置，因此，首先要查找这两个元器件。

单击 "Components" 面板右上角的 ▤ 按钮，在弹出的下拉列表中选择 "File-based Libraries Search" 选项，弹出 "File-based Libraries Search" 对话框，在该对话框中输入 "LM394BH" 即可。

（2）单击 "查找" 按钮后，系统开始查找此元器件。查找到的元器件将显示在 "Components" 面板中，如图 2-111 所示。右击查找到的元器件，在弹出的快捷菜单中选择 "Place LM394BH" 选项，如图 2-112 所示，将其放置到原理图中。用同样的方法可以查找元器件 MC7812AK，并加载其所在的库，然后将其放置在原理图中，结果如图 2-113 所示。

图 2-111　查找到的元器件 LM394BH

图 2-112　快捷菜单

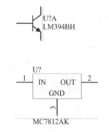

图 2-113　加载的主要元器件

4．放置外围元器件

（1）首先放置 2N3904。打开"Components"面板，在当前元器件库名称下拉列表中选择"Miscellaneous Devices.IntLib"选项，在元器件列表框中选择"2N3904"，如图 2-114 所示。

（2）双击元器件列表框中的"2N3904"，将此元器件放置到原理图的合适位置。

（3）同理放置元器件 2N3906，如图 2-115 所示。

（4）放置二极管。在"Components"面板的元器件过滤文本框中输入"dio"，在元器件预览窗口中显示符合条件的元器件，如图 2-116 所示。在元器件列表框中双击"Diode"，将元器件放置到图纸空白处。

图 2-114　选择元器件"2N3904"　　图 2-115　选择元器件"2N3906"　　图 2-116　选择元器件"Diode"

（5）放置发光二极管。在"Components"面板的元器件过滤文本框中输入"led"，在元器件预览窗口中显示符合条件的元器件，如图 2-117 所示。在元器件列表框中双击"LED0"，将元器件放置到图纸空白处。

（6）放置整流桥（二极管）。在"Components"面板的元器件过滤文本框中输入"b"，在元器件预览窗口中显示符合条件的元器件，如图 2-118 所示。在元器件列表框中双击"Bridge1"，将元器件放置到图纸空白处。

（7）放置变压器。在"Components"面板的元器件过滤文本框中输入"tr"，在元器件预览窗口中显示符合条件的元器件，如图 2-119 所示。在元器件列表框中双击"Trans"，将元器件放置到图纸空白处。

图 2-117　选择元器件"LED0"　　图 2-118　选择元器件"Bridge1"　　图 2-119　选择元器件"Trans"

（8）放置电阻、电容。打开"Components"面板，在元器件列表框中分别选择如图 2-120～图 2-122 所示的电阻和电容进行放置。最终结果如图 2-123 所示。

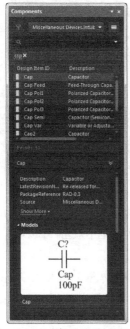

图 2-120　选择元器件"Cap"　　图 2-121　选择元器件"Cap Pol2"　　图 2-122　选择元器件"Res2"

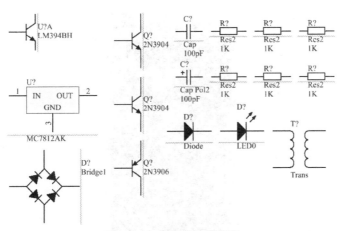

图 2-123 元器件放置结果

5. 布局元器件

元器件放置完成后，需要适当进行调整，将它们分别排列在原理图中最恰当的位置，这样有助于后续的设计。

（1）单击选中元器件，按住鼠标左键进行拖动，将元器件移至合适的位置后释放鼠标左键，即可对其完成移动操作。在移动对象时，可以通过按 Page Up 键或 Page Down 键（或可直接按住鼠标中键拖动）来缩放视图，以便观察细节。

（2）选中元器件的标注部分，按住鼠标左键进行拖动，可以移动元器件标注的位置。

（3）采用同样的方法调整所有元器件，效果如图 2-124 所示。

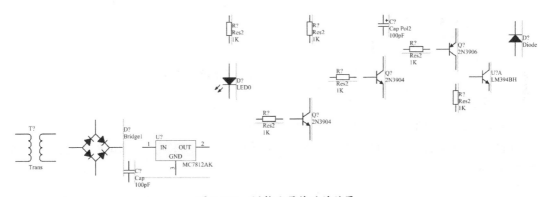

图 2-124 调整元器件后的效果

在图纸上放置好元器件之后，再对各个元器件的属性进行设置，包括元器件的标识、序号、型号、封装形式等。

（4）编辑元器件属性。双击元器件"Trans"，在弹出的"Properties"面板中修改元器件属性。将"Designator"设为 T1，将"Comment"（注释）设为不可见，参数设置如图 2-125 所示。

使用同样的方法设置其余元器件，设置好元器件属性的电路原理图如图 2-126 所示。

图 2-125　设置元器件"Trans"的属性

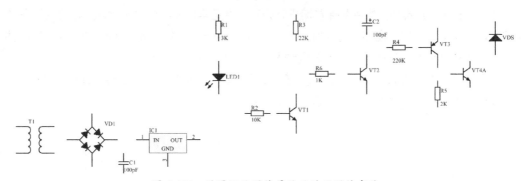

图 2-126　设置好元器件属性后的元器件布局

6. 连接导线

根据电路设计的要求，将各个元器件用导线连接起来。

（1）单击"布线"工具栏中的绘制导线按钮![icon]，完成元器件之间的电气连接，结果如图 2-127 所示。

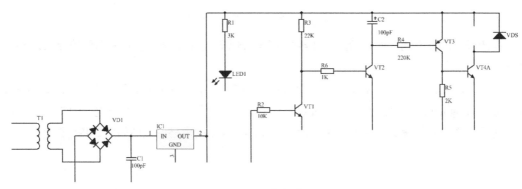

图 2-127　布线结果

（2）放置电源和接地符号。单击"布线"工具栏中的放置电源按钮，按 Tab 键，弹出"Properties"面板，将"Name"设置为不可见，设置"Style"为"Bar"，如图 2-128 所示。在原理图中的元器件 IC1 引脚 2 处、R2 左端点处对应位置放置电源符号。继续按 Tab 键，弹出"Properties"面板，设置"Style"为"Circle"，在原理图的合适位置放置电源。

（3）继续按 Tab 键，弹出"Properties"面板，设置"Style"为"Power Ground"，如图 2-129 所示，在原理图中放置接地符号。

图 2-128　电源端口的属性设置　　　图 2-129　接地符号的属性设置

（4）绘制完成的抽水机电路原理图如图 2-130 所示。

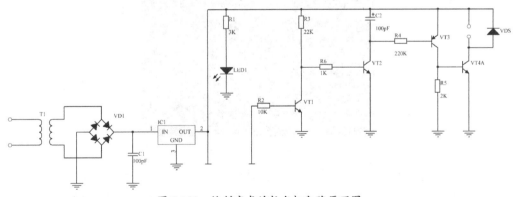

图 2-130　绘制完成的抽水机电路原理图

本例主要介绍电路原理图的绘制过程，详细讲解原理图设计中经常遇到的一些知识点，包括查找元器件及其对应元器件库的载入和卸载、基本元器件的编辑与原理图的布局和布线等。

2.9.2　绘制气流控制电路

这一节，我们以气流控制电路为例，继续介绍电路原理图的绘制步骤。

绘制气流控制电路

1. 建立工作环境

（1）选择"文件"→"新的"→"项目"选项，弹出"Create Project"对话框，在"Project Name"文本框中输入"气流控制电路"，在"Folder"文本框中选择文件路径，如图 2-131 所示。单击"Create"按钮，在面板中出现了新建的项目文件"气流控制电路.PrjPcb"。

（2）在工程文件上右击，在弹出的快捷菜单中选择"添加新的...到工程"→"Schematic"选项，如图 2-132 所示，在项目文件中新建一个默认名为"Sheet1.SchDoc"的电路原理图文件。

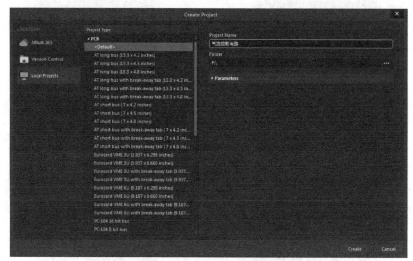

图 2-131　创建工程文件

图 2-132　新建原理图文件

（3）在新建的原理图文件上右击，在弹出的快捷菜单中选择"另存为"选项，弹出保存文件对话框，输入"气流控制电路.SchDoc"文件名，保存原理图文件。此时，"Projects"面板中的项目名称变为"气流控制电路.PrjPcb"，原理图名为"气流控制电路.SchDoc"，如图 2-133 所示。

（4）单击右下角的"Panels"按钮，在弹出的列表中选择"Properties"选项，弹出"Properties"面板，对图纸参数进行设置。具体设置步骤这里不再赘述。

图 2-133　保存原理图文件

2．在电路原理图上放置元器件并完成电路图

（1）单击"Components"面板右上角的 ■ 按钮，在弹出的下拉列表中选择"File-based Libraries Preferences"选项，弹出如图 2-134 所示的"Available File-based Libraries"对话框，在该对话框中单击"添加库"按钮，弹出相应的选择库文件对话框。

图 2-134　"Available File-based Libraries"对话框

（2）打开"Components"面板，在元器件过滤文本框中输入关键字"tri"，在搜索结果中双击所需元器件，即三端双向晶闸管 Triac，在原理图中显示浮动的带十字形状标记的元器件符号。按 Tab 键，弹出"Properties"面板，将"Designator"设为"T1"，如图 2-135 所示。

（3）在图纸空白处单击，放置元器件。此时，指针处继续显示浮动的元器件符号，标识符自动递增为"T2"，在空白处单击，放置元器件 T2。如果不再需要放置同类元器件，则右击或按 Esc 键，结束放置操作。

使用同样的方法，在电路原理图上放置其余元器件，布局后的原理图如图 2-136 所示。

3．连接导线

在放置好各个元器件并设置好相应的属性后，下面应根据电路设计的要求把各个元器件连接起来。单击"布线"工

图 2-135　设置元器件 Triac 的属性

具栏中的 ▨ （放置线）按钮，完成元器件之间的端口及引脚的电气连接，结果如图 2-137 所示。

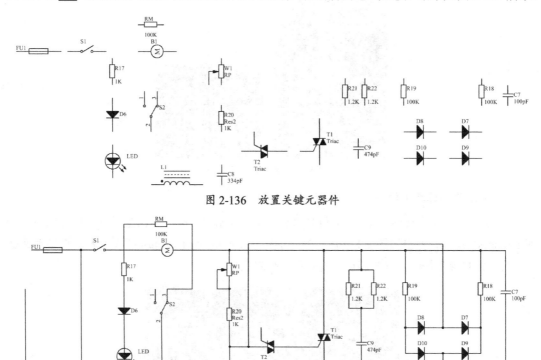

图 2-136　放置关键元器件

图 2-137　放置电阻、电容并编辑属性后的原理图

4．放置电源符号

单击"布线"工具栏中的 ▨ （VCC 电源符号）按钮，放置电源符号，绘制完成的电路图如图 2-138 所示。

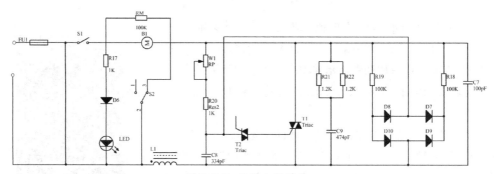

图 2-138　放置电源符号

5．放置网络标签

选择"放置"→"网络标签"选项，或单击"布线"工具栏中的 ▨ （放置网络标签）按钮，这时指针变成十字形状，并带有一个初始标签"Net Label1"。按 Tab 键，弹出"Properties"面板，在"Net Name"（网络名称）文本框中输入网络标签的名称"220V"，如图 2-139 所示。接着移动指针，单击将网络标签放置到空白处。绘制完成的电路图如图 2-140 所示。

图 2-139 "Properties" 面板

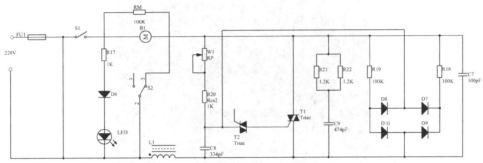

图 2-140 绘制完成的电路图

在 2.9.1 小节中，我们是以菜单命令创建项目文件的。在本节中，我们以右键快捷菜单命令创建项目文件，同时详细讲解了网络标签的绘制。

2.9.3 绘制广告彩灯电路

本例绘制的广告彩灯电路其实是一个闪光电路，LED 广告彩灯电路由两个 NPN 晶体管 8050 驱动多个 LED 组成，每个 8050 晶体管可以驱动 8～16 个 LED。只有发光电压相同（不同颜色的 LED，发光电压不同）的 LED 才可以并联使用。可以将 LED 接成不同的图案，同时调节电位器的大小，可以改变闪烁速度。

绘制广告彩灯电路

1. 建立工作环境

（1）在 Windows 7 操作系统下，双击 ⬚ 图标，启动 Altium Designer 20。

（2）选择"文件"→"新的"→"项目"选项，弹出"Projects"面板。在面板中出现了新建的项目文件，系统提供的默认名为"PCB-Project1. PrjPCB"。

（3）选择"文件"→"新的"→"原理图"选项，在项目文件中新建一个默认名为"Sheet1.SchDoc"的电路原理图文件。

（4）选择"文件"→"全部保存"选项，在弹出的保存文件对话框中输入文件名"广告彩灯电路"，保存工程文件与原理图文件，并保存在指定位置。此时，"Projects"面板中的项目名称变为"广告彩灯电路.PrjPcb"，原理图文件名为"广告彩灯电路.SchDoc"，并保存在指定位置。

2．加载元器件库

在本例中，除要用到在前面例子中讲过的外围元器件之外，还要用到两个晶体管，本实例使用的晶体管电路元器件为HIT8550-N，此元器件可以在"Renesas Transistor.IntLib"元器件库中找到。

单击"Components"面板右上角的 ▤ 按钮，在弹出的下拉列表中选择"File-based Libraries Preferences"选项，弹出"Available File-based Libraries"对话框，在其中加载需要的元器件库。本例中需要加载的元器件库如图2-141所示。

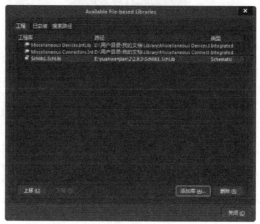

图2-141　本例中需要加载的元器件库

3．放置元器件

在"Renesas Transistor.IntLib"元器件库中找到晶体管，从"Miscellaneous Devices.IntLib"和"SchLib1. SchLib"中找到其他常用的一些元器件。将它们一一放置在原理图中，并进行简单布局，如图2-142所示。

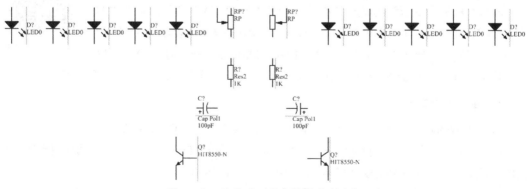

图2-142　放置原理图中所需的元器件

4．设置其他元器件的属性

（1）在 Altium Designer 20 中，可以用元器件自动编号的功能来为元器件进行编号，选择"工具"→"标注"→"原理图标注"选项，弹出如图 2-143 所示的"标注"对话框。

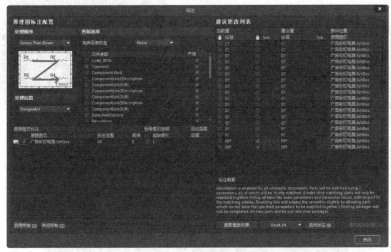

图 2-143　"标注"对话框

（2）在"标注"对话框的"处理顺序"选项组中，可以设置元器件编号的方式和分类的方式，一共有 4 种编号的方式可供选择，在下拉列表中选择一种编号方式，会在下方显示该编号方式的效果，如图 2-144 所示。

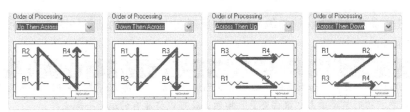

图 2-144　元器件的编号方式

（3）在"匹配选项"选项组中可以设置元器件组合的依据，依据可以有多个，选中列表框中的相应复选框，就可以选择元器件的组合依据。

（4）在"原理图页标注"选项组中需要选择要进行自动编号的原理图，在本例中，由于只有一个原理图，可不选择，但是如果一个设置工程中有多个原理图或有层次原理图，那么在列表框中将列出所有的原理图，需要从中挑选要进行自动编号的原理图文件。在对话框的右侧，列出了原理图中所有需要编号的元器件。设置完成后，单击"更新更改列表"按钮，弹出如图 2-145 所示的"Information"对话框，然后单击"OK"按钮，这时在"标注"对话框中可以看到所有的元器件已经被编号，如图 2-146 所示。

（5）如果对编号不满意，可以取消编号，单击"Reset All"按钮即可将此次编号操作取消，经过重新设置再进行编号。如果对编号结果满意，则单击"接收更改（创建 ECO）"按钮，弹出"工程变更指令"对话框。在该对话框中单击"验证变更"按钮进行编号合法性检查，若在"状态"选项组中的"检测"栏中显示对勾，表示编号是合法的，如图 2-147 所示。

图 2-145　"Information" 对话框

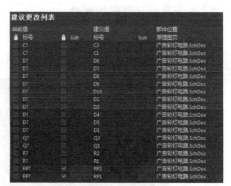

图 2-146　元器件编号

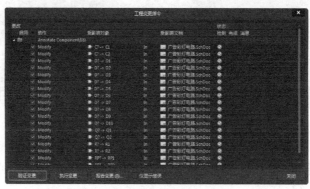

图 2-147　进行编号合法性检查

（6）单击"执行变更"按钮将编号添加到原理图中，添加的结果如图 2-148 所示。更改结果如图 2-149 所示。

提示

在进行元器件编号之前，如果有的元器件本身已经有了编号，那么需要将它们的编号全部变成 "C?" 或 "Q?" 的状态，这时只要单击 "报告变更" 按钮，就可以将原有的编号全部去掉。

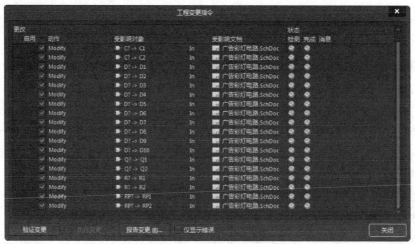

图 2-148　将编号添加到原理图中

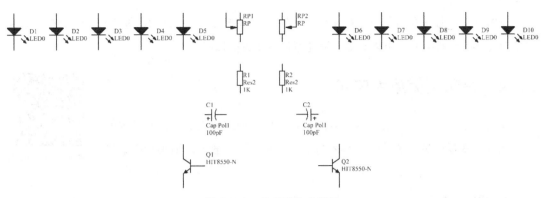

图 2-149　原理图更改结果

5. 元器件布线

单击"连线"工具栏中的 ▇▇（放置线）按钮，完成元器件之间的端口及引脚的电气连接，如图 2-150 所示。

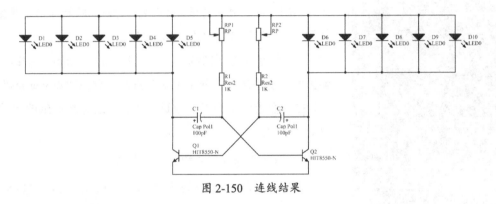

图 2-150　连线结果

6. 放置电源和接地符号

单击"应用工具"工具栏中的 ▇（放置环型电源端口）按钮，放置电源符号，本例共需要 1 个电源符号。单击"布线"工具栏中的 ▇（GND 端口）按钮，放置接地符号，本例共需要 1 个接地符号。完成的原理图如图 2-151 所示。

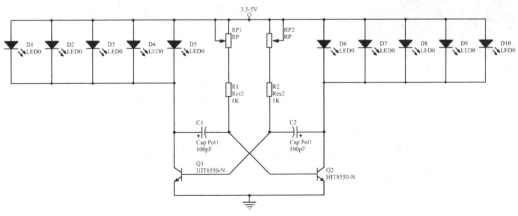

图 2-151　完成的原理图

在本例中，着重介绍了一种快速为元器件编号的方法。当电路图的规模较大时，使用这种方法对元器件进行编号，可以有效地避免纰漏或重编的情况。

2.9.4 绘制话筒放大电路

本例要设计的是一个话筒放大电路，电路信号通过放大器，按照一定的放大系数改变反馈量，调整输出频率与电压，从而达到放大、缩小话筒音量的功能。

绘制话筒放大电路

1．建立工作环境

（1）在 Altium Designer 20 主界面中，选择"文件"→"新的"→"项目"选项，弹出"Projects"面板，然后选择"文件"→"保存工程为"选项，将新建的工程文件保存为"话筒放大电路.PrjPcb"。

图 2-152　"Properties" 面板

（2）选择"文件"→"新的"→"原理图"选项，右击，在弹出的快捷菜单中选择"另存为"选项，将新建的原理图文件保存为"话筒放大电路.SchDoc"。

（3）设置原理图图纸。单击右下角的"Panels"按钮，在弹出的列表中选择"Properties"选项，弹出"Properties"面板，在此面板中对图纸参数进行设置。这里将图纸的尺寸设置为"A2"，如图 2-152 所示。

2．查找元器件，并加载其所在的库

（1）这里我们不知道设计中所用的放大器元器件 TL084D、LM393H、TL062ACD 和 OP275GP 所在的库位置，因此，首先要查找这些元器件。

（2）单击"Components"面板右上角的 ▤ 按钮，在弹出的下拉列表中选择"File-based Libraries Search"选项，在弹出的"File- based Libraries Search"对话框中输入"LM393H"，如图 2-153 所示。

（3）单击"查找"按钮后，系统开始查找此元器件。查找到的元器件将显示在图 2-154 所示的"Components"面板中。右击查找到的元器件，在弹出的快捷菜单中选择"Place LM393H"选项，弹出元器件库加载确认对话框，如图 2-155 所示，单击"Yes"按钮，加载元器件 LM393H 所在的库。使用同样的方法可以查找元器件 TL084D、TL062ACD 和 OP275GP，并加载其所在的库，然后将其放置在原理图中，结果如图 2-156 所示。

图 2-153　输入"LM393H"

图 2-154　查找元器件 LM393H

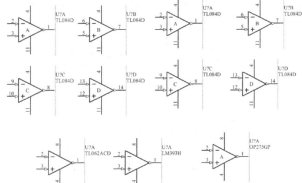

图 2-155　元器件加载确认对话框

图 2-156　加载的主要元器件

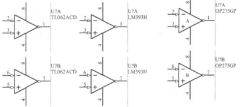

3．加载元器件库

单击"Components"面板右上角的 ▤ 按钮，在弹出的下拉列表中选择"File-based Libraries Preferences"选项，弹出"Available File-based Libraries"对话框，在其中加载需要的元器件库。本例中需要加载的元器件库如图 2-157 所示。

4．放置外围元器件

完成关键元器件查找放置后，开始放置外围基本元器件，其中有 35 个电阻 Res2、15 个无极性电容 CAP、4 个极性电容 Cap Pol2、5 个二极管 Diode 1N4148、4 个晶体管、3 个可调电阻 RP 和 2 个话筒元器件 Mic。最终结果如图 2-158 所示。

图 2-157　本例中需要加载的元器件库 3

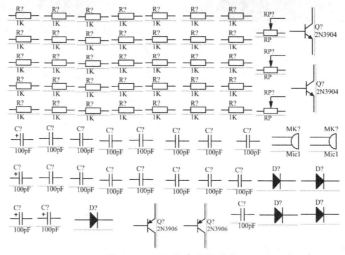

图 2-158　放置外围元器件

5．布局元器件

元器件放置完成后，需要适当进行调整，将它们分别排列在原理图中最恰当的位置，效果如图 2-159 所示。

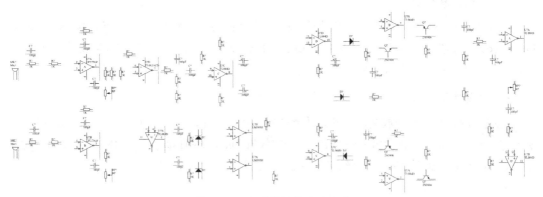

图 2-159　元器件调整后的效果

6．编辑元器件属性

双击元器件"OP275GP"，在弹出的"Properties"面板中修改元器件的属性。将"Designator"设为"IC1"，参数设置如图 2-160 所示。

使用同样的方法设置其余元器件的属性，设置好元器件属性的电路原理图如图 2-161 所示。

7．连接导线

根据电路设计的要求，将各个元器件用导线连接起来。单击"布线"工具栏中的绘制导线按钮，完成元器件之间的电气连接，结果如图 2-162 所示。

8．放置电源和接地符号

单击"布线"工具栏中的放置电源按钮，按 Tab 键，弹出"Properties"面板，单击按钮取消显示，或设置"Style"为"Circle"（圆形），如图 2-163 和图 2-164 所示。在原理图中的对应位置放置不同类型的电源符号。使用同样的方法设置其余参数，放置电源端口。

图 2-160 设置元器件参数

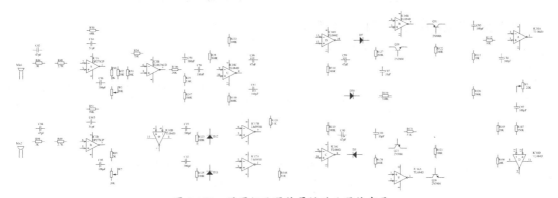

图 2-161 设置好元器件属性的元器件布局

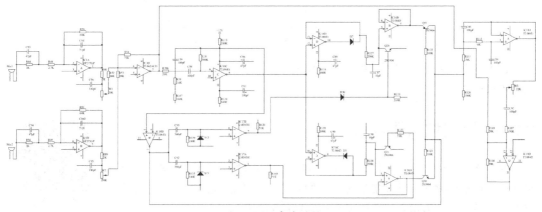

图 2-162 布线结果

图 2-163　"Properties" 面板

图 2-164　设置电源端口的类型

绘制完成的电路原理图如图 2-165 所示。

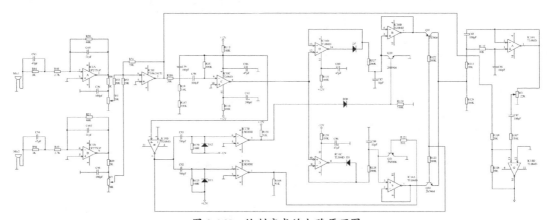

图 2-165　绘制完成的电路原理图

在本例中，元器件种类、数量相对较多，主要学习元器件的布局。元器件布局是原理图绘制中不可或缺的一步。

2.9.5　绘制控制器电路

简单地讲，本节要绘制的控制器电路是由周边器件和主芯片（或单片机）组成的。周边器件是一些功能器件，它们是电阻、传感器、桥式开关电路，以及辅助单片机或专用集成电路完成控制过程的器件。

绘制控制器电路

1.　建立工作环境

（1）在 Altium Designer 20 主界面中，选择"文件"→"新的"→"项目"选项，弹出"Projects"

面板，选择"文件"→"保存工程为"选项，将新建的工程文件保存为"控制电路.PrjPcb"。

（2）选择"文件"→"新的"→"原理图"选项，右击，在弹出的快捷菜单中选择"另存为"选项，将新建的原理图文件保存为"控制电路.SchDoc"。

2．加载元器件库

单击"Components"面板右上角的▇按钮，在弹出的下拉列表中选择"File-based Libraries Preferences"选项，弹出"Available File-based Libraries"对话框，在其中加载需要的元器件库。本例中需要加载的元器件库如图 2-166 所示。

图 2-166　本例中需要加载的元器件库

3．放置元器件

在"Schlib1.SchLib"元器件库中找到 HT49R50A-1，在"Miscellaneous Devices.IntLib"元器件库中找到常用的电阻 Res2、晶振 XTAL、电容 Cap、二极管 Diode 和开关 SW-PB，将它们一一放置在原理图中，同时在放置过程中利用 Tab 键设置元器件的属性，布局结果如图 2-167 所示。

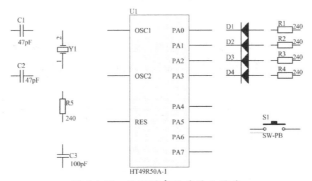

图 2-167　原理图中所需的元器件

4．绘制总线

选择"放置"→"总线"选项，或单击工具栏中的▇（放置总线）按钮，这时指针变成十字形状。单击确定总线的起点，按住鼠标左键不放，拖动鼠标绘制总线，在总线拐角处单击，将 HT49R50A-1 芯片上的 PA4～PA7 引脚连接起来。绘制好的总线如图 2-168 所示。

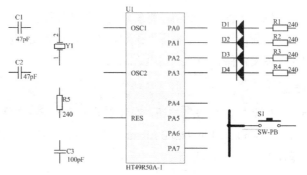

图 2-168　绘制好的总线

在绘制总线的时候，要使总线离芯片引脚有一段距离，这是因为还要放置总线分支，如果总线放置得过于靠近芯片引脚，则在放置总线分支的时候就会有困难。

5. 放置总线分支

选择"放置"→"总线入口"选项，或单击工具栏中的 ▦（放置总线入口）按钮，用总线分支将芯片的引脚和总线连接起来，如图 2-169 所示。

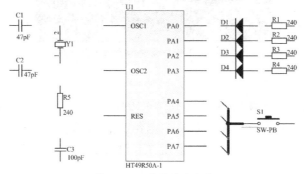

图 2-169　放置总线分支

6. 元器件布线

选择"放置"→"线"选项，或单击"布线"工具栏中的 ▤（放置线）按钮，完成元器件之间的端口及引脚的电气连接。在原理图上布线，编辑元器件属性，如图 2-170 所示。

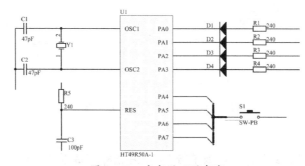

图 2-170　完成原理图布线

7. 放置原理图符号

在布线过程中，已经为原理图符号的放置留出了位置，接下来就应该放置原理图符号了。

（1）放置网络标签。选择"放置"→"网络标签"选项，或单击工具栏中的 Net （放置网络标签）按钮，这时指针变成十字形状，并带有一个初始标签"Net Label1"。这时按 Tab 键，打开"Properties"面板，在该面板中的"Net Name"（网络名称）文本框中输入网络标签的内容。单击面板中的颜色框，将网络标签的颜色设置为红色，如图 2-171 所示。移动指针到目标位置并单击，将网络标签放置到原理图中，如图 2-172 所示。

图 2-171　设置网络标签属性

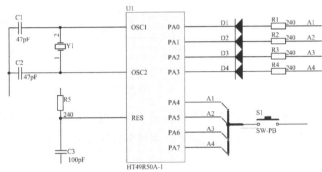

图 2-172　放置网络标签

提示

在电路原理图中，网络标签是成对出现的。因为具有相同网络标签的引脚或导线是具有电气连接关系的，所以如果原理图中有单独的网络标签，则在编译原理图时，系统会报错。

（2）放置电路端口符号。

① 选择"放置"→"端口"选项，或者单击工具栏中的 D1 （放置端口）按钮，指针将变为十字形状，在适当的位置单击即可完成电路端口的放置。双击一个放置好的电路端口，弹出"Properties"面板，在该面板中对电路端口属性进行设置，如图 2-173 所示。

② 使用同样的方法在原理图中放置名称为 PB4、PB5、PB6、PB7 的电路端口，结果如图 2-174 所示。

图 2-173　设置电路端口属性

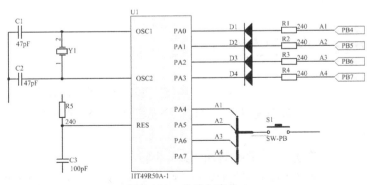

图 2-174　放置电路端口

③ 放置电源和接地符号。单击"布线"工具栏中的 （VCC 电源端口）按钮，放置电源符号，本例中需要 1 个电源。单击"布线"工具栏中的 （GND 端口）按钮，放置接地符号，本例中需要 3 个接地。设计完成的电路原理图如图 2-175 所示。

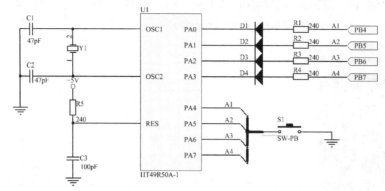

图 2-175　设计完成的电路原理图

在本例的设计中，主要介绍了原理图符号的放置。原理图符号有电源符号、电路节点、网络标签等，这些原理图符号给原理图设计带来了更大的灵活性，应用它们，可以给设计工作带来极大便利。

在本例中，主要学习了总线和总线分支的放置方法。总线和导线有着本质上的区别，总线本身是没有任何电气连接意义的，必须由总线接出的各条导线上的网络标签来完成电气连接，所以使用总线的时候，常常需要和总线分支配合使用。

2.10　本章小结

本章主要介绍了如何绘制电路原理图，包括电路原理图的编辑环境、图纸参数设置、编辑器工作环境参数设置，以及绘制原理图的各种操作：元器件的查找、元器件库的加载、元器件的放置、元器件属性的设置及电路原理图的布线操作等。最后通过具体的电路原理图实例，详细介绍了绘制原理图的步骤。

通过本章的学习，相信用户对电路原理图的设计会有总体的了解，能够独立绘制基本的电路原理图。

2.11　课后思考与练习

（1）熟悉电路原理图的编辑环境，并试着设置编辑器的工作环境参数。

（2）在原理图编辑区内放置一个元器件，并对其进行选取、移动、旋转、复制及粘贴等操作。

（3）简述绘制电路原理图的具体步骤。

（4）按照电路原理图的绘制步骤，绘制如图 2-176 和图 2-177 所示的电路原理图。

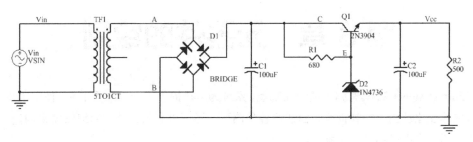

图 2-176　电路原理图 1

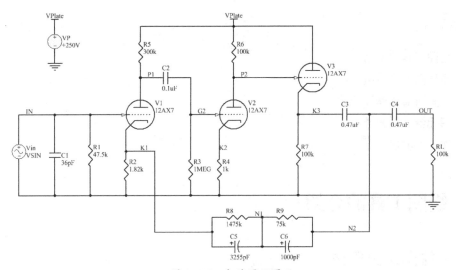

图 2-177　电路原理图 2

第3章 元器件的绘制

Altium Designer 20 具有强大的绘图功能，系统为用户提供了一组绘图工具，使用这些工具，可以方便地在原理图上绘制直线、曲线等各种图形，还可以利用元器件库编辑器来创建、编辑那些在元器件库中找不到的元器件。

知识重点

➢ 绘图工具的使用
➢ 原理图库文件编辑器
➢ 绘制所需的库元器件
➢ 库元器件的管理
➢ 库文件输出报表

3.1 绘图工具的介绍

3.1.1 绘图工具概述

绘图工具主要用于在原理图中绘制各种标注信息及各种图形。由于绘制的这些图形在电路原理图中只起到说明和修饰的作用，不具有任何电气意义，因此系统在做电气规则检查及转换成网络报表时，它们不会产生任何影响。

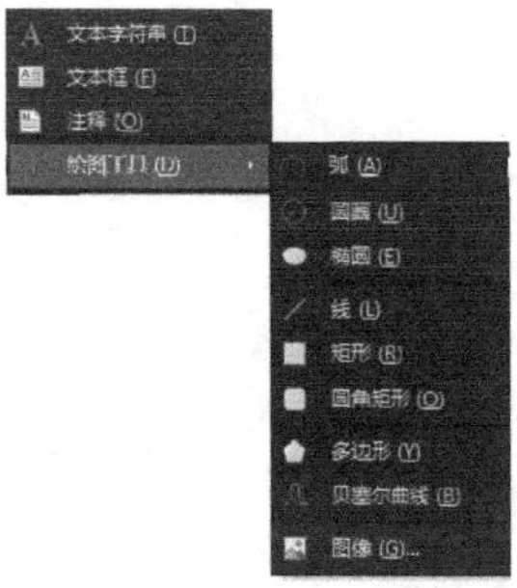

（1）选择"放置"→"绘图工具"选项，弹出如图 3-1 所示的绘图工具菜单，选择菜单中不同的选项，就可以绘制各种图形。

（2）单击"应用工具"工具栏中的"实用工具"下拉按钮，弹出绘图工具栏，如图 3-2 所示。绘图工具栏中的各选项与绘图工具菜单中的选项具有对应关系。

① ：用来绘制直线。
② ：用来绘制圆。
③ ：用来绘制多边形。

图 3-1 绘图工具菜单

④ ：用来绘制椭圆。
⑤ ：用来绘制贝塞尔曲线。
⑥ ：用来在原理图中添加文字说明。
⑦ ：用来在原理图中添加文本框。
⑧ ：用来绘制直角矩形。
⑨ ：用来绘制圆角矩形。

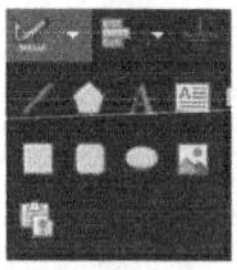

图 3-2 绘图工具栏

⑩ ：用来智能粘贴。

⑪ ：用来放置图像。

3.1.2　绘制直线

在电路原理图中，绘制出的直线在功能上完全不同于前面所讲的导线，它不具有电气连接意义，所以不会影响电路的电气结构。

1. 启动绘制直线命令

启动绘制直线命令的方法主要有以下两种。

（1）选择"放置"→"绘图工具"→"线"选项。

（2）单击"应用工具"工具栏中的"实用工具"下拉按钮，在弹出的下拉列表中选择"放置线"选项 /。

2. 绘制直线的具体步骤

启动绘制直线命令后，指针变成十字形状，系统处于绘制直线状态。在指定位置单击确定直线的起点，移动指针形成一条直线，在适当的位置再次单击确定直线终点。若在绘制过程中需要转折，在折点处单击确定直线转折的位置，每转折一次都要单击一次。转折时，可以按 Shift+Space 组合键来选择直线转折的模式，与绘制导线一样，绘制直线也有 3 种模式，分别是直角、45°和任意角。

绘制出第一条直线后，右击退出绘制第一条直线。此时系统仍处于绘制直线状态，将指针移动到新的直线的起点，按照上面的方法继续绘制其他直线。

右击或按 Esc 键可以退出绘制直线状态。

3. 设置直线的属性

在绘制直线状态下，按 Tab 键，或者在完成绘制直线后，双击需要设置属性的直线，弹出"Properties"面板，如图 3-3 所示。其设置如下。

（1）Line（线宽）：用于设置直线的线宽。有"Smallest"（最小）、"Small"（小）、"Medium"（中等）和"Large"（大）4 种线宽供用户选择。

（2）颜色设置：用于设置直线的颜色，单击该颜色框 ■，即可设置直线的颜色。

（3）Line Style（线种类）：用于设置直线的线型，有"Solid"（实线）、"Dashed"（虚线）和"Dotted"（点画线）3 种线型可供选择。

（4）Start Line Shape（开始块外形）：用于设置直线起始端的线型。

（5）End Line Shape（结束块外形）：用于设置直线截止端的线型。

（6）Line Size Shape（线尺寸外形）：用于设置所有直线的线型。

图 3-3　设置直线属性

（7）"Vertices"（顶点）选项组：用于设置直线各顶点的坐标值。

3.1.3　绘制圆弧

除绘制直线以外，用户还可以使用绘图工具绘制曲线，如绘制圆弧。

1）启动绘制圆弧命令

选择"放置"→"绘图工具"→"弧"选项或在原理图的空白区域右击，在弹出的快捷菜单中选择"放置"→"绘图工具"→"弧"选项，即可启动绘制圆弧命令。

2）绘制圆弧的具体步骤

（1）启动绘制圆弧命令后，指针变成十字形状。将指针移到指定位置，单击确定圆弧的圆心，如图 3-4 所示。

（2）此时，指针自动移到圆弧的圆周上，移动指针可以改变圆弧的半径，单击确定圆弧的半径，如图 3-5 所示。

（3）指针自动移动到圆弧的起始角处，移动指针可以改变圆弧的起始点，单击确定圆弧的起始点，如图 3-6 所示。

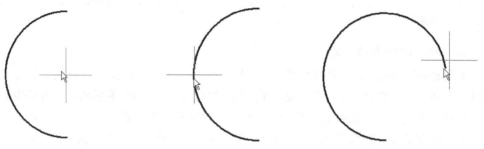

图 3-4　确定圆弧的圆心　　　　图 3-5　确定圆弧的半径　　　　图 3-6　确定圆弧的起始点

（4）此时，指针移到圆弧的另一端，单击确定圆弧的终止点，如图 3-7 所示。至此，一条圆弧绘制完成，系统仍处于绘制圆弧状态，若需要继续绘制，则按上面的步骤进行绘制，若要退出绘制状态，则右击或按 Esc 键。

3）设置圆弧的属性

在绘制状态下，按 Tab 键或绘制完成后，双击需要设置属性的圆弧，弹出圆弧属性设置面板，如图 3-8 所示。

图 3-7　确定圆弧的终止点

图 3-8　圆弧属性设置面板

其属性面板设置如下。

（1）"Width"（线宽）下拉列表：设置弧线的线宽，有"Smallest""Small""Medium""Large"4 种线宽可供用户选择。

（2）颜色设置：单击圆弧宽度后面的颜色框，设置圆弧线的颜色。

（3）Radius（半径）：设置圆弧的半径长度。

（4）Start Angle（起始角度）：设置圆弧的起始角度。

（5）End Angle（终止角度）：设置圆弧的结束角度。

3.1.4　绘制多边形

1．启动绘制多边形命令

启动绘制多边形命令的方法主要有以下 3 种。

（1）选择"放置"→"绘图工具"→"多边形"选项。

（2）在原理图的空白区域右击，在弹出的菜单中选择"放置"→"绘图工具"→"多边形"选项。

（3）单击"应用工具"工具栏中的"实用工具"下拉按钮，在弹出的下拉列表中选择"放置多边形"选项 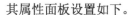。

2．绘制多边形的具体步骤

（1）启动绘制多边形命令后，指针变成十字形状。单击确定多边形的起点，移动指针至多边形的第二个顶点，单击确定第二个顶点，绘制出一条直线，如图 3-9 所示。

（2）移动指针至多边形的第三个顶点，单击确定第三个顶点。此时，出现一个三角形，如图 3-10 所示。

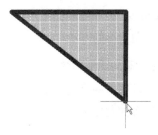

图 3-9　确定多边形的一边　　　　图 3-10　确定多边形的第三个顶点

（3）继续移动指针，确定多边形的下一个顶点，多边形变成一个四边形或两个相连的三角形，如图 3-11 所示。

（4）继续移动指针，可以确定多边形的其他顶点，绘制出各种形状的多边形，右击，完成多边形的绘制。

（5）此时系统仍处于绘制多边形状态，若需要继续绘制，则按上面的步骤进行绘制，否则右击或按 Esc 键，退出绘制命令。

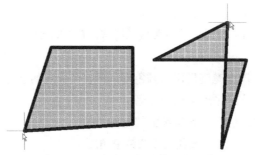

图 3-11　确定多边形的第四个顶点

3．设置多边形的属性

在绘制状态下，按 Tab 键或绘制完成后，双击需要设置属性的多边形，弹出多边形属性设置面板，如图 3-12 所示。其属性设置如下。

（1）Border（边界）：设置多边形的边框粗细和颜色，多边形的边框线型有"Smallest""Small""Medium""Large"4 种可供用户选择。

（2）Fill Color（填充颜色）：设置多边形的填充颜色。选择后面的颜色框，多边形将以该颜色填充多边形，此时单击多边形边框或填充部分都可以选择该多边形。

（3）Transparent（透明的）：选中该复选框，则多边形为透明的，内无填充颜色。

图 3-12　多边形属性设置面板

3.1.5　绘制矩形

Altium Designer 20 中绘制的矩形分为直角矩形和圆角矩形两种，它们的绘制方法基本相同，下面讲解绘制直角矩形的方法。

1．启动绘制直角矩形命令

（1）选择"放置"→"绘图工具"→"矩形"选项。

（2）在原理图的空白区域右击，在弹出的快捷菜单中选择"放置"→"绘图工具"→"矩形"选项。

（3）单击"应用工具"工具栏中的"实用工具"下拉按钮，在弹出的下拉列表中选择"放置矩形"选项▢。

2．绘制直角矩形的具体步骤

启动绘制直角矩形命令后，指针变成十字形状。将指针移到指定位置，单击确定矩形左上角的位置，如图 3-13 所示。此时，指针自动跳到矩形的右下角，拖动鼠标，调整矩形至合适大小，再次单击，确定矩形右下角的位置，如图 3-14 所示，矩形绘制完成。此时系统仍处于绘制矩形状态，若需要继续绘制，则按上面的方法进行绘制，否则右击或按 Esc 键，退出绘制状态。

图 3-13 确定矩形左上角　　　　　　图 3-14 确定矩形右下角

3. 设置直角矩形的属性

在绘制状态下，按 Tab 键或绘制完成后，双击需要设置属性的矩形，弹出直角矩形属性设置面板，如图 3-15 所示。

此面板可用来设置矩形的坐标（X/Y）、线的宽度（Width）、线的高度（Height）、板的颜色、填充颜色（Fill Color）等。

圆角矩形的绘制方法与直角矩形的绘制方法基本相同，这里不再赘述。圆角矩形的属性设置面板如图 3-16 所示。在该面板中多出两项内容，一项用来设置圆角矩形转角的宽度（Corner X Radius），另一项用来设置转角的高度（Corner Y Radius）。

图 3-15 直角矩形的属性设置面板　　　图 3-16 圆角矩形的属性设置面板

3.1.6 绘制贝塞尔曲线

贝塞尔曲线在电路原理图中的应用比较多，可以用于绘制正弦波、抛物线等。

绘制贝塞尔曲线的步骤如下。

1．启动绘制贝塞尔曲线命令

（1）选择"放置"→"绘图工具"→"贝塞尔曲线"选项。

（2）在原理图的空白区域右击，在弹出的快捷菜单中选择"放置"→"绘图工具"→"贝塞尔曲线"选项。

2．绘制贝塞尔曲线的具体步骤

（1）启动绘制贝塞尔曲线命令后，指针变成十字形状。将指针移到指定位置单击，确定贝塞尔曲线的起点。移动指针，再次单击确定第二点，绘制出一条直线，如图 3-17 所示。

（2）继续移动指针，在合适位置单击确定第三点，生成一条弧线，如图 3-18 所示。

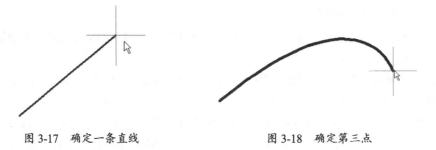

图 3-17　确定一条直线　　　　　　　　图 3-18　确定第三点

（3）继续移动指针，曲线将随指针的移动而变化，单击确定此段贝塞尔曲线，如图 3-19 所示。

（4）继续移动指针，重复操作，绘制出一条完整的贝塞尔曲线，如图 3-20 所示。

图 3-19　确定一段贝塞尔曲线　　　　　　图 3-20　完整的贝塞尔曲线

（5）此时系统仍处于绘制贝塞尔曲线状态，若需要继续绘制，则按照上面的步骤进行绘制，否则右击或按 Esc 键退出绘制状态。

图 3-21　贝塞尔曲线属性设置面板

3．设置贝塞尔曲线的属性

双击绘制完成的贝塞尔曲线，弹出贝塞尔曲线属性设置面板，如图 3-21 所示。此面板只用来设置贝塞尔曲线的曲线宽度和颜色。

4．绘制贝塞尔曲线实例

正弦波属于贝塞尔曲线中常用的一种，下面介绍如何绘制一条标准的正弦波。

在绘制贝塞尔曲线时，启动绘制命令后，进入绘制状态，指针变成十字形状。由于一条曲线是由 4 个点确定的，下面只要定义 4 个点即可形成一条曲线。但是对于正弦波，这 4 个点不是随便定义的，在这里给大家介绍一些技巧。

（1）首先在曲线起点上单击，确定第一点；再将指针从这个点向右移动 2 个网格，向上移动 4 个网格，单击确定第二点；然后，在第一点右边水平方向上第四个网格上单击确定第三点；第四点和第三点位置相同，即在第三点的位置上连续单击两次（若不用此方法，很难绘制出一条标准的正弦波）。此时完成了半周期正弦波的绘制，如图 3-22 所示。

（2）采用同样的方法在第四点的下面绘制另外半周正弦波，或者采用复制的方法，完成一个周期的绘制，如图 3-23 所示。

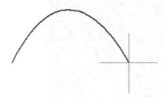

图 3-22　绘制半周期正弦波

图 3-23　绘制完一个周期的正弦波

（3）使用同样的方法绘制其他周期的正弦波。

若要改变正弦波周期的大小，只需在第一步绘制时按比例改变各点的位置即可。

3.1.7　绘制椭圆或圆

Altium Designer 20 中绘制椭圆和圆的工具是一样的。当椭圆的长轴和短轴的长度相等时，椭圆就会变成圆。因此，绘制椭圆与绘制圆本质上是一样的。

1．启动绘制椭圆命令

（1）选择"放置"→"绘图工具"→"椭圆"选项。

（2）在原理图的空白区域右击，在弹出的快捷菜单中选择"放置"→"绘图工具"→"椭圆"选项。

（3）单击"应用工具"工具栏中的"实用工具"下拉按钮，在弹出的下拉列表中选择"放置椭圆"选项 ⬭ 。

2．绘制椭圆的具体步骤

（1）启动绘制椭圆命令后，指针变成十字形状。将指针移到指定位置单击，确定椭圆的圆心位置，如图 3-24 所示。

（2）指针自动移到椭圆的右顶点，水平移动指针改变椭圆水平轴的长短，在合适位置单击确定水平轴的长度，如图 3-25 所示。

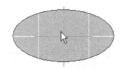

图 3-24　确定椭圆的圆心位置

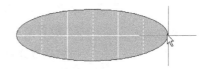

图 3-25　确定椭圆水平轴的长度

（3）此时指针移到椭圆的上顶点处，垂直拖动鼠标改变椭圆垂直轴的长短，在合适位置单击，完成一个椭圆的绘制，如图 3-26 所示。

（4）此时系统仍处于绘制椭圆状态，可以继续绘制椭圆。若要退出，则右击或按 Esc 键。

3．设置椭圆的属性

在绘制状态下，按 Tab 键或绘制完成后，双击需要设置属性的椭圆，弹出椭圆属性设置面板，如图 3-27 所示。此面板用来设置椭圆的圆心坐标（X/Y）、水平轴长度（X Radius）、垂直轴长度（Y Radius）、边界宽度、边界颜色及填充颜色等。

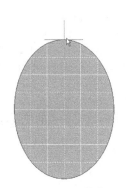

图 3-26　绘制完成的椭圆

图 3-27　椭圆属性设置面板

当需要绘制一个圆时，直接绘制存在一定的难度，用户可以先绘制一个椭圆，然后在其属性面板中进行设置，使水平轴长度（X Radius）等于垂直轴长度（Y Radius），即可以得到一个圆。

3.1.8　放置文本字符串和文本框

在绘制电路原理图时，为了增加原理图的可读性，设计者会在原理图的关键位置添加文字说明，即添加文本字符串和文本框。当需要添加少量的文字时，可以直接放置文本字符串，而需要进行大段文字说明时，就需要用文本框。

1．放置文本字符串

1）启动放置文本字符串命令

（1）选择"放置"→"文本字符串"选项。

（2）在原理图的空白区域右击，在弹出的快捷菜单中选择"放置"→"文本字符串"选项。

（3）单击"应用工具"工具栏中的"实用工具"下拉按钮，在弹出的下拉列表中选择"放置文本字符串"选项 Ａ。

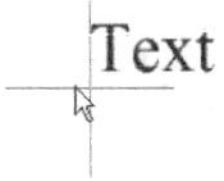

2）放置文本字符串

启动放置文本字符串命令后，指针变成十字形状，并带有一个文本字符串"Text"。移动指针至需要添加文字说明处单击，即可放置文本字符串，如图 3-28 所示。

图 3-28　放置文本字符串

3）设置文本字符串的属性

在放置状态下，按 Tab 键或放置完成后，双击需要设置属性的文本字符串，弹出文本字符串属性设置面板，如图 3-29 所示。

（1）颜色：用于设置文本字符串的颜色。

（2）（X/Y）（位置）：用于设置文本字符串的位置。

（3）Rotation（定位）：用于设置文本字符串在原理图中的放置方向，有"0 Degrees""90 Degrees""180 Degrees""270 Degrees" 4 个选项。

（4）Text（文本）：可在该文本框中输入名称。

（5）Font（字体）：用于设置输入文字的字体。

图 3-29　文本字符串属性设置面板

2．放置文本框

1）启动放置文本框命令

（1）选择"放置"→"文本框"选项。

（2）在原理图的空白区域右击，在弹出的快捷菜单中选择"放置"→"文本框"选项。

（3）单击"应用工具"工具栏中的"实用工具"下拉按钮，在弹出的下拉列表中选择"放置文本框"选项。

2）放置文本框

启动放置文本框命令后，指针变成十字形状。移动指针到指定位置单击，先确定文本框的一个顶点，然后移动指针到合适位置，再次单击确定文本框对角线上的另一个顶点，完成文本框的放置，如图 3-30 所示。

3）设置文本框的属性

在放置状态下，按 Tab 键或放置完成后，双击需要设置属性的文本框，弹出文本框属性设置面板，如图 3-31 所示。

图 3-30　完成文本框的放置

图 3-31　文本框属性设置面板

（1）Word Wrap：选中该复选框，则文本框中的内容自动换行。

（2）Clip to Area：选中该复选框，则文本框中的内容剪辑到区域中。

文本框的设置和文本字符串的设置大致相同，相同选项这里不再赘述。

3.1.9 添加图片

在电路原理图的设计过程中，有时需要添加一些图片文件，如元器件的外观、厂家标志等。放置图片的步骤如下。

1．启动放置图片命令

（1）选择"放置"→"绘图工具"→"图像"选项。

（2）在原理图的空白区域右击，在弹出的快捷菜单中选择"放置"→"绘图工具"→"图像"选项。

（3）单击"应用工具"工具栏中的"实用工具"下拉按钮，在弹出的下拉列表中选择"放置图像"选项。

2．放置图片

启动放置图片命令后，指针变成十字形状，并附有一个矩形框。移动指针到指定位置单击，确定矩形框的一个顶点，如图 3-32 所示。此时指针自动跳到矩形框的另一个顶点，移动光标可改变矩形框的大小，在合适位置再次单击确定另一个顶点，如图 3-33 所示，同时弹出"打开"对话框，选择图片路径，如图 3-34 所示。选择好以后，单击"打开"按钮即可将图片添加到原理图中。

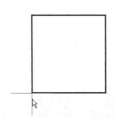

图 3-32　确定起点位置

图 3-33　确定终点位置

图 3-34　选择图片

3．设置放置图片的属性

在放置状态下，按 Tab 键或放置完成后，双击需要设置属性的图片，弹出图片属性设置面板，如图 3-35 所示。

（1）边界颜色：用于设置图片边框的颜色。

（2）Border（边界）：用于设置图形边框的线宽和颜色，线宽有"Smallest""Small""Medium""Large" 4 种可供用户选择。

（3）（X/Y）（位置）：用于设置图形框的对角顶点位置。

（4）File Name：用于选择图片所在的文件路径名。

（5）Embedded（嵌入式）：选中该复选框后，图片将被嵌入原理图文件中，这样可以方便文件的转移。如果取消选中该复选框，则在传递文件时需要将图片的链接也转移过去，否则将无法显示该图片。

图 3-35　图片属性设置面板

（6）Width（宽度）：用于设置图片的宽。

（7）Height（高度）：用于设置图片的高。

（8）X∶Y Ratio 1∶1（比例）：选中该复选框，则以 1∶1 的比例显示图片。

3.2　原理图库文件编辑器

对于元器件库中没有的元器件，用户可以利用 Altium Designer 20 系统提供的库文件编辑器来设一个自己所需的元器件。下面将介绍原理图库文件编辑器。

3.2.1　启动原理图库文件编辑器

通过新建一个原理图库文件，或者通过打开一个已有的原理图库文件，都可以启动并进入原理图库文件编辑环境中。

1．新建一个原理图库文件

选择"文件"→"新的"→"库"→"原理图库"选项，如图 3-36 所示，系统会在"Projects"面板中创建一个默认名为 SchLib1.SchLib 的原理图库文件，同时启动原理图库文件编辑器。

2．保存并重命名原理图库文件

选择"文件"→"保存"选项或单击主工具栏上的"保存"按钮 ，弹出保存文件对话框。在该对话框中将该原理图库文件重命名为 MySchLib1.SchLib，并保存在指定位置。保存后返回原理图库文件的编辑环境中，如图 3-37 所示。

图 3-36　选择"原理图库"选项

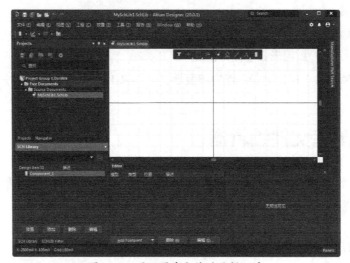

图 3-37　原理图库文件的编辑环境

3.2.2　原理图库文件的编辑环境

如图 3-37 所示为原理图库文件的编辑环境，与电路原理图编辑环境很相似，操作方法也基本相同。其主要由菜单栏、工具栏、实用工具栏、编辑窗口及原理图库文件面板等几大部分构成。

3.2.3　实用工具栏介绍

1．原理图符号绘制工具栏

单击"应用工具"工具栏中的"实用工具"下拉按钮，弹出原理图符号绘制工具栏，如图 3-38 所示。

此工具栏中的大部分按钮与"放置"菜单中的命令相对应，如图 3-39 所示。其中，大部分与前面讲的绘图工具操作相同，这里不再赘述，只将增加的几项简单介绍一下。

（1）：用于创建元器件。

（2）：用于添加元器件部件。

（3）：用于放置元器件引脚。

2．IEEE 符号工具栏

单击实用工具栏中的下拉按钮，弹出 IEEE 符号工具栏，如图 3-40 所示。

图 3-38　原理图符号绘制工具栏　　图 3-39　"放置"菜单　　图 3-40　IEEE 符号工具栏

这些按钮的功能与原理图库文件编辑器中的"放置"→"IEEE 符号"菜单中的命令相对应，如图 3-41 所示。

（1）点 ○：放置低电平触发符号。

（2）左右信号流 ◁：放置信号左向传输符号，用来指示信号传输的方向。

（3）时钟 ▷：放置时钟上升沿触发符号。

（4）低电平输入 ⊣：放置低电平输入触发符号。

（5）模拟信号输入 ⊓：放置模拟信号输入符号。

（6）非逻辑连接 ＊：放置无逻辑性连接符号。

（7）迟延输出 ┐：放置延时输出符号。

（8）集电极开路 ⬡：放置集电极开路输出符号。

（9）高阻 ▽：放置高阻抗符号。

（10）大电流 ▷：放置大电流符号。

（11）脉冲 ⊓：放置脉冲符号。

（12）延时 ⊢⊣：放置延时符号。

（13）线组 ⌉：放置 I/O 组合符号。

（14）二进制组 ⎫：放置二进制组合符号。

（15）低电平输出 ⊦：放置低电平触发输出符号。

（16）Pi 符号 π：放置 π 符号。

（17）大于等于 ≧：放置大于等于符号。

（18）集电极开路上拉 ⬡：放置具有上拉电阻的集电极开路输出符号。

图 3-41　"IEEE 符号"菜单

（19）发射极开路 ▽：放置发射极开路输出符号。

（20）发射极开路上拉 ⎎：放置具有上拉电阻的发射极开路输出符号。

（21）数字信号输入 ⌗：放置数字信号输入符号。

（22）反向器 ▷：放置反相器符号。

（23）或门 ⊃：放置或门符号。

（24）输入输出 ⬌：放置双向信号流符号。

（25）与门 □：放置与门符号。

（26）异或门 ⅀D：放置异或门符号。

（27）左移位 ⭠：放置数据信号左移符号。

（28）小于等于 ≤：放置小于等于符号。

（29）Sigma ∑：放置加法符号。

（30）施密特电路 ⊐：放置带有施密特触发的输入符号。

（31）右移位 ⭢：放置数据信号右移符号。

（32）开路输出 ◇：放置开路输出符号。

（33）左右信号流 ▷：放置信号右向传输符号。

（34）双向信号流 ⬄：放置信号双向传输符号。

图 3-42 "模式"工具栏

3. "模式"工具栏

"模式"工具栏用来控制当前器件的显示模式，如图 3-42 所示。

（1）模式 ▾：用来为当前元器件选择一种显示模式，系统默认为"Normal"。

（2）＋：用来为当前元器件添加一种显示模式。

（3）－：用来删除元器件的当前显示模式。

（4）⇐：用来切换回到前一种显示模式。

（5）⇒：用来切换回到后一种显示模式。

3.2.4 "工具"菜单的库元器件管理命令

在原理图库文件编辑环境中，系统为用户提供了一系列管理库元器件的命令。选择"工具"选项，弹出库元器件管理菜单，如图 3-43 所示。

（1）新器件：用来创建一个新的库元器件。

（2）移除器件：用来删除当前元器件库中选中的元器件。

（3）复制器件：用来将选中的元器件复制到指定的元器件库中。

（4）移动器件：用来把当前选中的元器件移动到指定的元器件库中。

（5）新部件：用来放置元器件的子部件，其功能与原理图符号绘制工具栏中的 ▤ 按钮的功能相同。

（6）移除部件：用来删除子部件。

（7）模式：用来管理库元器件的显示模式，其功能与"模式"

图 3-43 库元器件管理菜单

工具栏相同。

（8）查找器件：用来查找元器件。其功能与"Components"面板中的"Search"按钮相同。

（9）参数管理器：用来进行参数管理。执行该命令后，弹出"参数编辑选项"对话框，如图 3-44 所示。

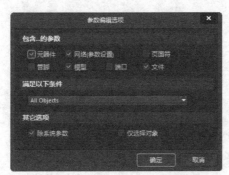

图 3-44　"参数编辑选项"对话框

在该对话框中，"包含...的参数"选项组中有 7 个复选框，主要用来设置所要显示的参数，如元器件、网络（参数设置）、页面符、引脚、模型、端口、文件。单击"确定"按钮后，弹出当前原理图库文件的参数编辑器，如图 3-45 所示。

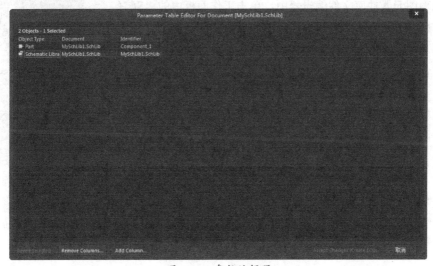

图 3-45　参数编辑器

（10）符号管理器：用来为当前选中的库元器件添加其他模型，包括 PCB 模型、信号完整性分析模型、仿真模型及 PCB 3D 模型等，执行该命令后，弹出如图 3-46 所示的"模型管理器"对话框。

（11）XSpice 模型向导：用来引导用户为所选中的库元器件添加一个 XSpice 模型。

（12）更新到原理图：用来将当前库文件在原理图元器件库文件编辑器中所做的修改，更新到打开的电路原理图中。

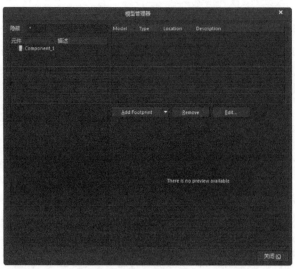

图 3-46　　"模型管理器"对话框

3.2.5　原理图库文件面板介绍

在原理图元器件库文件编辑器中，单击工作面板中的"SCH Library"（SCH 元器件库）标签，弹出"SCH Library"面板。该面板是原理图元器件库文件编辑环境中的主面板，包含了用户创建的库文件的大多数信息，用于对库文件进行编辑管理，如图 3-47 所示。

该面板中列出了当前所打开的原理图元器件库文件中的所有库元器件，包括原理图符号名称及相应的描述等。其中，各按钮的功能如下。

（1）"放置"按钮：用于将选定的元器件放置到当前原理图中。

（2）"添加"按钮：用于在该库文件中添加一个元器件。

（3）"删除"按钮：用于删除选定的元器件。

图 3-47　　"SCH Library"面板

（4）"编辑"按钮：用于编辑选定元器件的属性。

3.3　绘制所需的库元器件

通过前面的学习，我们对原理图库文件编辑环境及相应的工具栏、原理图库文件面板有了初步的了解。本节我们将绘制一个具体的元器件，使用户了解和学习创建原理图库元器件的方法和步骤。

3.3.1　设置库编辑器工作区的参数

在原理图库文件的编辑环境中，打开如图 3-48 所示的"Properties"面板，可以根据需要设置相应的参数。

该面板与原理图编辑环境中的"Properties"面板的内容相似，所以这里只介绍其中个别选项的含义，其他选项用户可以参考原理图编辑环境中的"Properties"面板进行设置。

（1）"Visible Grid"（可见栅格）：用于设置显示可见栅格的大小。

（2）"Snap Grid"（捕捉栅格）复选框：用于设置显示捕捉栅格的大小。

（3）"Sheet Border"（原理图边界）复选框：用于设置原理图边界是否显示及其显示颜色。

（4）Sheet Color（原理图颜色）：用于设置原理图中引脚与元器件的颜色及其是否显示。

另外，选择"工具"→"原理图优选项"选项，弹出如图 3-49 所示的"优选项"对话框，可以对其他的一些有关选项进行设置，设置方法与原理图编辑环境中的设置完全相同，这里不再赘述。

图 3-48　"Properties"面板

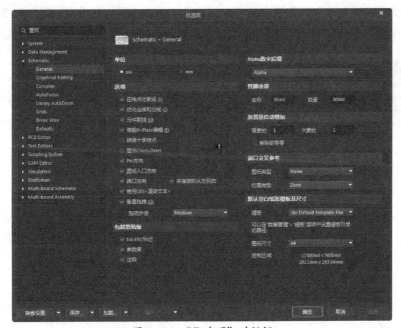

图 3-49　"优选项"对话框

3.3.2　新建一个原理图元器件库文件

下面我们以 LG 半导体公司生产的 GMS97C2051 微控制芯片为例，绘制其原理图符号。

选择"文件"→"新的"→"库"→"原理图库"选项，系统会在"Projects"面板中创建一个默认名为 SchLib1. SchLib 的原理图库文件，同时启动原理图库文件编辑器。选择"文件"→"另存为"选项，保存新建的库文件，并命名为 My GMS97C2051.SchLib，如图 3-50 所示。

图 3-50　保存新建的库文件

3.3.3　绘制库元器件

1．新建元器件原理图符号名称

在创建了一个新的原理图库文件的同时，系统会自动为该库添加一个默认名为"Component_1"的库元器件原理图符号名称。新建一个元器件原理图符号名称有两种方法。

（1）单击"应用工具"工具栏中的"实用工具"下拉按钮，在弹出的下拉列表中选择"创建器件"选项，弹出"New Component"对话框，在此对话框中输入用户自己要绘制的库元器件名称"GMS97C2051"，如图 3-51 所示，单击"确定"按钮。

图 3-51　"New Component"对话框

（2）在"SCH Library"面板中，单击面板下方的"添加"按钮，同样会弹出如图 3-51 所示的"New Component"对话框。

2．绘制库元器件原理图符号

1）绘制矩形框

单击"应用工具"工具栏中的"实用工具"下拉按钮，在弹出的下拉列表中选择"放置矩形"选项，指针变成十字形状，在编辑窗口的第四象限内绘制一个矩形框，如图 3-52 所示。矩形框的大小由要绘制的元器件的引脚数决定。

2）放置引脚

单击"应用工具"工具栏中的"实用工具"下拉按钮，在弹出的下拉列表中选择"放置引脚"选项，或者选择"放置"→"引脚"选项，进行放置引脚的操作。此时指针变成十字形状，同时附有一个引脚符号。移动指针到矩形的合适位置单击，完成一个引脚的放置，如图 3-53 所示。

图 3-52　绘制矩形框　　图 3-53　放置元器件的引脚

在放置元器件引脚时，要保证其具有电气属性的一端，即带有"×"的一端朝外。

3）设置引脚的属性

在放置引脚时按 Tab 键，或者在放置引脚后双击要设置属性的引脚，弹出引脚属性设置面板，如图 3-54 所示。

图 3-54　引脚属性设置面板

在该面板中，可以对元器件引脚的各项属性进行设置。引脚属性设置面板中各项属性的含义如下。

（1）"Location"（位置）选项组。

"Rotation"：用于设置端口放置的角度，有"0 Degrees""90 Degrees""180 Degrees""270 Degrees"4 种选择。

（2）"Properties"选项组。

①"Designator"：用于设置库元器件引脚的编号，应该与实际的引脚编号相对应，这里在文本框中输入"9"。

②"Name"：用于设置库元器件引脚的名称。例如，把该引脚设定为第 9 引脚。由于 C8051F320 的第 9 引脚是元器件的复位引脚，低电平有效，同时也是 C2 调试接口的时钟信号输入引脚，另外，在原理图"Preferences"对话框中的"Graphical Editing"选项卡中，已经选中了"Single '\' Negation"（简单\否定）复选框，因此在这里输入名称为"RST/C2CK"，并选中右侧的"可见"按钮 ⊙ 。

③"Electrical Type"（电气类型）下拉列表：用于设置库元器件引脚的电气特性，有"Input""I/O"（输入输出）、"Output""OpenCollector"（打开集流器）、"Passive"（中性的）、"Hiz"（高阻型）、"Emitter"（发射器）和"Power"（激励）8 个选项。在这里，我们选择"Passive"选项，

表示不设置电气特性。

④ "Description"（描述）：用于设置库元器件引脚的特性描述。

⑤ "Pin Package Length"（引脚包长度）：用于设置库元器件引脚封装长度。

（3）"Symbols"（引脚符号）选项组。

根据引脚的功能及电气特性为该引脚设置不同的 IEEE 符号，作为读图时的参考。可放置在原理图符号的 "Inside"（内部）、"Inside Edge"（内部边沿）、"Outside Edge"（外部边沿）或 "Outside"（外部）等不同位置，设置 "Line Width"（线宽），没有任何电气意义。

（4）"Font Settings"（字体设置）选项组。

元器件的 "Designator" 和 "Name" 字体的通用设置与通用位置参数设置。

（5）"Parameters"选项卡。

其用于设置库元器件的 VHDL 参数。

设置完成后，按 Enter 键即可。例如，要设置 GMS97C2051 的第一个引脚属性，在 "Name" 文本框中输入 "RST"，在 "Designator" 文本框中输入 "1"，设置好属性的引脚如图 3-55 所示。

使用同样的方法放置 GMS97C2051 的其他引脚，并设置相应的属性。放置所有引脚后的 GMS97C2051 元器件原理图如图 3-56 所示。

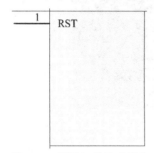

图 3-55　设置好属性的引脚　　　　　　　　图 3-56　放置所有引脚后的原理图

3．设置元器件的属性

绘制好元器件符号以后，还要设置其属性。双击 "SCH Library" 面板的原理图符号名称列表框中的库元器件名 "GMS97C2051"，弹出元器件属性设置面板，如图 3-57 所示。

在该面板中可以对自己绘制的库元器件的各项属性进行设置。

1）"Properties" 选项组

（1）"Design Item ID"（设计项目标识）：用于设置库元器件的名称，这里在文本框中输入 "GMS97C2051"。

（2）"Designator"：用于设置库元器件标号，即把该元器件放置到原理图文件中时，系统最初默认显示的元器件标号。这里设置为 "U?"，若选中右侧的 "可见" 按钮 ⊙，则放置该元器件时，序号 "U?" 会显示在原理图上。单击 "锁定引脚" 按钮 🔒，所有的引脚将和库元器件成为一个整体，不能在原理图上单独移动引脚。建议用户单击该按钮，这样对电路原理图的绘制和编辑会有很大的好处，以减少不必要的麻烦。

（3）"Comment"（元件）：用于说明库元器件型号。这里设置为 "GMS97C2051"，并选中右侧的 "可见" 按钮 ⊙，则放置该元器件时，"GMS97C2051" 会显示在原理图上。

（4）"Description"：用于设置库元器件的功能。这里在文本框中输入"USB MCU"。

（5）"Type"（类型）下拉列表：库元器件符号类型，可以选择设置。这里采用系统默认设置"Standard"（标准）。

2）"Link"（元件库线路）选项组

单击"Add"按钮，添加库元器件在系统中的标识符。

3）"Footprint"（封装）选项组

单击"Add"按钮，可以为该库元器件添加 PCB 封装模型。

4）"Models"（模式）选项组

单击"Add"按钮，可以为该库元器件添加 PCB 封装模型之外的模型，如信号完整性模型、仿真模型、PCB 3D 模型等。

5）"Graphical"（图形）选项组

选项组中的颜色框用于设置图形中线的颜色、填充颜色和引脚颜色。

6）"Pins"（引脚）选项卡

选择该选项卡，如图 3-58 所示，在该面板中可以对该元器件所有引脚进行一次性的编辑设置。

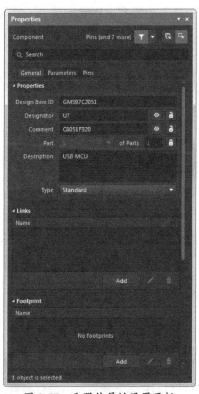

图 3-57 元器件属性设置面板

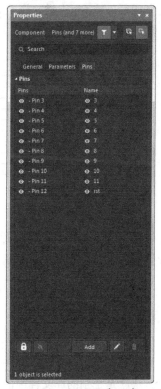

图 3-58 设置所有引脚

单击面板下方的 ✎ 按钮，弹出"元件管脚编辑器"对话框，还可以在该对话框中对所有引脚进行编辑，如图 3-59 所示。

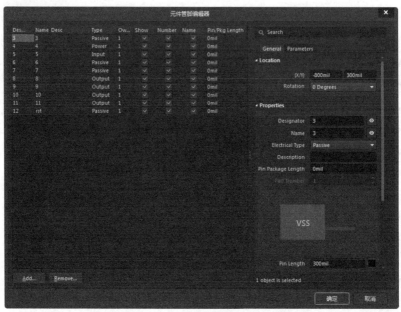

图 3-59 "元件管脚编辑器"对话框

设置完成后，按 Enter 键，将 GMS97C2051 原理图符号放置到电路原理图中，如图 3-60 所示。

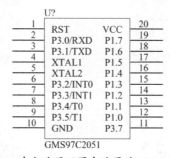

图 3-60 在电路原理图中放置的 GMS97C2051

保存绘制完成的 GMS97C2051 原理图符号。以后在绘制电路原理图时，若需要此元器件，只需打开该元器件所在的库文件，就可以随时调用了。

3.4 库元器件的管理

用户要建立自己的原理图库文件，一种方法是按照前面讲的自己绘制库元器件原理图符号，还有一种方法就是把别的库文件中的相似元器件复制到自己的库文件中，对其进行编辑修改，创建出满足自己需要的元器件原理图符号。

3.4.1 为库元器件添加别名

具有同样功能的元器件，会有多家厂商生产，它们虽然在功能、封装形式和引脚形式上完全相同，但是元器件型号却不完全一致。在这种情况下，没有必要去创建每一个元器件符号，只要为其中一个已创建的元器件另外添加一个或多个别名就可以了。

为库元器件添加别名的步骤如下。

（1）打开"SCH Library"面板，选中要添加别名的库元器件。

（2）单击"Design Item ID"选项组中的"添加"按钮，弹出"New Component"对话框，如图 3-61 所示。在"Design Item ID"文本框中输入要添加的原理图符号别名。

图 3-61 "New Component"对话框

（3）单击"确定"按钮，关闭该对话框。此时元器件的别名将出现在"Design Item ID"选项组中。

（4）重复上面的步骤，可以为元器件添加多个别名。

3.4.2 复制库元器件

本节以复制集成库文件 MiscellaneousDevices.IntLib 中的元器件"Relay-DPDT"为例进行讲解，如图 3-62 所示，把它复制到前面创建的 My GMS97C2051.SchLib 库文件中。

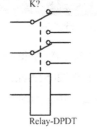

图 3-62 Relay-DPDT

复制库元器件的具体步骤如下。

（1）打开原理图库文件 My GMS97C2051.SchLib，选择"文件"→"打开"选项，在弹出的对话框中找到库文件 Miscellaneous Devices.IntLib，如图 3-63 所示。

（2）单击"打开"按钮，弹出"解压源文件或安装"对话框，如图 3-64 所示。

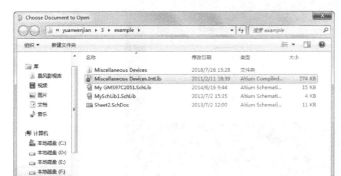

图 3-63 打开集成库文件

图 3-64 "解压源文件或安装"对话框

（3）单击"解压源文件"按钮后，在"Projects"面板上将显示该原理图库文件 Miscellaneous Devices.LibPkg，如图 3-65 所示。

（4）双击"Projects"面板上的原理图库文件 Miscellaneous Devices.SchLib，打开该库文件。

（5）打开"SCH Library"面板，在原理图符号名称列表框中将显示 Miscellaneous Devices.

IntLib 库文件中的所有库元器件。选中库元器件"Relay-DPDT"后，选择"工具"→"复制器件"选项，弹出"Destination Library"对话框，如图 3-66 所示。

图 3-65　打开原理图库文件　　　　　图 3-66　"Destination Library"对话框

（6）在"Destination Library"对话框中选择自己创建的库文件 My GMS97C2051.SchLib，单击"OK"按钮，关闭"Destination Library"对话框。然后打开库文件 My GMS97C2051.SchLib，在"SCH Library"面板中可以看到库元器件"Relay-DPDT"被复制到了该库文件中，如图 3-67 所示。

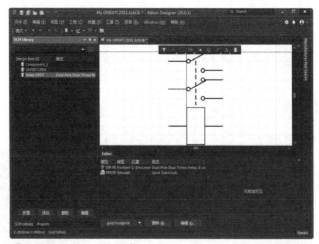

图 3-67　"Relay-DPDT"被复制到 My GMS97C2051.SchLib 库文件中

3.5　库文件输出报表

Altium Designer 20 的原理图库文件编辑器具有提供各种报表的功能，可以生成 3 种报表：

元器件报表、元器件规则检查报表及元器件库报表。用户可以通过各种报表列出的信息，帮助自己进行元器件规则的有关检查，使自己创建的元器件及元器件库更准确。

下面还是以前面创建的库文件 My GMS97C2051.SchLib 为例，介绍各种报表的生成方法。

3.5.1 元器件报表

生成元器件报表的步骤如下。

（1）打开库文件 My GMS97C2051.SchLib。

（2）在"SCH Library"面板原理图符号名称列表框中选择需要生成元器件报表的库元器件。

（3）选择"报告"→"器件"选项，系统将自动生成该库元器件的报表，如图 3-68 所示。它是一个扩展名为.cmp 的文本文件，用户可以通过该报表文件检查元器件的属性及其各引脚的配置情况。

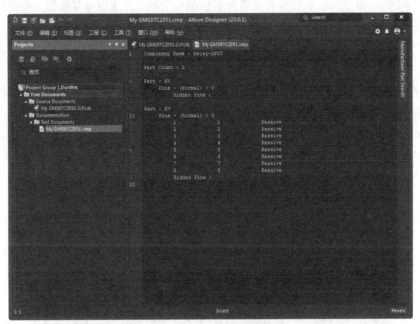

图 3-68　元器件报表

3.5.2 元器件规则检查报表

元器件规则检查报表的功能是检查元器件库中的元器件是否有错，并将有错的元器件列出来，指出产生错误的原因。

生成元器件规则检查报表的步骤如下。

（1）打开库文件 My GMS97C2051.SchLib。

（2）在"SCH Library"面板原理图符号名称列表框中选择需要生成元器件规则检查报表的库元器件。

（3）选择"报告"→"器件规则检查"选项，弹出"库元件规则检测"对话框，如图 3-69 所示。

图 3-69　"库元件规则检测"对话框

在"库元件规则检测"对话框中各选项设置的含义如下。

①"元件名称"：用于设置是否检查库文件中重复的元器件名称。若选中该复选框，则当库文件中存在重复的元器件名称时，系统会提示出错，显示在错误报表中；否则，系统不检查该项。

②"管脚"：用于设置是否检查元器件的重复引脚名称。若选中该复选框，系统会检查元器件引脚的同名错误，并给出相应报告；否则系统不检查此项。

③"描述"：用于设置是否检查元器件属性中的"Description"选项。若选中该复选框，系统将检查元器件属性中的"Description"选项是否空缺；若空缺则给出错误报告。

④"管脚名"：用于设置是否检查元器件引脚名称空缺。若选中该复选框，系统将检查元器件是否存在引脚名称空缺；若空缺则给出错误报告。

⑤"封装"：用于设置是否检查元器件属性中的"Footprint"选项。若选中该复选框，系统将检查元器件属性中的"Footprint"选项是否空缺；若空缺则给出错误报告。

⑥"管脚号"：用于设置是否检查元器件引脚编号空缺。若选中该复选框，系统将检查元器件是否存在引脚编号空缺；若空缺则给出错误报告。

⑦"默认标识"：用于设置是否检查元器件标识符空缺。若选中该复选框，系统将检查元器件是否存在标识符空缺；若空缺则给出错误报告。

⑧"序列中丢失管脚"：用于设置是否检查元器件引脚编号丢失。若选中该复选框，系统将检查元器件是否存在引脚编号丢失；若存在则给出错误报告。

（4）设置完成后，单击"确定"按钮，关闭"库元件规则检测"对话框，系统将自动生成该元器件的规则检查报表，如图 3-70 所示。该报表是一个扩展名为.ERR 的文本文件。

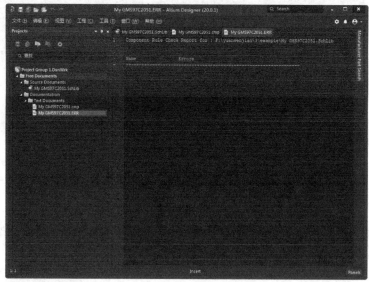

图 3-70　元器件规则检查报表

3.5.3　元器件库报表

元器件库报表中列出了当前元器件库中的所有元器件名称。

生成元器件库报表的步骤如下。

（1）打开库文件 My GMS97C2051.SchLib。

（2）在"Projects"面板上选择原理图库文件 My GMS97C2051.SchLib。

（3）选择"报告"→"库列表"选项，系统将自动生成该元器件库的报表，如图 3-71 所示。

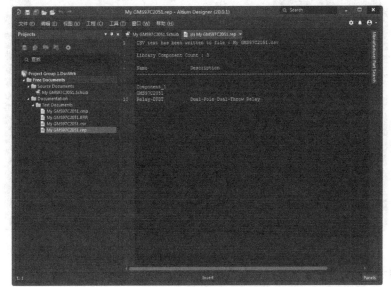

图 3-71　元器件库报表

3.6　上机实例

在设计库元器件时，除了要绘制各种芯片，还可能要绘制一些插接件、继电器、变压器等。变压器在分立元器件中属于稍难绘制的一种，因为它的元器件原理图符号中含有线圈，不容易画好。下面来简单介绍变压器的绘制及报告检查。

上机实例

3.6.1　绘制变压器

因为变压器分为一次侧和二次侧，中间含有铁芯，所以它的绘制与一般的数字芯片的绘制不一样。其具体绘制步骤如下。

1．创建一个新原理图库文件

选择"文件"→"新的"→"库"→"原理图库"选项，系统会在"Projects"面板中创建一个默认名为 SchLib1.SchLib 的原理图库文件，同时进入原理图库文件编辑环境。

2．保存并重新命名原理图库文件

选择"文件"→"保存"选项或单击主工具栏上的"保存"按钮，弹出保存文件对话框。将该原理图库文件重新命名为 My Transformer.SchLib，并保存在指定位置。保存后返回原理图库文件编辑环境中，如图 3-72 所示。

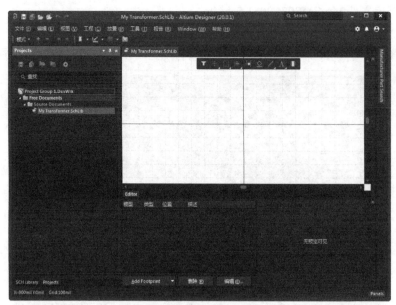

图 3-72　原理图库文件编辑环境

3. 绘制变压器的步骤

（1）选择"工具"→"新器件"选项，或在"SCH Library"面板中，单击原理图符号名称列表框下方的"添加"按钮，在弹出的对话框中输入新元器件名称"Transformer"。

（2）选择"放置"→"弧"选项或在原理图的空白区域右击，在弹出的快捷菜单中选择"放置"→"弧"选项，启动绘制圆弧命令。此时，指针变成十字形状，在编辑区的第四象限绘制一个半圆，如图 3-73 所示。

通过复制、粘贴命令，绘制出变压器的一次侧和二次侧线圈，如图 3-74 所示。

图 3-73　绘制一个半圆

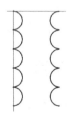

图 3-74　变压器的一次侧和二次侧线圈

（3）选择"放置"→"线"选项，或者单击"应用工具"工具栏中的"实用工具"下拉按钮，在弹出的下拉列表中选择"放置线"选项，在变压器的一次侧和二次侧线圈中间绘制两条直线表示铁芯。选择"放置"→"椭圆"选项，或者单击"应用工具"工具栏中的"实用工具"下拉按钮，在弹出的下拉列表中选择"放置椭圆"选项，在两条直线的上方绘制两个实心圆表示同名端，如图 3-75 所示。

（4）单击"应用工具"工具栏中的"实用工具"下拉按钮，在弹出的下拉列表中选择"放置引脚"选项，或者选择"放置"→"引脚"选项，进行放置引脚的操作，并设置其属性。

（5）绘制好变压器符号后，设置其属性。绘制完成的变压器符号如图 3-76 所示。

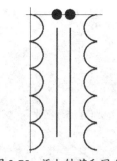

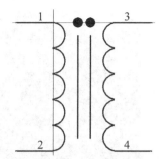

图 3-75　添加铁芯和同名端　　　　　　　　图 3-76　绘制完成的变压器符号

3.6.2　生成元器件报表

绘制完成变压器以后，通过生成元器件报表，检查元器件的属性及其各引脚的配置情况。

（1）在"SCH Library"面板原理图符号名称列表框中选择需要生成元器件报表的库元器件。

（2）选择"报告"→"器件"选项，系统将自动生成该库元器件的报表文件 My Transformer.cmp，如图 3-77 所示。

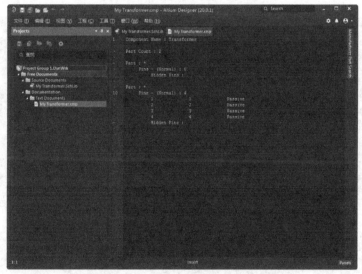

图 3-77　生成的元器件报表文件

3.6.3　生成元器件库报表

绘制完成变压器以后，除检查元器件的属性及其各引脚的配置情况外，还可利用"库列表"命令列出当前元器件库中的所有元器件名称。

（1）在"Projects"面板上选择原理图库文件 My GMS97C2051.SchLib。

（2）选择"报告"→"库列表"选项，系统将自动生成该元器件库的报表，分别以.csv、.rep为扩展名，分别如图 3-78 和图 3-79 所示。

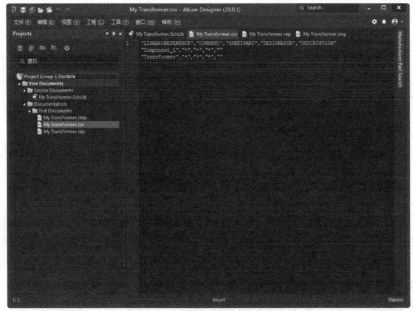

图 3-78　生成的元器件库报表 1

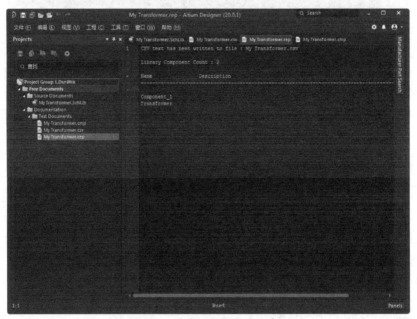

图 3-79　生成的元器件库报表 2

3.6.4　生成元器件规则检查报表

对原理图的报告检查只是罗列元器件信息是不够的，还需要检查元器件库中的元器件是否有错，并给出产生错误的原因。

（1）返回"My Transformer"库文件编辑环境，在"SCH Library"面板原理图符号名称列表框中选择需要生成元器件规则检查报表的库元器件"Transformer"。

（2）选择"报告"→"器件规则检查"选项，弹出"库元件规则检测"对话框，选中所有的复选框，如图 3-80 所示。

（3）设置完成后，单击"确定"按钮，关闭"库元件规则检测"对话框，系统将自动生成该元器件的规则检查报表文件，如图 3-81 所示。

图 3-80　选中所有的复选框

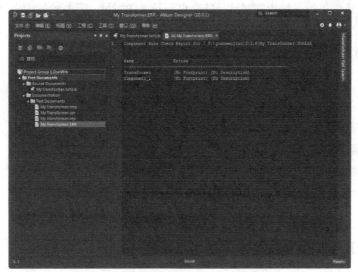

图 3-81　生成的元器件规则检查报表文件

3.7　本章小结

本章首先详细介绍了各种绘图工具的使用，然后讲解了原理图库文件编辑器的使用，并通过实例讲述了如何创建原理图库文件及绘制库元器件的具体步骤。在此基础上，还介绍了库元器件的管理及生成库文件报表的方法。

通过本章的学习，用户可以对绘图工具及原理图库文件编辑器的使用有一定的了解，并能够完成简单的原理图符号的绘制。

3.8　课后思考与练习

（1）简述如何使用绘图工具栏中的各种绘图工具。

（2）简述绘制元器件原理图符号的基本步骤。

（3）简述生成各种库文件报表的方法。

（4）创建一个原理图库文件，绘制如图 3-82 所示的变压器符号，并生成各种库文件报表。

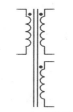

图 3-82　变压器符号

第 4 章　层次原理图的设计

在前面，我们学习了在一张图纸上绘制一般电路原理图的方法，这种方法只适用于规模较小、逻辑结构比较简单的系统电路设计。随着电子技术的发展，所要绘制的电路会越来越复杂，这样在一张图纸上就很难完整地将整个电路原理图绘制出来。即使绘制出来，也不利于用户的阅读分析与检测。本章将介绍如何绘制层次原理图。

知识重点

> 层次原理图概述
> 层次原理图的设计方法
> 层次原理图之间的切换
> 层次设计报表的生成

4.1　层次原理图概述

当一个电路比较复杂时，就应该采用层次原理图来设计，即首先将整个电路系统按功能划分为若干个功能模块，每个模块都有相对独立的功能，然后在不同的原理图纸上分别绘制出各个功能模块。

1. 层次原理图的基本概念

首先介绍层次原理图的基本概念。在设计原理图的过程中，用户常常会遇到这种情况，即由于设计的电路系统过于复杂而导致无法在一张图纸上完整地绘制出整个电路原理图。

为了解决这个问题，我们需要把一个完整的电路系统按照功能划分为若干个模块，即功能电路模块。如果需要，还可以把功能电路模块进一步划分为更小的电路模块。这样，我们就可以把每个功能电路模块的相应原理图绘制出来，称为子原理图，然后在这些子原理图之间建立连接关系，从而完成整个电路系统的设计。

在 Altium Designer 20 电路设计系统中，原理图编辑器为用户提供了一种强大的层次原理图设计功能。层次原理图是由顶层原理图和子原理图构成的。顶层原理图由方块电路符号、方块电路 I/O 端口符号及导线构成，其主要功能是展示子原理图之间的层次连接关系。其中，每个方块电路符号代表一张子原理图；方块电路 I/O 端口符号代表子原理图之间的端口连接关系；导线用来将代表子原理图的方块电路符号组成一个完整的电路系统原理图。对于子原理图，它是一个由各种电路元器件符号组成的实实在在的电路原理图，通常对应着设计电路系统中的一个功能电路模块。

2. 层次原理图的基本结构

Altium Designer 20 系统提供的层次原理图的设计功能非常强大，能够实现多层次电路原理图的设计。用户可以把一个完整的电路系统按照功能划分为若干个模块，而每个功能电路模块又可以进一步划分为更小的电路模块，这样依次细分下去，就可以把整个电路系统划分为多层。

如图 4-1 所示为一个二级层次原理图的基本结构。

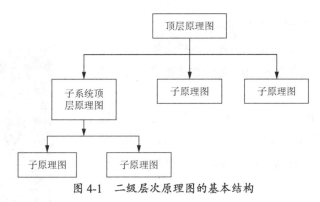

图 4-1　二级层次原理图的基本结构

4.2　层次原理图的设计方法

层次原理图的设计实际上就是对顶层原理图和若干个子原理图分别进行设计，有两种方法：一种是自上而下的层次原理图设计，另一种是自下而上的层次原理图设计。

4.2.1　自上而下的层次原理图设计

自上而下的层次原理图设计就是先绘制出顶层原理图，然后将顶层原理图中的各个方块图对应的子原理图分别绘制出来。采用这种方法设计时，首先要根据电路的功能把整个电路划分为若干个功能模块，然后把它们正确地连接起来。

下面我们以系统提供的锁相环路电路图为例，介绍自上而下的层次原理图设计的具体步骤。

1. 绘制顶层原理图

（1）选择"文件"→"新的"→"项目"选项，建立一个新项目文件，保存并输入项目文件名称"PLI.PrjPcb"。

（2）选择"文件"→"新的"→"原理图"选项，在新项目文件中新建一个原理图文件，保存原理图文件"Top.SchDoc"。

（3）选择"放置"→"页面符"选项，或者单击"布线"工具栏中的▓按钮，放置方块电路图。此时指针变成十字形状，并带有一个方块电路。

图 4-2　放置方块图

（4）移动指针到指定位置单击，确定方块电路的一个顶点，然后拖动鼠标，在合适位置再次单击确定方块电路的另一个顶点，如图 4-2 所示。

（5）此时系统仍处于绘制方块电路状态，使用同样的方法绘制另一个方块电路。绘制完成后，右击退出绘制状态。

（6）双击绘制完成的方块电路图，弹出方块电路属性设置面板，如图 4-3 所示。在该面板中设置方块图属性。

"Properties"选项组中的各选项的含义如下。

① Designator（标志）：用于设置页面符的名称。

② File Name（文件名）：用于显示该页面符所代表的下层原理图的文件名。

③ Bus Text Style（总线文本类型）：用于设置线束连接器中的文本显示类型。单击后面的下拉按钮，在弹出的下拉列表中有 2 个选项供选择："Full"（全程）、"Prefix"（前缀）。

④ Line Style（线宽）：用于设置页面符边框的宽度，有 4 个选项供选择："Smallest""Small""Medium"（中等的）和"Large"。

⑤ Fill Color：若选中该复选框，则页面符内部被填充。否则，页面符是透明的。

"Source"选项组中的选项的含义如下。

File Name：用于设置该页面符所代表的下层原理图的文件名。

"Sheet Entries"（图纸入口）选项组：在该选项组中可以为页面符添加、删除和编辑与其余元器件连接的图纸入口，在该选项组下添加图纸入口，与工具栏中的"添加图纸入口"按钮的作用相同。

图 4-3　方块电路属性设置面板

图 4-4　"Sheet Entries"选项组

单击"Add"按钮，在该面板中自动添加图纸入口，如图 4-4 所示。

① Times New Roman,10：用于设置页面符文字的字体类型、字体大小、字体颜色，同时设置字体添加加粗、斜体、下画线、横线等效果，如图 4-5 所示。

② Other（其余）：用于设置页面符中图纸入口的电气类型、边框的颜色和填充颜色。单击后面的颜色框，可以在弹出的对话框中设置颜色，如图 4-6 所示。

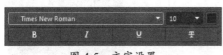

图 4-5　文字设置

图 4-6　图纸入口参数

"Parameters"选项卡：选择图 4-3 中的"Parameters"选项卡，如图 4-7 所示。在该选项卡中可以为页面符的图纸符号添加、删除和编辑标注文字。单击"Add"按钮，设置参数属性，如图 4-8 所示。

图 4-7　"Parameters"选项卡

图 4-8　设置参数属性

在该面板中可以设置标注文字的名称、值、位置、颜色、字体、定位及类型等。

设置好属性的方块电路如图 4-9 所示。

（7）选择"放置"→"添加图纸入口"选项，或者单击"布线"工具栏中的"放置图纸入口"按钮，放置方块图的图纸入口。此时指针变成十字形状，在方块图的内部单击，指针上出现一个图纸入口符号。移动指针到指定位置单击，放置一个图纸入口，此时系统仍处于放置图纸入口状态，单击继续放置需要的图纸入口。全部放置完成后，右击退出放置状态。

（8）双击放置的图纸入口，弹出图纸入口属性设置面板，如图 4-10 所示。在该面板中可以设置图纸入口的属性。

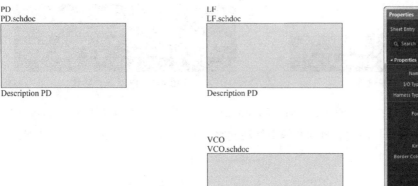

图 4-9　设置好属性的方块电路　　　　　　　图 4-10　图纸入口属性设置面板

① Name：用于设置图纸入口的名称。这是图纸入口的重要属性之一，具有相同名称的图纸入口在电气上是连通的。

② I/O Type：用于设置图纸入口的电气特性，对后面的电气规则检查提供一定的依据。其有"Unspecified""Output""Input""Bidirectional"（双向型）4 种类型，如图 4-11 所示。

③ Harness Type：用于设置线束的类型。

④ Font：用于设置端口名称的字体类型、字体大小、字体颜色，同时设置字体添加加粗、斜体、下画线、横线等效果。

⑤ Border Color：用于设置端口边界的颜色。

⑥ Fill Color：用于设置端口内的填充颜色。

⑦ Kind（类型）：用于设置图纸入口的箭头类型。单击后面的下拉按钮，在弹出的下拉列表中有 4 个选项供选择，如图 4-12 所示。

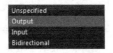

图 4-11　I/O 端口的类型　　　　　　　图 4-12　箭头类型

完成属性设置的原理图如图 4-13 所示。

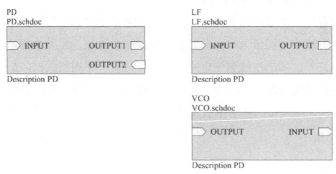

图 4-13　完成属性设置的原理图

（9）使用导线将各个方块图的图纸入口连接起来，并绘制图中其他部分的原理图。绘制完成的顶层原理图如图 4-14 所示。

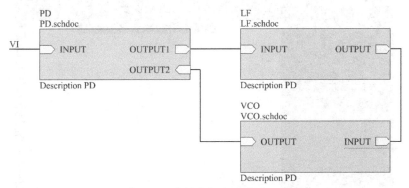

图 4-14　绘制完成的顶层原理图

2．绘制子原理图

完成了顶层原理图的绘制以后，我们要把顶层原理图中的每个方块对应的子原理图绘制出来，其中每个子原理图中还可以包括方块电路。

（1）选择"设计"→"从页面符创建图纸"选项，指针变成十字形状。移动指针到方块电路内部空白处单击，系统会自动生成一个与该方块图同名的子原理图文件，名称为"PD.SchDoc"，如图 4-15 所示。

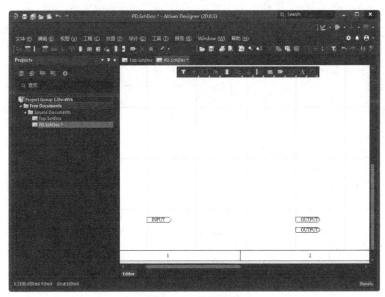

图 4-15　子原理图

（2）使用同样的方法，为另外两个方块电路创建同名原理图文件，如图 4-16 所示。

（3）绘制子原理图，绘制方法与第 2 章中讲过的绘制一般原理图的方法相同。绘制完成的子原理图 PD.SchDoc 如图 4-17 所示。

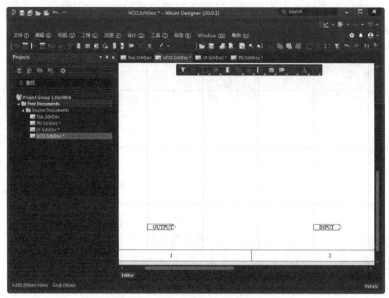

图 4-16　自动生成 3 个子原理图

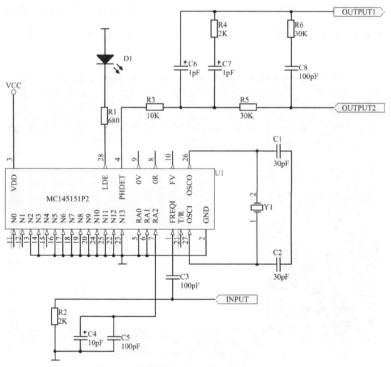

图 4-17　绘制完成的子原理图 PD.SchDoc

（4）使用同样的方法绘制另一个子原理图 LF.SchDoc，绘制完成的原理图如图 4-18 所示。

（5）使用同样的方法绘制另一个子原理图 VCO.SchDoc，绘制完成的原理图如图 4-19 所示。

3．编译电路

选择"工程"→"Compile PCB 工程"选项，编译本工程，编译结果如图 4-20 所示。

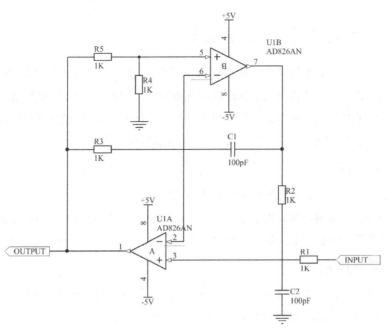

图 4-18　绘制完成的子原理图 LF.SchDoc

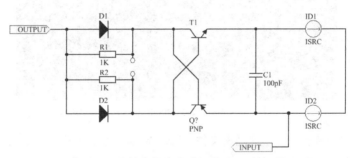

图 4-19　绘制完成的子原理图 VCO.SchDoc

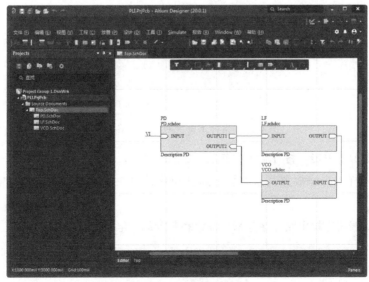

图 4-20　工程编译结果

4.2.2 自下而上的层次原理图设计

对于不同功能模块的不同组合，会形成功能不同的电路系统，此时我们就可以采用另一种层次原理图的设计方法，即自下而上的层次原理图设计。用户首先根据功能电路模块绘制出子原理图，然后由子图生成方块电路，组合产生一个符合自己设计需要的完整电路系统。

下面我们仍以 4.2.1 小节中的例子介绍自下而上的层次原理图设计步骤。

1. 绘制子原理图

（1）新建项目文件 PLI.PrjPcb 和电路原理图文件 Top1.SchDoc。

（2）根据功能电路模块绘制出子原理图 PD.SchDoc、LF.SchDoc 和 VCO.SchDoc。

（3）在子原理图中放置 I/O 端口。绘制完成的子原理图如图 4-17～图 4-19 所示。

2. 绘制顶层原理图

（1）在项目中新建一个原理图文件后，选择"设计"→"Create Sheet Symbol From Sheet"选项，弹出"Choose Document to Place"对话框，如图 4-21 所示。

图 4-21　"Choose Document to Place"对话框

（2）在对话框中选择一个子原理图文件"LF.SchDoc"后，单击"OK"按钮，指针上出现一个方块电路符号，如图 4-22 所示。

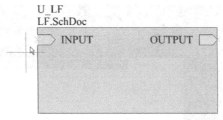

图 4-22　指针上出现的方块电路符号

（3）在指定位置单击，将方块图放置在顶层原理图中，设置方块图属性。

（4）使用同样的方法放置其余方块电路并设置其属性，放置完成的方块电路如图 4-23 所示。

（5）使用导线将方块电路连接起来，并绘制剩余部分电路图。

3．编译电路

选择"工程"→"Compile PCB 工程"选项，编译本工程，编译结果如图 4-24 所示。

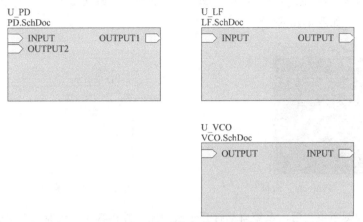

图 4-23　放置完成的方块电路

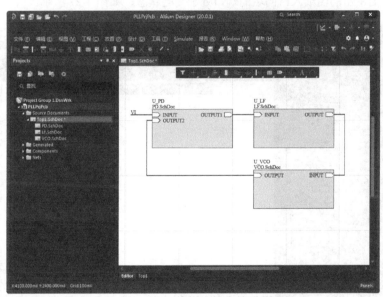

图 4-24　工程编译结果

4.3　层次原理图之间的切换

1．用"Projects"面板切换

打开"Projects"面板，如图 4-25 所示，单击面板中相应的原理图文件名，在原理图编辑区内就会显示对应的原理图。

2．用命令方式切换

1）由顶层原理图切换到子原理图

（1）打开项目文件，选择"工程"→"Compile PCB Project PLI.PrjPcb"选项，编译整个电

路系统。

（2）打开顶层原理图，选择"工具"→"上/下层次"选项，或者单击主工具栏中的 按钮，指针变成十字形状。移动指针至顶层原理图中的欲切换的子原理图对应的方块电路上，单击其中一个图纸入口，如图 4-26 所示。

图 4-25　"Projects"面板

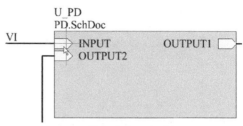

图 4-26　单击其中一个图纸入口

（3）在原理图中单击后，系统自动打开子原理图，并将其切换到原理图编辑区。此时，子原理图中与前面单击的图纸入口同名的端口处于高亮状态，如图 4-27 所示。

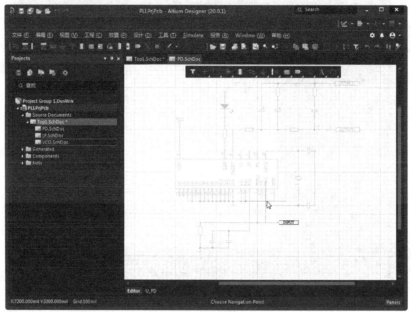

图 4-27　切换到子原理图

2）由子原理图切换到顶层原理图

（1）打开一个子原理图"LF.SchDoc"，选择"工具"→"上/下层次"选项，或者单击主工具栏中的 按钮，指针变成十字形状。

（2）移动指针到子原理图的一个输入端口上，如图 4-28 所示。

（3）单击该端口，系统将自动打开并切换到顶层原理图，如图 4-29 所示。

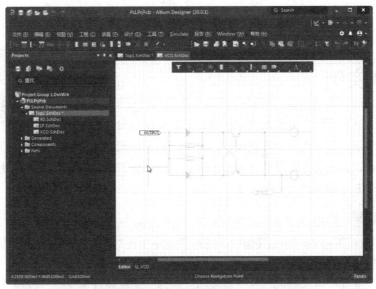

图 4-28 移动指针到子原理图的一个输入端口上

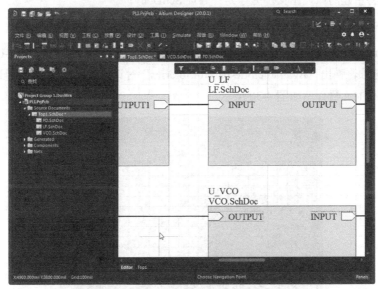

图 4-29 切换到顶层原理图

4.4 层次设计报表的生成

一个复杂的电路系统，可能包含多个层次的电路图，此时，层次原理图的关系就比较复杂了，用户可能不容易看懂这些电路图。为了解决这个问题，Altium Designer 20 提供了一种层次设计报表，通过该报表，用户可以清楚地了解原理图的层次结构关系。

生成层次设计报表的步骤如下。

（1）打开层次原理图项目文件，选择"工程"→"Compile PCB Project PLI.PrjPcb"选项，编译整个电路系统。

（2）选择"报告"→"Report Project Hierarchy"选项，系统将生成层次设计报表。

4.5 上机实例

上机实例

本例主要讲述自下而上的层次原理图设计。在电路的设计过程中，有时候会出现一种情况，即事先不能确定端口的情况，这时候就不能将整个工程的母图绘制出来，因此自上而下的方法就不合适了。而自下而上的方法是指先设计好原理图的子图，然后由子图生成母图的方法。

1．建立工作环境

（1）在 Altium Designer 20 主界面中，选择"文件"→"新的"→"项目"选项，在弹出的对话框中创建工程文件"存储器接口.PrjPcb"。

（2）选择"文件"→"新的"→"原理图"选项，新建原理图文件，选择"文件"→"另存为"选项，将新建的原理图文件另存为"寻址.SchDoc"。

2．加载元器件库

单击"Components"面板右上角的 ■ 按钮，在弹出的下拉列表中选择"File-based Libraries Preferences"选项，弹出"Available File-based Libraries"对话框，在其中加载需要的元器件库。本例中需要加载的元器件库如图 4-30 所示。

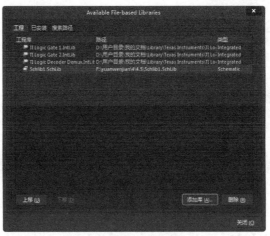

图 4-30 需要加载的元器件库

3．放置元器件

选择"Components"面板，在其中浏览刚刚加载的元器件库 TI Logic Decoder Demux.IntLib，找到所需的译码器 SN74LS138D，将其放置在图纸上。在其他的元器件库中找出需要的其他元器件，将它们都放置到原理图中，再对这些元器件进行布局，布局的结果如图 4-31 所示。

4．元器件布线

（1）连接导线。选择"放置"→"线"选项，或单击"布线"工具栏中的"放置线"按钮 ，进入绘制导线状态，绘制导线，连接各元器件，如图 4-32 所示。

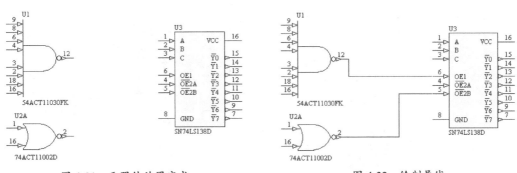

图 4-31　元器件放置完成　　　　　　　　图 4-32　绘制导线

（2）放置网络标签。选择"放置"→"网络标签"选项，或单击"布线"工具栏中的"放置网络标签"按钮 Netl，在需要放置网络标签的引脚上添加正确的网络标签，并添加接地和电源符号，将输出的电源端接到 I/O 端口 VCC 上，将接地端连接到输出端口 GND 上，至此，"寻址"原理图子图便设计完成了，如图 4-33 所示。

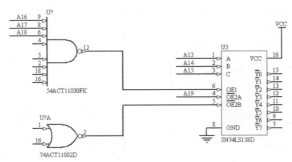

图 4-33　放置网络标签

提示

　　由于本电路为接口电路，有一部分引脚会连接到系统的地址总线和数据总线上。因此，图 4-33 中的网络标签并不是成对出现的。

5．放置 I/O 端口

（1）I/O 端口是子原理图和其他子原理图的接口。选择"放置"→"端口"选项，或者单击"布线"工具栏中的"放置端口"按钮 D1，系统进入放置 I/O 端口的命令状态。移动指针到目标位置，单击确定 I/O 端口的一个顶点，然后拖动鼠标到合适位置再次单击确定 I/O 端口的另一个顶点，这样就放置了一个 I/O 端口。

（2）双击放置完的 I/O 端口，弹出端口属性设置面板，如图 4-34 所示。在该面板中设置 I/O 端口的名称、I/O 类型等参数。

（3）使用同样的方法，放置电路中所有的 I/O 端口，如图 4-35 所示。这样就完成了"寻址"原理图子图的设计。

图 4-34　设置 I/O 端口的属性

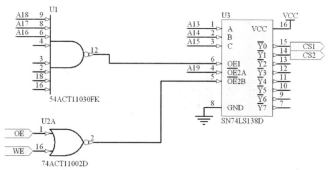

图 4-35　绘制完成的"寻址"原理图子图

6. 绘制子原理图

绘制"存储"原理图子图的方法和绘制"寻址"原理图子图的方法一样，这里不再赘述。绘制完成的"存储"原理图子图如图 4-36 所示。

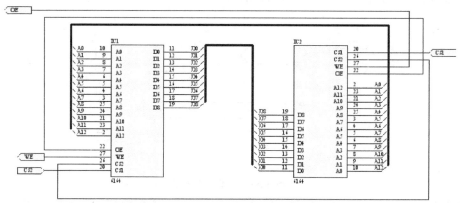

图 4-36　绘制完成的"存储"原理图子图

7. 设计存储器接口电路母图

（1）选择"文件"→"新的"→"原理图"选项，新建原理图文件，选择"文件"→"另存为"选项，将新建的原理图文件另存为"存储器接口.SchDoc"。

（2）选择"设计"→"Create Sheet Symbol From Sheet"（原理图生成图纸符）选项，弹出"Choose Document to Place"（选择文件位置）对话框，如图 4-37 所示。

（3）在"Choose Document to Place"对话框中列出了所有的原理图子图文件。选择"存储.SchDoc"原理图子图文件，单击"OK"按钮，指针上就会出现一个方块图，移动指针到原理图中适当的位置单击，就可以将该方块图放置在图纸上，如图 4-38 所示。

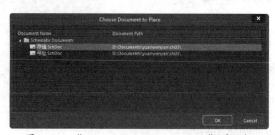

图 4-37　"Choose Document to Place"对话框

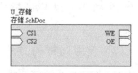

图 4-38　放置好的方块图

提示
在自上而下的层次原理图设计方法中，在进行由母图向子图的转换时，不需要新建一个空白文件，系统会自动生成一个空白的原理图文件。但是在自下而上的层次原理图设计方法中，一定要先新建一个原理图空白文件，才能进行由子图向母图的转换。

（4）使用同样的方法将"寻址.SchDoc"原理图生成的方块图放置到图纸中，如图 4-39 所示。

图 4-39　生成的母图方块图

（5）使用导线将具有电气关系的端口连接起来，就完成了整个原理图母图的设计，如图 4-40 所示。

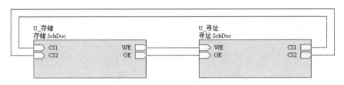

图 4-40　存储器接口电路母图

8．编译电路

选择"工程"→"Compile PCB Project 存储器接口.PrjPcb"选项，编译原理图，在"Projects"面板中将显示层次原理图中母图和子图的关系。

本例主要介绍了在采用自下而上的层次原理图设计方法来设计原理图时，从子图生成母图的方法。

4.6　本章小结

本章主要介绍了层次原理图的相关概念及设计方法、原理图之间的切换等。对于大规模复杂的电路系统，采用层次原理图设计是一个很好的选择。层次原理图设计方法有两种：一种是自上而下的层次原理图设计，另一种是自下而上的层次原理图设计。

掌握层次原理图的设计思路和方法，对用户进行大规模电路设计非常重要。

4.7　课后思考与练习

（1）简述层次原理图中顶层原理图的组成及各部分的功能。

（2）简述层次原理图的基本结构。

（3）简述层次原理图两种设计方法的设计步骤。

（4）掌握层次原理图之间的切换方法。

第 5 章　项目编译与报表输出

在制作 PCB 之前，需要把设计好的电路原理图传送到 PCB 编辑器中，以获得可用于生产的 PCB 文件。由于人们绘制的电路原理图或多或少都会存在一些错误，因此，为了能顺利地进行下面的设计工作，需要对整个电路原理图进行错误检查。在 Altium Designer 20 中，是通过项目编译功能来实现对电路原理图查错的。

知识重点

➢ 项目编译
➢ 报表输出
➢ 输出任务配置文件
➢ 查找与替换操作

5.1　项目编译

项目编译就是在设计的电路原理图中检查电气规则错误。所谓电气规则检查，就是要查看电路原理图的电气特性是否一致，电气参数的设置是否合理。

5.1.1　设置项目编译的参数

项目编译的参数设置包括错误报告（Error Reporting）、电路连接检测矩阵（Connection Matrix）、比较器（Comparator）、ECO 生成等。

任意打开一个 PCB 项目文件，这里以系统提供的"Examples/ Circuit Simulation/Common-Base Amplifier"中的 PCB 项目 Common-Base Amplifier.PrjPcb 为例进行讲解。

选择"工程"→"工程选项"选项，弹出"Options for PCB Project"（项目管理选项）对话框，如图 5-1 所示。

1．"Error Reporting"选项卡

"Error Reporting"选项卡用于设置原理图设计中的错误报告，报告类型有错误、警告、致命错误及不报告 4 种，主要涉及以下几个方面。

（1）Violations Associated with Buses（总线错误检查报告）：包括总线标号超出范围、总线排列的句法错误、不合法的总线、总线宽度不匹配等。

① Bus indices out of range（超出定义范围的总线编号索引）：总线和总线分支线共同完成电气连接，如果定义总线的网络标签为 D [0...7]，则当存在 D8 及 D8 以上的总线分支线时将违反该规则。

② Bus range syntax errors（总线范围语法错误）：用户可以通过放置网络标签的方式对总线

进行命名。当总线命名存在语法错误时将违反该规则。例如，定义总线的网络标签为 D[0...]时将违反该规则。

③ Illegal bus definition（总线定义违规）：连接到总线的元器件类型不正确。

④ Illegal bus range values（总线范围值违规）：与总线相关的网络标签索引出现负值。

⑤ Mismatched bus label ordering（总线网络标签不匹配）：同一总线的分支线属于不同网络时，这些网络对总线分支线的编号顺序不正确，即没有按同一方向递增或递减。

⑥ Mismatched bus widths（总线宽度不匹配）：总线编号超出界定范围。

⑦ Mismatched Bus-Section index ordering（总线分组索引的排序方式错误）：没有按同一方向递增或递减。

⑧ Mismatched Bus/Wire Object in Wire/Bus（总线种类不匹配）：总线上放置了与总线不匹配的对象。

⑨ Mismatched electrical types on bus（总线上电气类型错误）：总线上不能定义电气类型，否则将违反该规则。

⑩ Mismatched Generics on Bus（First Index）（总线范围值的首位错误）：线首位应与总线分支线的首位对应，否则将违反该规则。

⑪ Mismatched Generics on Bus（Second Index）（总线范围值的末位错误）：线末位应与总线分支线的末位对应，否则将违反该规则。

⑫ Mixed generic and numeric bus labeling（混合通用和数字总线标签）：有的网络采用数字编号，有的网络采用了字符编号。

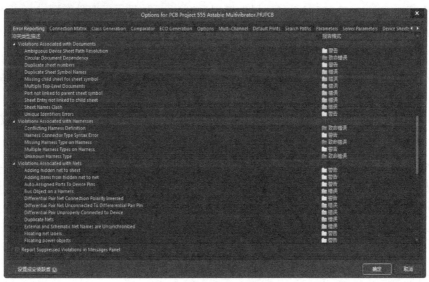

图 5-1　项目管理选项对话框

（2）Violations Associated with Components（元器件错误检查报告）：包括元器件引脚的重复使用、引脚的顺序错误、图纸入口重复等。

① Component Implementations with Duplicate pins usage（原理图中元器件的引脚被重复使用）：原理图中元器件的引脚被重复使用的情况会经常出现。

② Component Implementations with invalid pin mappings（元器件引脚与对应封装的引脚标

识符不一致）：元器件引脚应与引脚的封装一一对应，不匹配时将违反该规则。

③ Component Implementations with missing pins in sequence（元器件丢失引脚）：按序列放置的多个元器件引脚中丢失了某些引脚。

④ Component revision has inapplicable state（不适用元器件）：元器件版本有不适用的状态。

⑤ Component revision is Out of Date（过期元器件）：元器件版本已过期。

⑥ Components containing duplicate sub-parts（嵌套元器件）：元器件中包含了重复的子元器件。

⑦ Components with duplicate implementations（重复元器件）：重复实现同一个元器件。

⑧ Components with duplicate pins（重复引脚）：元器件中出现了重复引脚。

⑨ Duplicate Component Models（重复元器件模型）：重复定义元器件模型。

⑩ Duplicate Part Designators（重复组件标识符）：元器件中存在重复的组件标号。

⑪ Errors in Component Model Parameters（元器件模型参数错误）：在元器件属性中进行设置。

⑫ Extra pin found in component display mode（元器件显示模型多余引脚）：元器件显示模式中出现多余的引脚。

⑬ Mismatched hidden pin connections（隐藏的引脚不匹配）：隐藏引脚的电气连接存在错误。

⑭ Mismatched pin visibility（引脚可视性不匹配）：引脚的可视性与用户的设置不匹配。

⑮ Missing Component Model editor（缺失组件模型编辑器）：元器件模型编辑器丢失。

⑯ Missing Component Model Parameters（元器件模型参数丢失）：取消元器件模型参数的显示。

⑰ Missing Component Models（元器件模型丢失）：无法显示元器件模型。

⑱ Missing Component Models in Model Files（模型文件丢失元器件模型）：元器件模型在所属库文件中找不到。

⑲ Missing pin found in component display mode（元器件显示模型丢失引脚）：元器件的显示模式中缺少某一引脚。

⑳ Models Found in Different Model Locations（模型对应不同路径）：元器件模型在另一路径（非指定路径）中找到。

㉑ Sheet Symbol with duplicate entries（原理图符号中出现了重复的端口）：为避免违反该规则，建议用户在进行层次原理图的设计时，在单张原理图上采用网络标签的形式建立电气连接，而在不同的原理图间采用端口建立电气连接。

㉒ Un-Designated parts requiring annotation（未指定的部件需要标注）：未被标号的元器件需要分开标号。

㉓ Unused sub-part in component（集成元器件的某一部分在原理图中未被使用）：通常对未被使用的部分采用引脚为空的方法，即不进行任何的电气连接。

（3）Violations Associated with Documents（文件错误检查报告）：主要是与层次原理图有关的错误，包括重复的图纸编号、重复的图纸符号名称、无目标配置等。

① Ambiguous Device Sheet Path Resolution（不明确的设备表路径分辨率）：设备图纸路径分辨率不明确。

② Circular Document Dependency（循环文件依赖性）：循环文档的相关性。

③ Duplicate sheet numbers（重复原理图编号）：电路原理图编号重复。

④ Duplicate Sheet Symbol Names（重复原理图符号名称）：原理图符号命名重复。

⑤ Missing child sheet for sheet symbol（子原理图丢失原理图符号）：工程中缺少与原理图符号相对应的子原理图文件。

⑥ Multiple Top-Level Documents（顶层文件多样化）：定义了多个顶层文件。

⑦ Port not linked to parent sheet symbol（原始原理图符号未与部件连接）：子原理图电路与主原理图电路中端口之间存在电气连接错误。

⑧ Sheet Entry not linked to child sheet（子原理图未与原理图端口连接）：电路端口与子原理图间存在电气连接错误。

⑨ Sheet Name Clash（工作表名称）：图纸名称冲突。

⑩ Unique Identifiers Errors（唯一标识符错误）：唯一标识符显示错误。

（4）Violations Associated with Harnesses（与线束关联的违例）。

① Conflicting Harness Definition（冲突线束定义）：线束冲突定义。

② Harness Connector Type Syntax Error（连接器类型语法错误）：线束连接器类型语法错误。

③ Missing Harness Type on Harness（丢失线束类型）：线束上丢失线束类型。

④ Multiple Harness Types on Harness（多个线束类型）：线束上有多个线束类型。

⑤ Unknown Harness Types（未知线束类型）：未知的线束类型。

（5）Violations Associated With Nets（网络错误检查报告）：包括为图纸添加隐藏网络、无名网络参数、无用网络参数等。

① Adding hidden net to sheet（添加隐藏网络）：将隐藏的网络添加到图纸中。

② Adding Items from hidden net to net（隐藏网路添加子项）：从隐藏网络添加子项到已有网络中。

③ Auto-Assigned Ports To Device Pins（元器件引脚自动端口）：自动分配端口到元器件引脚。

④ Bus Object on a Harness（线束总线对象）：线束上的总线对象。

⑤ Differential Pair Net Connection Polarity Inversed（网络极性反转）：差分对网络连接极性反转。

⑥ Differential Pair Net Unconnected To Differential Pair Pin（引脚未连接）：差分对网络与差分对引脚未连接。

⑦ Differential Pair Unproperly Connected to Device（设备连接）：差分对与设备连接不正确。

⑧ Duplicate Nets（重复网络）：原理图中出现了重复的网络。

⑨ Floating net labels（浮动网络标签）：原理图中出现了不固定的网络标号。

⑩ Floating power objects（浮动电源符号）：原理图中出现了不固定的电源符号。

⑪ Global Power-Object scope changes（更改全局电源对象）：与端口元器件相连的全局电源对象已不能连接到全局电源网络，只能更改为局部电源网络。

⑫ Harness Object on a Bus（总线线束对象）：总线上的线束对象。

⑬ Harness Object on a Wire（连线线束对象）：连线上的线束对象。

⑭ Missing Negative Net in Differential Pair（缺失负网）：差分对中缺失负网。

⑮ Missing Positive Net in Differential Pair（缺失正网）：差分对中缺失正网。

⑯ Net Parameters with no Name（无名网络参数）：存在未命名的网络参数。

⑰ Net Parameters with no Value（无值网络参数）：网络参数没有赋值。

⑱ Nets containing floating input pins（浮动输入网络引脚）：网络中包含悬空的输入引脚。

⑲ Nets containing multiple similar objects（多样相似网络对象）：网络中包含多个相似对象。

⑳ Nets with multiple name（命名多样化网络）：网络中存在多重命名。

㉑ Nets with No driving source（缺少驱动源的网络）：网络中没有驱动源。

㉒ Nets with only one pin（单个引脚网络）：存在只包含单个引脚的网络。

㉓ Nets with possible connection problems（网络中可能存在连接问题）：文档中常见的网络问题。

㉔ Same Nets used in Multiple Differential Pair（多个差分网络）：多个差分对中使用相同的网络。

㉕ Sheets containing duplicate ports（多重原理图端口）：原理图中包含重复端口。

㉖ Signals with multiple drivers（多驱动源信号）：信号存在多个驱动源。

㉗ Signals with no driver（无驱动信号）：原理图中存在没有驱动的信号。

㉘ Signals with no load（无负载信号）：原理图中存在无负载的信号。

㉙ Unconnected objects in net（网络断开对象）：原理图中网络中存在未连接的对象。

㉚ Unconnected wires（断开线）：原理图中存在未连接的导线。

（6）Violations Associated with Others（其他错误检查报告）：包括无错误、原理图中的对象超出了图纸范围、对象偏离网格等。

① Fail to add alternate item（未添加替代项）：未能添加替代项。

② Incorrect link in project variant（项目链接不正确）：项目变体中的链接不正确。

③ Object not completely within sheet boundaries（对象超出了原理图的边界）：可以通过改变图纸尺寸来解决。

④ Off-grid object（对象偏离格点位置将违反该规则）：使元器件处在格点位置有利于元器件电气连接特性的完成。

（7）Violations Associated With Parameters（参数错误检查报告）。

① Same parameter containing different types（参数相同而类型不同）：原理图中元器件参数设置常见问题。

② Same parameter containing different values（参数相同而值不同）：原理图中元器件参数设置常见问题。

每种错误都可以设置相应的报告类型．并采用不同的颜色。单击其后的按钮，弹出错误报告类型的下拉列表。一般采用默认设置，不需要对错误报告类型进行修改。

单击"设置成安装缺省"按钮，可以恢复到系统默认设置。

2."Connection Matrix"选项卡

在项目管理选项对话框中，选择"Connection Matrix"选项卡，如图 5-2 所示。

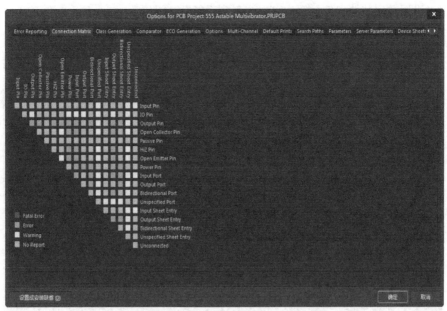

图 5-2 "Connection Matrix" 选项卡

"Connection Matrix"选项卡显示的是各种引脚、端口、图纸入口之间的连接状态，以及错误类型的严格性。将在设计中运行电气规则检查电气连接，如引脚间的连接、元器件和图纸的输入。连接矩阵给出了原理图中不同类型的连接点及是否被允许的图表描述。例如：

（1）如果横坐标和纵坐标交叉点为红色，则当横坐标代表的引脚和纵坐标代表的引脚相连接时，将出现"Fatal Error"信息。

（2）如果横坐标和纵坐标交叉点为橙色，则当横坐标代表的引脚和纵坐标代表的引脚相连接时，将出现"Error"信息。

（3）如果横坐标和纵坐标交叉点为黄色，则当横坐标代表的引脚和纵坐标代表的引脚相连接时，将出现"Warning"信息。

（4）如果横坐标和纵坐标交叉点为绿色，则当横坐标代表的引脚和纵坐标代表的引脚相连接时，将不出现错误或警告信息。

对于各种连接的错误等级，用户可以自己进行设置，单击相应连接交叉点处的颜色方块，即可设置错误等级。一般采用默认设置，不需要对错误等级进行设置。

单击"设置成安装缺省"按钮，可以恢复到系统默认设置。

3．"Comparator" 选项卡

在项目管理选项对话框中，选择"Comparator"选项卡，如图 5-3 所示。

"Comparator"选项卡用于设置当一个项目被编译时给出文件之间的不同和忽略彼此的不同。比较器的对照类型描述中有 4 大类，包括与元器件有关的差别（Differences Associated with Components）、与网络有关的差别（Differences Associated with Nets）、与参数有关的差别（Differences Associated with Parameters）及与对象有关的差别（Differences Associated with Parameters）。在每一大类中又分为若干个具体的选项，不同的项目可能设置会有所不同，但是一般采用默认设置。

单击"设置成安装缺省"按钮，可以恢复到系统默认设置。

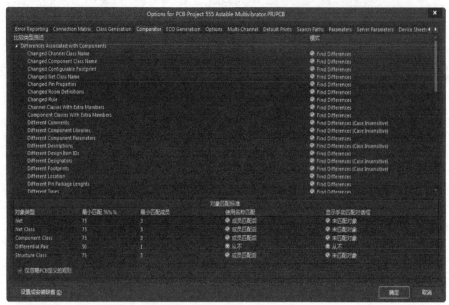

图 5-3   "Comparator"选项卡

4. "ECO Generation"选项卡

在项目管理选项对话框中，选择"ECO Generation"（生成 ECO 文件）选项卡，如图 5-4
所示。

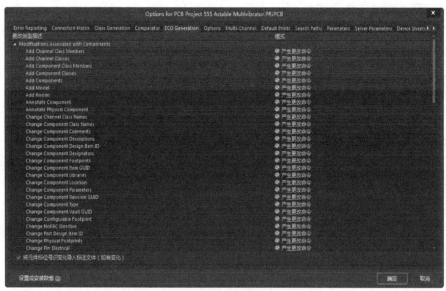

图 5-4   "ECO Generation"选项卡

Altium Designer 20 系统通过比较器找到原理图的不同，当执行电气更改命令后，"ECO
Generation"选项卡中将显示更改类型的详细说明。其主要用于原理图的更新时，会显示更新的
内容与以前文件的不同。

"ECO Generation"选项卡中修改的类型有 3 大类,主要用于设置与元器件有关的(Modifications Associated with Components)、与网络有关的(Modifications Associated with Nets)和与参数相关的(Modifications Associated with Parameters)改变。在每一大类中,又包含若干选项,每项都可以在"模式"下拉列表中选择"产生更改命令"或"忽略不同"选项。

单击"设置成安装缺省"按钮,可以恢复到系统默认设置。

5.1.2 执行项目编译

将以上参数设置完成后,用户就可以对自己的项目进行编译了,这里还是以前面的"Common-Base Amplifier.PrjPcb"项目为例。

正确的电路原理图如图 5-5 所示。

若在设计电路原理图时,Q1 与 C1、R1 没有连接,如图 5-6 所示。我们就可以通过编译项目来找出这个错误。

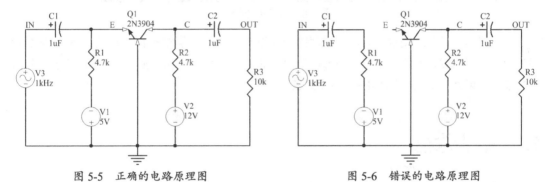

图 5-5 正确的电路原理图   图 5-6 错误的电路原理图

下面介绍执行项目编译的步骤。

(1)选择"工程"→"Compile PCB Project Common-Base Amplifier.PrjPcb"(编译项目文件)选项,系统开始对项目进行编译。

(2)编译完成后,弹出"Messages"(信息)对话框,如图 5-7 所示。如果原理图绘制正确,则不弹出"Messages"对话框。

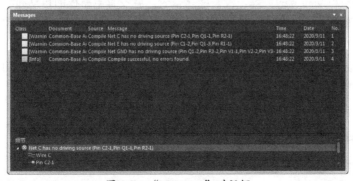

图 5-7 "Messages"对话框

(3)双击出错的信息,在下面的"细节"选项组中显示了与错误有关的原理图信息。同时在原理图出错位置突出显示,如图 5-8 所示。

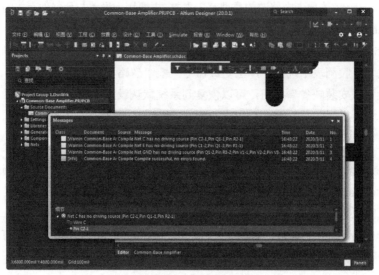

图 5-8　显示编译错误

（4）根据出错信息提示，对电路原理图进行修改，修改后再次编译，直到没有错误信息出现为止，即直到编译时不弹出"Messages"对话框为止。对于电路原理图中一些不需要进行检查的节点，可以放置一个忽略 ERC 检查测试点。

5.2　报表输出

Altium Designer 20 具有丰富的报表功能，用户可以方便地生成各种类型的报表。

5.2.1　网络报表

对于电路设计而言，网络报表是电路原理图的精髓，是连接原理图和 PCB 的桥梁。所谓网络报表，指的是彼此连接在一起的一组元器件引脚，一个电路实际上是由若干个网络组成的。网络报表是电路板自动布线的灵魂，没有网络报表，就没有电路板的自动布线；网络报表也是电路原理图设计软件与 PCB 设计软件之间的接口。网络报表包含元器件信息和网络连接信息两部分内容。

Altium Designer 20 中的 Protel 网络报表有两种：一种是单个原理图文件的网络报表，另一种是整个项目的网络报表。

下面通过实例来介绍网络报表的生成步骤。

1．设置网络报表选项

在生成网络报表之前，用户首先要设置网络报表选项。

（1）打开 PCB 项目"Common-Base Amplifier.PrjPcb"中的电路原理图文件，选择"工程"→"工程选项"选项，弹出项目管理选项对话框。

（2）选择"Options"（选项）选项卡，如图 5-9 所示。

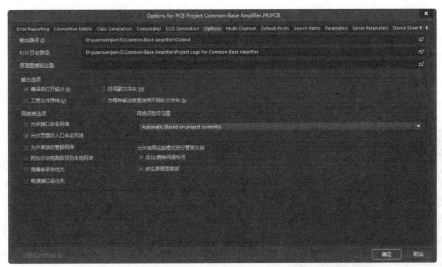

图 5-9　"Options"选项卡

在该选项卡中可以对网络报表的有关选项进行设置。

①"输出路径"：用于设置各种报表的输出路径，系统默认的路径是系统在当前项目文件夹内创建的。单击右侧的 ![图标]（打开）按钮，用户可以自己设置路径。

②"ECO 日志路径"：用于设置 ECO Log 文件的输出路径，系统会根据当前项目所在的文件夹自动创建默认路径。单击右侧的 ![图标] 按钮，可以对默认路径进行更改。

③"输出选项"选项组：用于设置网络报表的输出选项，一般保持默认设置即可。

④"网络表选项"选项组：用来设置生成网络报表的条件。

a."允许端口命名网络"复选框：用于设置是否允许用系统产生的网络名代替与电路 I/O 端口相关联的网络名。若设计的项目只是简单的电路原理图文件，不包含层次关系，可选中此复选框。

b."允许页面符入口命名网络"复选框：用于设置是否允许用系统生成的网络名代替与图纸入口相关联的网络名，系统默认选中。

c."允许单独的管脚网络"复选框：用于设置生成网络报表时，是否允许系统自动将引脚号添加到各个网络名称中。

d."附加方块电路数目到本地网络"复选框：用于设置生成网络报表时，是否允许系统自动将图纸号添加到各个网络名称中。当一个项目中包含多个原理图文档时，选中该复选框，以便于查找错误。

e."高等级名称优先"复选框：用于设置生成网络报表时的排序优先权。选中该复选框，系统将以名称对应结构层次的高低决定优先权。

f."电源端口名优先"复选框：用于设置生成网络报表时的排序优先权。选中该复选框，系统将对电源端口的命名给予更高的优先权。

⑤"网络识别符范围"选项组：用来设置网络标识的认定范围。单击右侧的下拉按钮，可以在弹出的下拉列表中选择网络标识的认定范围，有 5 个选项供选择，如图 5-10 所示。

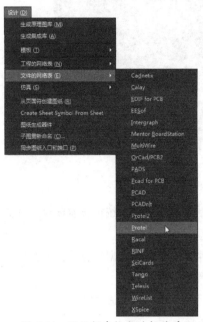

图 5-11　网络报表格式选择菜单

图 5-10　网络标识的认定范围

2．生成网络报表

1）单个原理图文件的网络报表的生成

当"Common-Base Amplifier.PrjPcb"项目中只有一个电路图文件"Common-Base Amplifier.SchDoc"时，只需生成单个原理图文件的网络报表即可。

打开原理图文件，设置好网络报表选项后，选择"设计"→"文件的网络表"选项，系统弹出网络报表格式菜单，如图 5-11 所示。在 Altium Designer 20 中，针对不同的设计项目，可以创建多种网络报表格式。这些网络报表文件不但可以在 Altium Designer 20 中使用，而且可以被其他 EDA 设计软件所调用。

在网络报表格式选择菜单中，选择"Protel"（生成原理图网络报表）选项，系统自动生成当前原理图文件的网络报表文件，并存放在当前"Projects"面板中的 Generated文件夹中，单击 Generated 文件夹前面的+，双击打开网络报表文件，如图 5-12 所示。

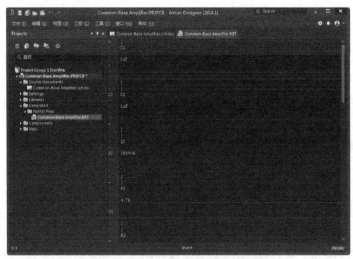

图 5-12　单个原理图文件的网络报表

该网络报表是一个简单的 ASCII 码文本文件，包含两大部分：一部分是元器件信息，另一部分是网络连接信息。

元器件信息由若干小段组成，每一个元器件的信息为一小段，用方括号隔开，空行由系统自动生成，如图 5-13 所示。

网络连接信息同样由若干小段组成，每一个网络的信息为一小段，用圆括号隔开，如图 5-14 所示。

从网络报表中可以看出元器件是否重名、是否缺少封装信息等问题。

2）整个项目的网络报表的生成

对于一些比较复杂的电路系统，常常采用层次电路原理图来设计，此时，一个项目中会含有多个电路原理图文件，这里以系统提供的"Examples/Circuit Simulation/Common-Base Amplifier"中的"Common-Base Amplifier.PrjPcb"项目为例，讲述如何生成整个项目的网络报表。

打开"Common-Base Amplifier.PrjPcb"项目中的任一电路图文件，设置好网络报表选项后，选择"设计"→"工程的网络表"选项，弹出网络报表格式选择菜单，如图 5-15 所示。

图 5-13 一个元器件的信息　　图 5-14 一个网络的信息　　图 5-15 网络报表格式选择菜单

选择"Protel"选项，系统自动生成当前项目的网络报表文件，并存放在当前"Projects"面板中的"Generated"文件夹中，单击"Generated"前面的"+"，双击打开网络报表文件，如图 5-16 所示。

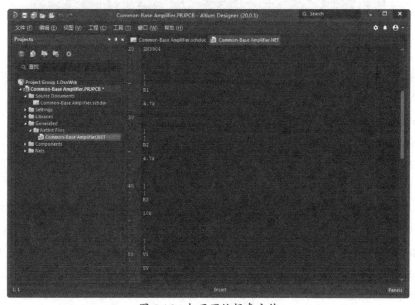

图 5-16 打开网络报表文件

5.2.2 元器件报表

元器件报表主要用来列出当前项目中用到的所有元器件的信息，相当于一份元器件采购清单。依照这份清单，用户可以查看项目中用到的元器件的详细信息，同时在制作电路板时，可以作为采购元器件的参考。

下面还是以前面的项目"Common-Base Amplifier.PrjPcb"为例，介绍生成元器件报表的步骤。

1．设置元器件报表选项

（1）打开项目"Common-Base Amplifier.PrjPcb"中的电路原理图文件"Common-Base Amplifier.SchDoc"。

（2）选择"报告"→"Bill of Materials"（材料清单）选项，弹出元器件报表对话框，如图 5-17 所示。

图 5-17　元器件报表对话框

在该对话框中，可以对创建的元器件报表进行选项设置。右侧有两个选项卡，它们的功能如下。

① "General"选项卡：一般用于设置常用参数，部分选项功能如下。

a．"File Format"（文件格式）下拉列表：用于为元器件报表设置文件输出格式。单击右侧的下拉按钮 ▼，在弹出的下拉列表中可以选择不同的文件输出格式，如 CVS 格式、Excel 格式、PDF 格式、html 格式、文本格式、XML 格式等。

b．"Add to Project"（添加到项目）复选框：若选中该复选框，则系统在创建了元器件报表之后会将报表直接添加到项目中。

c．"Open Exported"（打开输出报表）复选框：若选中该复选框，则系统在创建了元器件报表以后，会自动以相应的格式将其打开。

d．"Template"下拉列表：用于为元器件报表设置显示模板。单击右侧的下拉按钮，可以使用曾经用过的模板文件，也可以单击 ••• 按钮重新选择。选择系统自带的元器件报表模板文件

"BOM Default Template.XLT"，如图 5-18 所示，单击"打开"按钮后，返回元器件报表对话框。单击"OK"按钮，退出对话框。

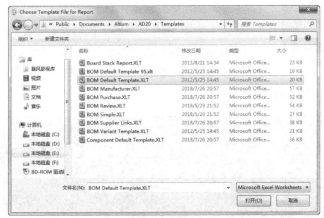

图 5-18　选择元件报表模板

②"Columns"（纵队）选项卡：用于列出系统提供的所有元器件属性信息，如"Description"（元器件描述信息）、"Component Kind"（元器件种类）等。部分选项功能如下：

a."Drag a column to group"（将列拖到组中）列表框：用于设置元器件的归类标准。如果将"Columns"列表框中的某一属性信息拖到该列表框中，则系统将以该属性信息为标准对元器件进行归类，显示在元器件报表中。

b."Columns"列表框：单击 ⊙ 按钮，将其进行显示，即在元器件报表中显示出需要查看的有用信息。在图 5-19 中使用了系统的默认设置，即只选中了"Comment""Description""Designator""Footprint""LibRef"（库编号）和"Quantity"（数量）6 个复选框。

例如，选中"Columns"列表框中的"Description"复选框，将该选项拖到"Drag a column to group"列表框中，此时，所有描述信息相同的元器件被归为一类，显示在右侧的元器件列表中，如图 5-19 所示。

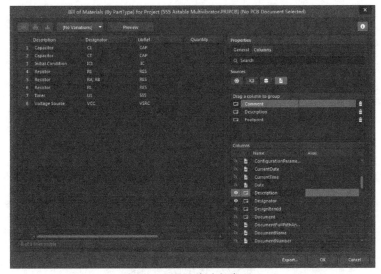

图 5-19　元器件的归类显示

图 5-20　"Description"下拉列表

另外，在右侧元器件列表的各栏中，都有一个下拉按钮，单击该按钮，同样可以设置元器件列表的显示内容。

例如，单击元器件列表中"Description"栏的下拉按钮 ，会弹出如图 5-20 所示的下拉列表。在该下拉列表中，可以选择"Custom"（定制方式显示）选项，还可以只显示具有某一具体描述信息的元器件。例如，选择"Capacitor"（电容）选项，则相应的元器件列表如图 5-21 所示。

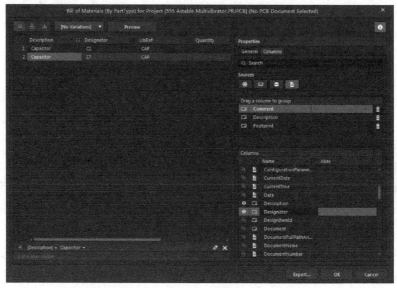

图 5-21　"Capacitor"元器件列表对话框

2. 生成元器件报表

单击"Export"（输出）按钮，在弹出的"另存为"对话框中可以将该报表进行保存，默认文件名为"Common-Base Amplifier.xls"，是一个 Excel 文件，如图 5-22 所示，单击"保存"按钮，进行保存。

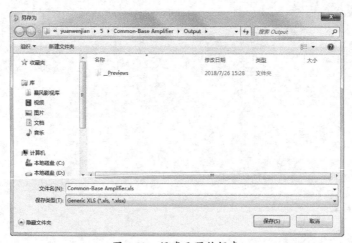

图 5-22　保存元器件报表

用户还可以根据自己的需要生成其他文件格式的元器件报表，只需在元器件报表对话框中设置一下即可，这里不再赘述。

5.2.3　元器件交叉引用报表

元器件交叉引用报表用于生成整个工程中各原理图的元器件报表，相当于一份元器件清单报表。

生成元器件交叉引用报表的步骤如下。

（1）打开项目文件"Amplified Modulator.PrjPcb"中的电路原理图文件"Common-Base Amplifier.SchDoc"。

（2）选择"报告"→"Component Cross Reference"（元器件交叉引用报表）选项，弹出元器件交叉引用报表对话框，如图 5-23 所示。它把整个项目中的元器件按照所属的不同电路原理图分组显示出来。

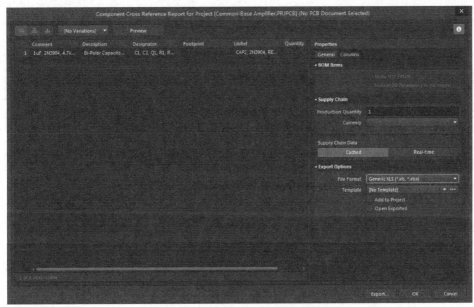

图 5-23　元器件交叉引用报表对话框

其实元器件交叉引用报表就是一张元器件清单报表，该对话框与元器件报表对话框基本相同，这里不再赘述。

5.2.4　元器件测量距离

Altium Designer 20 还为用户提供了测量原理图中两对象间距的选项。

进行元器件测量距离的步骤如下。

（1）打开项目文件"Common-Base Amplifier.PrjPcb"中的电路原理图文件"Common-Base Amplifier.SchDoc"。

（2）选择"报告"→"测量距离"选项，显示浮动指针，分别选择图 5-24 中的 A 点、B 点，弹出"Information"对话框，如图 5-25 所示，显示 A、B 两点的间距。

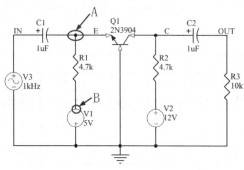

图 5-24　显示测量点

图 5-25　"Information" 对话框

5.2.5　端口引用参考表

Altium Designer 20 可以为电路原理图中的 I/O 端口添加端口引用参考表。端口引用参考表是直接添加在原理图图纸端口上的，用来指出该端口在何处被引用。

图 5-26　"端口交叉参考" 子菜单

生成端口引用参考表的步骤如下。

（1）打开项目文件 "Common-Base Amplifier.PrjPcb" 中的电路原理图文件 "Common-Base Amplifier.SchDoc"。

（2）对该项目执行项目编译后，选择 "报告" → "端口交叉参考" 选项，弹出如图 5-26 所示的菜单。

其意义如下。

a. 添加到图纸：向当前原理图中添加端口引用参考表。

b. 添加到工程：向整个项目中添加端口引用参考表。

c. 从图纸移除：从当前原理图中删除端口引用参考表。

d. 从工程中移除：从整个项目中删除端口引用参考表。

（3）选择 "添加到图纸" 选项，在当前原理图中为所有端口添加引用参考表。

若选择 "报告" → "端口交叉参考" → "从图纸移除" 或 "从工程中移除" 选项，可以看到，在当前原理图或整个项目中端口引用参考表被删除。

5.3　输出任务配置文件

在 Altium Designer 20 中，对于各种报表文件，我们可以采用前面介绍的方法逐个生成并输出，也可以直接利用系统提供的输出任务配置文件功能来输出，即只需一次设置就可以完成所有报表文件（如网络报表、元器件交叉引用报表、原理图文件、PCB 文件等）的输出。

下面介绍文件打印输出、生成输出任务配置文件的方法和步骤。

5.3.1　打印输出

为方便原理图的浏览和交流，经常需要将原理图打印到图纸上。Altium Designer 20 提供了直接将原理图打印输出的功能。

在打印之前首先进行页面设置。选择"文件"→"页面设置"选项，弹出"Schematic Print Properties"对话框，如图 5-27 所示。单击"打印设置"按钮，弹出打印机设置对话框，对打印机进行设置，如图 5-28 所示。设置、预览完成后，单击"打印"按钮，打印原理图。

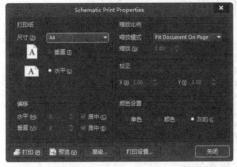
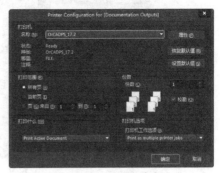

图 5-27　"Schematic Print Properties"对话框　　　　图 5-28　设置打印机

此外，选择"文件"→"打印"选项，或单击"原理图标准"工具栏中的"打印"按钮，也可以实现打印原理图的功能。

5.3.2　创建输出任务配置文件

利用输出任务配置文件批量生成报表文件之前，必须先创建输出任务配置文件，步骤如下。

（1）打开项目文件"Common-Base Amplifier.PrjPcb"中的电路原理图文件"Common-Base Amplifier.SchDoc"。

（2）选择"文件"→"新的"→"Output Job 文件"选项，或者在"Projects"面板上，单击"Projects"按钮，在弹出的快捷菜单中选择"添加新的…到工程"→"Output Job File"（输出工作文件）选项，弹出一个默认名为"Job1.OutJob"的输出任务配置文件。选择"文件"→"另存为"选项保存该文件，并命名为"Common-Base Amplifier.OutJob"，如图 5-29 所示。

在该文件中，按照输出数据类型将输出文件分为以下 9 大类。

① Netlist Outputs：表示网络报表输出文件。

② Simulator Outputs：表示模拟器输出文件。

③ Documentation Outputs：表示原理图文件和 PCB 文件的打印输出文件。

④ Assembly Outputs：表示 PCB 汇编输出文件。

⑤ Fabrication Outputs：表示与 PCB 有关的加工输出文件。

⑥ Report Outputs：表示各种报表输出文件。

⑦ Validation Outputs：表示各种生成的输出文件。

⑧ Export Outputs：表示各种输出文件。

⑨ PostProcess Outputs：表示后处理输出文件。

图 5-29　输出任务配置文件

（3）在对话框中的任一输出任务配置文件上右击，弹出输出配置环境菜单，如图 5-30 所示。

① 剪切：用于剪切选中的输出文件。

② 复制：用于复制选中的输出文件。

③ 粘贴：用于粘贴剪贴板中的输出文件。

④ 复制：用于在当前位置直接添加一个输出文件。

⑤ 删除：用于删除选中的输出文件。

⑥ 页面设置：用于进行打印输出的页面设置，该文件只对需要打印的文件有效。

⑦ 配置：用于对输出报表文件进行选项设置。

在本例中，我们选中"Netlist Outputs"（网络报表输出文件）栏中的"Protel"选项的子菜单命令，"Report Outputs"（报告输出）栏中的"Bill of Materials""Component Cross Reference""Report Project Hierarchy""Report Single Pin Nets" 4 项的子菜单命令，如图 5-31 所示。

图 5-30　输出配置环境菜单　　　图 5-31　"Report Outputs"子菜单命令

5.4　查找与替换操作

在 Altium Designer 20 中，对于原理图绘制除了前面介绍的方法逐个查找并放置元器件，也可以直接利用查找、替换操作，为复杂的电路绘制提供便利。

5.4.1　查找文本

该命令用于在电路图中查找指定的文本，通过此命令可以迅速找到包含某一文字标识的图元。下面介绍该命令的使用方法。

选择"编辑"→"查找文本"选项，或者按 Ctrl+F 组合键，弹出如图 5-32 所示的"查找文本"对话框。

"查找文本"对话框中各选项的功能如下。

（1）"要查找的文本"选项组：用于输入或选择需要查找的文本。

（2）"Scope"（范围）选项组：包括"图纸页面范围""选择""标识符"3 个下拉列表。"图纸页面范围"下拉列表用于设置所要查找的电路图范围，包括"Current Document"（当前文档）、"Project Document"（项目文档）、"Open Document"（已打开的文档）和

图 5-32　"查找文本"对话框

"Project Physical Documents"（项目实物文件）4 个选项。"选择"下拉列表用于设置需要查找的文本对象的范围，包括"All Objects"（所有对象）、"Selected Objects"（选择的对象）和"Deselected Objects"（未选择的对象）3 个选项。"All Objects"表示对所有的文本对象进行查找，"Selected Objects"表示对选中的文本对象进行查找，"Deselected Objects"表示对没有选中的文本对象进行查找。"标识符"下拉列表用于设置查找的电路图标识符范围，包括"All Identifiers"（所有ID）、"Net Identifiers Only"（仅网络ID）和"Designators Only"（仅标号）3 个选项。

（3）"选项"选项组：用于匹配查找对象所具有的特殊属性，包括"区分大小写""整词匹配""跳至结果"3 个复选框。选中"区分大小写"复选框表示查找时要注意大小写的区别；选中"整词匹配"复选框表示只查找具有整个单词匹配的文本，要查找的网络标识包含的内容有网络标签、电源端口、I/O 端口和方块电路 I/O 口；选中"跳至结果"复选框表示查找后跳到结果处。

用户按照自己的实际情况设置完对话框的内容后，单击"确定"按钮开始查找。

5.4.2　替换文本

该命令用于将电路图中指定的文本用新的文本替换掉，该操作在需要将多处相同文本修改成另一文本时非常有用。选择"编辑"→"替换文本"选项，或按 Ctrl+H 组合键，弹出如图 5-33 所示的"查找并替换文本"对话框。

图 5-33　"查找并替换文本"对话框

可以看出图 5-32 和图 5-33 所示的两个对话框非常相似，对于相同的部分，这里不再赘述，读者可以参看"查找文本"对话框中对选项的介绍，下面只对上面未提到的一些选项进行解释。

（1）"用…替换"文本框：用于输入替换原文本的新文本。

（2）"替换提示"复选框：用于设置是否显示确认替换提示对话框。如果选中该复选框，表示在进行替换之前，显示

确认替换提示对话框；反之不显示。

5.4.3　发现下一个

该命令用于查找"发现下一个"对话框中指定的文本，也可以使用 F3 键来执行该命令。

5.4.4　查找相似对象

在原理图编辑器中提供了查找相似对象的功能，具体的操作步骤如下。

（1）选择"编辑"→"查找相似对象"选项，指针将变成十字形状出现在工作窗口中。

（2）将指针移动到某个对象上单击，弹出如图 5-34 所示的"查找相似对象"对话框，对话框中列出了该对象的一系列属性。通过对各项属性进行匹配程度的设置，可决定搜索的结果。这里以搜索和晶体管类似的元器件为例，此时该对话框给出了如下的对象属性。

① "Kind"（种类）选项组：显示对象类型。

图 5-34　"查找相似对象"对话框

② "Design"（设计）选项组：显示对象所在的文档。

③ "Graphical"选项组：显示对象图形属性。

- X1：X1 坐标值。
- Y1：Y1 坐标值。
- Orientation（方向）：放置方向。
- Locked（锁定）：确定是否锁定。
- Mirrored（镜像）：确定是否显示镜像。
- Display Model（显示模式）：确定是否显示模型。
- Show Hidden Pins（显示隐藏引脚）：确定是否显示隐藏引脚。
- Show Designator（显示标号）：确定是否显示标号。

④ "Object Specific"（对象特性）选项组：显示对象特性。

- Description（描述）：对象的基本描述。
- Lock Designator（锁定标号）：确定是否锁定标号。
- Lock Part ID（锁定元器件 ID）：确定是否锁定元器件 ID。
- Pins Locked（引脚锁定）：锁定的引脚。
- File Name（文件名称）：文件名称。
- Configuration（配置）：文件配置。
- Library（元器件库）：库文件。
- Symbol Reference（符号参考）：符号参考说明。
- Component Designator（组成标号）：对象所在的元器件标号。
- Current Part（当前元器件）：对象当前包含的元器件。
- Comment（注释）：关于元器件的说明。
- Current Footprint（当前封装）：当前元器件封装。

- Current Type（当前类型）：当前元器件类型。
- Database Table Name（数据库表的名称）：数据库中表的名称。
- Use Library Name（所用元器件库的名称）：所用元器件库的名称。
- Use Database Table Name（所用数据库表的名称）：当前对象所用的数据库表的名称。
- Design Item ID（设计 ID）：元器件设计 ID。

在选中元器件的每一栏属性后都另有一栏，在该栏上单击将弹出下拉列表，在下拉列表中可以选择搜索时对象和被选择的对象在该项属性上的匹配程度，包含以下 3 个选项。

① Same（相同）：被查找对象的该项属性必须与当前对象相同。

② Different（不同）：被查找对象的该项属性必须与当前对象不同。

③ Any（忽略）：查找时忽略该项属性。

例如，搜索晶体管的类似对象，搜索的目的是找到所有和晶体管有相同取值和相同封装的元器件，在设置匹配程度时在"Comment"和"Current Footprint"（当前封装）属性上设置为"Same"，其余保持默认设置即可。

单击"应用"按钮，在工作窗口中将屏蔽所有不符合搜索条件的对象，并跳转到最近的一个符合要求的对象上。此时可以逐个查看这些相似的对象。

5.5　上机实例

完成电路原理图的绘制后，需要对设计好的电路原理图进行检查，防止产生错误，同时通过各种报表文件对正确电路进行分析。通过对下面两个实例的讲解，实现对电路原理图查错的熟练掌握。

5.5.1　话筒放大电路报表输出

本例要检查的是如图 5-35 所示的话筒放大电路，具体绘制过程在第 2 章中已讲解，在本例中，主要学习原理图绘制完成后的原理图编译和报表输出。

话筒放大电路报表输出

1. 打开工程文件

（1）在 Altium Designer 20 主界面中，选择"文件"→"打开"选项，弹出"Choose Document to Open"（选择打开文件）对话框，选择工程文件"话筒放大电路.PrjPcb"，单击"打开"按钮，打开工程文件。

（2）双击"话筒放大电路.SchDoc"，进入原理图编辑环境。单击"原理图标准"工具栏中的"适合所有对象"按钮，合理显示所有电路。

2. 设置编译参数

（1）选择"工程"→"工程选项"选项，弹出工程属性对话框，如图 5-36 所示。在"Error Reporting"（错误报告）选项卡中罗列了网络构成、原理图层次、设计错误类型等报告信息。

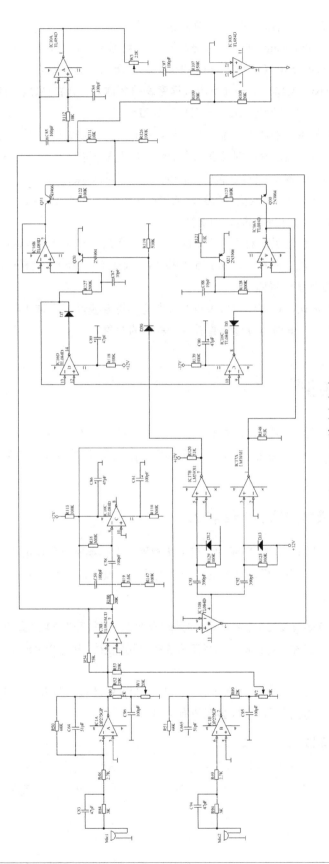

图 5-35 话筒放大电路

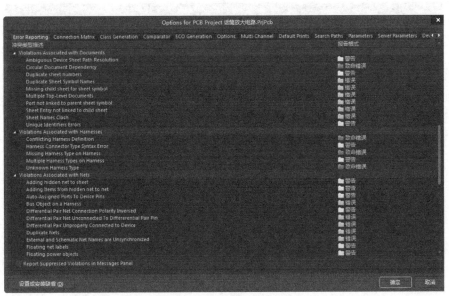

图 5-36　工程属性对话框

（2）选择"Connection Matrix"（连接检测）选项卡，如图 5-37 所示。矩阵的上部和右侧所对应的元器件引脚或端口等交叉点为元素，单击颜色元素，可以设置错误报告类型。

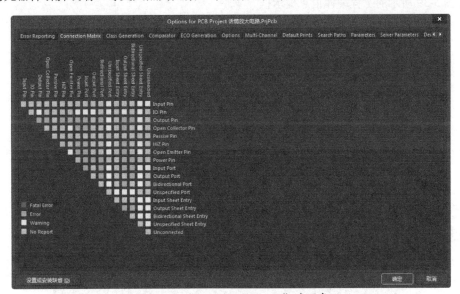

图 5-37　"Connection Matrix"选项卡

（3）选择"Comparator"（比较）选项卡，如图 5-38 所示。在列表中设置元器件连接、网络连接和参数连接的差别比较类型。本例选用默认参数。

（4）单击"确定"按钮，退出对话框。

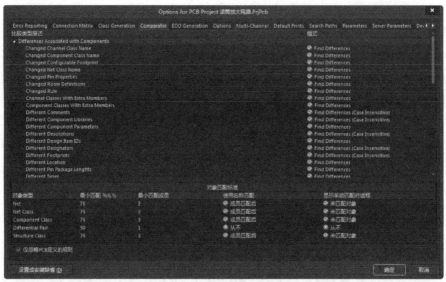

图 5-38 "Comparator"选项卡

3. 编译工程

（1）选择"工程"→"Compile PCB Project 话筒放大电路.PrjPcb"选项，对工程进行编译，弹出如图 5-39 所示的工程编译信息提示框。

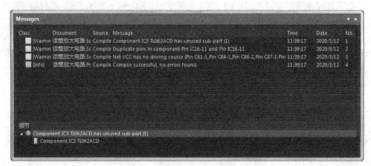

图 5-39 工程编译信息提示框

（2）检查正误。如有错误，查看错误报告，根据错误报告信息进行原理图的修改，重新编译，直到正确为止，最终得到如图 5-40 所示的结果。

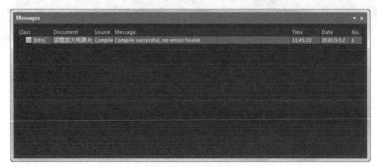

图 5-40 编译成功

4．创建网络报表

选择"设计"→"文件的网络表"→"Protel"选项，系统自动生成了当前原理图的网络报表文件"话筒放大电路.NET"，并存放在当前工程下的"Generated\Netlist Files"文件夹中。双击打开该原理图的网络报表文件"话筒放大电路.NET"，如图 5-41 所示。

图 5-41　原理图网络报表文件

由于本例工程文件夹下只有一个原理图文件，因此该网络报表的组成形式与上述基于整个工程的网络报表是一样的，这里不再赘述。

5．元器件报表的创建

（1）关闭网络报表文件，返回原理图窗口。选择"报告"→"Bill of Materials"选项，弹出相应的元器件报表对话框，如图 5-42 所示。

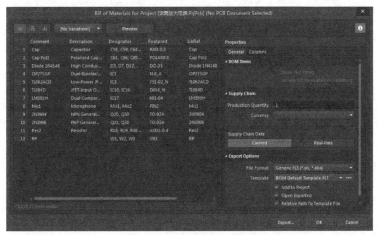

图 5-42　元器件报表对话框

（2）在元器件报表对话框中，单击"Template"文本框后面的 ··· 按钮，在弹出的对话框中的"AD20\Template"目录下，选择系统自带的元器件报表模板文件"BOM Default Template.XLT"，如图 5-43 所示。

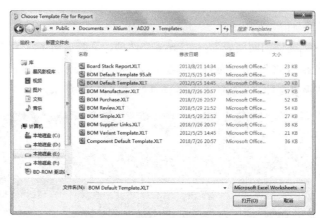

图 5-43　选择元器件报表模板

（3）单击"打开"按钮后，返回元器件报表对话框，完成模板的添加。

（4）单击"Export"按钮，可以将该报表进行保存，默认文件名为"话筒放大电路.xls"，是一个 Excel 文件，如图 5-44 所示。

（5）单击"OK"按钮，退出对话框。

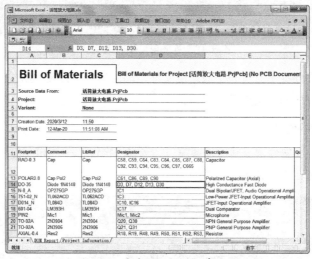

图 5-44　生成的元器件报表文件

本节介绍了如何设计一个话筒放大电路，涉及的知识点有绘制原理图、编译原理图，以及对原理图进行查错、修改及各种报表文件的生成。

5.5.2　正弦逆变器电路报表输出

本例要检查的是层次电路——正弦逆变器电路，对比前例，观察原理图的报表输出结果。

正弦逆变器电路
报表输出

1. 打开工程文件

（1）在 Altium Designer 20 主界面中，选择"文件"→"打开"选项，弹出"Choose Document to Open"对话框，选择工程文件"Sine Wave Inverter.PrjPcb"，单击"打开"按钮，打开工程

文件。

（2）双击"Sine Wave Oscillation.SchDoc"，进入原理图编辑环境。单击"原理图标准"工具栏中的"适合所有对象"按钮，合理显示所有电路。

在"Sine Wave Inverter.PrjPcb"项目文件中，有 6 个电路图文件，此时生成不同的原理图文件的网络报表。

（3）选择"设计"→"文件的网络表"→"Protel"选项，弹出网络报表格式选择菜单。针对不同的原理图，可以创建不同的网络报表格式。

（4）系统自动生成当前原理图文件的网络报表文件，并存放在当前"Projects"面板中的"Generated"文件夹中，单击"Generated"文件夹前面的+，双击打开网络报表文件，如图 5-45 所示。

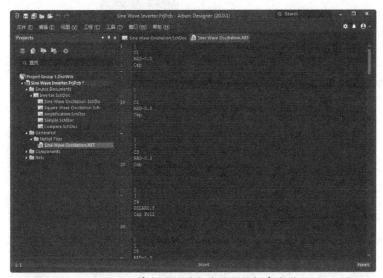

图 5-45　单个原理图文件的网络报表文件

原理图对应的网络报表文件显示原理图的引脚信息等，结果如图 5-46 所示。

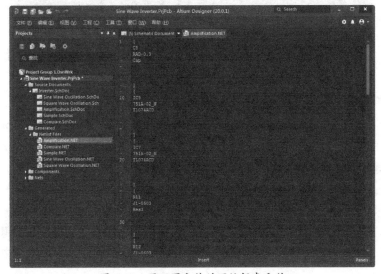

图 5-46　原理图文件的网络报表文件

2．整个项目的网络报表的生成

（1）打开任一原理图，进入编辑环境，选择"设计"→"工程的网络表"选项，弹出网络报表格式选择菜单，如图 5-47 所示。

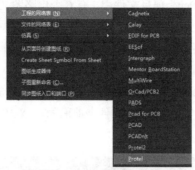

图 5-47　网络报表格式选择菜单

（2）选择"Protel"选项，系统自动生成当前项目的网络报表文件，并存放在当前"Projects"面板中的"Generated"文件夹中，用同样的方法打开其余原理图文件，生成的工程网络报表文件将替换打开的对应原理图网络报表文件，如图 5-48 所示。

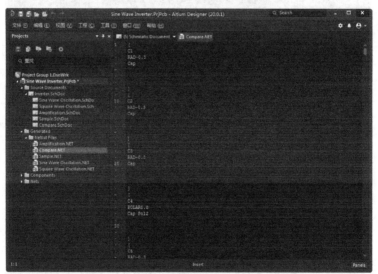

图 5-48　整个项目的网络报表

3．元器件报表

（1）打开项目文件"Sine Wave Inverter.PrjPcb"中的电路原理图文件"Compare.SchDoc"。

（2）选择"报告"→"Bill of Materials"选项，弹出元器件报表对话框，选中"Add to Project""Open Exported"复选框，如图 5-49 所示。

（3）单击"Export"按钮，可以将该报表文件进行保存，是一个 Excel 文件，并自动打开该文件，如图 5-50 所示。

（4）关闭表格文件，返回元器件报表对话框，单击"OK"按钮，完成设置退出对话框。

由于显示的是整个工程文件元器件报表，因此在任一原理图文件编辑环境下执行菜单命令，结果都是相同的。

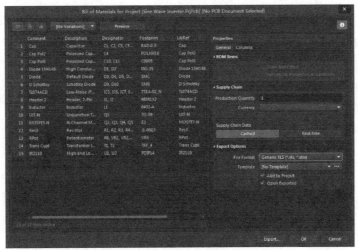

图 5-49　元器件报表对话框

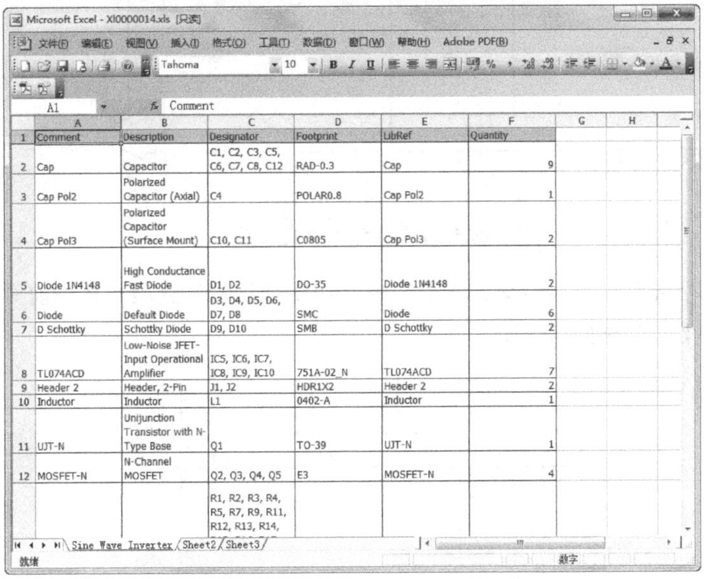

图 5-50　由 Excel 生成元器件报表

用户还可以根据自己的需要生成其他格式的元器件报表，只需在元器件报表对话框中选择
输出格式即可，在此不再讲述。

4．元器件交叉引用报表

（1）打开项目文件"Sine Wave Inverter.PrjPcb"中的电路原理图文件"Compare.SchDoc"。

（2）选择"报告"→"Component Cross Reference"选项，弹出元器件交叉引用报表对话
框。它把整个项目中的元器件按照所属的不同电路原理图分组显示出来。

其实元器件交叉引用报表就是一张元器件清单报表，该对话框与元器件报表对话框基本相同。

（3）单击"Export"按钮，保存该报表。

5．端口引用参考表

（1）打开项目文件"Sine Wave Inverter.PrjPcb"中的电路原理图文件"Compare.SchDoc"。

（2）对该项目进行编译后，选择"报告"→"端口交叉参考"→"添加到图纸"选项，在当前原理图中为所有端口添加引用参考表，如图 5-51 所示。

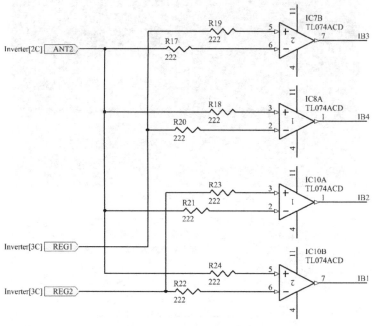

图 5-51　添加端口交叉参考

（3）选择"报告"→"端口交叉参考"→"从图纸移除"选项，在当前原理图中删除端口引用参考表，结果如图 5-52 所示。

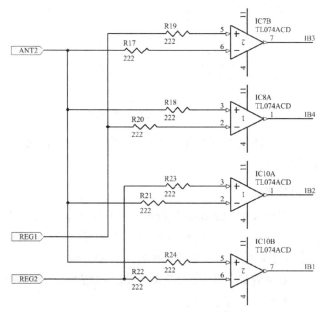

图 5-52　移除端口交叉参考

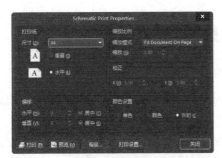

图 5-53　"Schematic Print Properties" 对话框

6．打印输出文件

（1）打开项目文件 "Sine Wave Inverter.PrjPcb" 中的电路原理图文件 "Compare.SchDoc"。

（2）选择 "文件" → "页面设置" 选项，弹出 "Schematic Print Properties" 对话框，如图 5-53 所示。单击 "预览" 按钮，弹出文件打印预览对话框，如图 5-54 所示。预览完成后，单击 "打印" 按钮打印原理图。

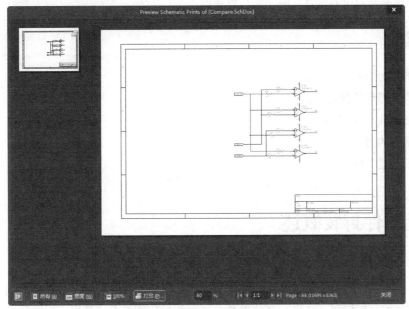

图 5-54　文件打印预览对话框

5.6　本章小结

本章主要讲述了使用项目编译对绘制的电路图进行 ERC 检查，以及各种原理图报表的输出方法和步骤，包括网络报表、元器件报表、元器件交叉引用报表、端口引用参考表等，并通过实例加以演示。

5.7　课后思考与练习

（1）简述编译项目之前如何进行参数设置。

（2）简述原理图报表的输出方法与具体步骤。

（3）项目编译第 2 章课后思考与练习中的图 2-176 和图 2-177 两个电路原理图。

（4）输出图 2-176 和图 2-177 两个电路图的原理图报表。

（5）使用输出任务配置功能批量输出图 2-176 和图 2-177 两个电路图的原理图报表。

第 6 章　元器件的封装

在前面几章中介绍了如何绘制电路原理图，以及如何对绘制完成的电路图进行编译和生成各种报表等。本章将介绍与元器件封装有关的内容。

虽然 Altium Designer 20 提供了丰富的元器件封装库资源，但随着电子元器件技术的发展，Altium Designer 20 不可能提供所有的封装类型。因此，我们在了解有关元器件封装一般知识的基础上，还要掌握如何创建自己的元器件封装库。

知识重点

- ➢ 元器件封装概述
- ➢ 常用元器件的封装介绍
- ➢ PCB 库文件编辑器
- ➢ 元器件的封装设计
- ➢ 集成元器件库的创建

6.1　元器件封装概述

元器件封装包括元器件的外形和引脚分布。电路原理图中的元器件只是一个表示实际元器件的电气模型，其尺寸、形状都是无关紧要的。而元器件封装是元器件在 PCB 设计中采用的，是实际元器件的几何模型，其尺寸至关重要。元器件封装的作用就是指示出实际元器件焊接到电路板时所处的位置，并提供焊点。

元器件的封装信息主要包括外形和焊盘两个部分。元器件的外形（包括标注信息）一般在"Top Overlay"（丝印层）上绘制。而焊盘的情况就要复杂一些，若是穿孔焊盘，则涉及穿孔所经过的每一层；若是贴片元器件的焊盘，一般在顶层"Top Overlay"上绘制。

6.2　常用元器件的封装介绍

随着电子技术的发展，电子元器件的种类越来越多，每种元器件又分为多个品种和系列，每个系列的元器件封装都不完全相同。即使是同一个元器件，不同厂家的产品封装也可能不同。为了解决元器件封装标准化的问题，近年来，国际电工协会发布了关于元器件封装的相关标准。下面介绍常见的几种元器件的封装形式。

6.2.1 分立元器件的封装

分立元器件出现最早，种类也最多，包括电阻、电容、二极管、晶体管和继电器等，这些元器件的封装一般可以在 Altium Designer 20 的 Miscellaneouse Device.inLib 封装库中找到。下面就逐一介绍几种分立元器件的封装。

1. 电阻的封装

电阻只有两个引脚，它的封装形式也最为简单。电阻的封装可以分为插式封装和贴片封装两类。随着承受功率的不同，电阻的体积也不相同，一般体积越大，承受的功率也越大。

插式电阻封装如图 6-1 所示。插式电阻的封装，主要需要下面几个指标：焊盘中心距、电阻直径、焊盘大小及焊盘孔的大小等。在 Miscellaneouse Device.inLib 封装库中可以找到这些插式电阻的封装，名称为 AXIAL×××。例如，AXIAL-0.4，0.4 是指焊盘中心距为 0.4in（1in= 2.54cm），即 400mil。

贴片电阻封装如图 6-2 所示。这些贴片电阻的封装也可以在 Miscellaneouse Device.inLib 封装库中找到。

图 6-1 插式电阻封装　　　　　　图 6-2 贴片电阻封装

2. 电容的封装

电容大体上可分为两类，一类为电解电容，另一类为无极性电容。电容的封装可以分为插式封装和贴片封装两大类。在进行 PCB 设计时，若是容量较大的电解电容，如几十微法以上，一般选用插式封装，如图 6-3 所示。例如，在 Miscellaneouse Device.inLib 封装库中有名为"RB7.6-15"和"POLA0.8"的电容封装，"RB7.6-15"表示焊盘间距为 7.6mm，外径为 15mm；"POLA0.8"表示焊盘中心距为 800mil。

图 6-3 插式电容的封装

若是容量较小的电解电容，如几微法到几十微法，可以选择插式封装，也可以选择贴片封装，如图 6-4 所示为电解电容的贴片封装。

容量更小的电容一般是无极性的。现在无极性电容已广泛采用贴片封装，如图 6-5 所示。这种封装与贴片电阻相似。

图 6-4 电解电容的贴片封装　　　　图 6-5 无极性电容的贴片封装

在确定电容使用的封装类型时，应该注意以下几个指标。

（1）焊盘中心距：如果这个尺寸不合适，对于插式安装的电容，只有将引脚掰弯才能焊接。而贴片电容就要麻烦得多，可能要采用特别的措施才能焊到电路板上。

（2）圆柱形电容的直径或片状电容的厚度：若这个尺寸设置得过大，在电路板上，元器件会摆得很稀疏，浪费资源。若这个尺寸设置得过小，将元器件安装到电路板上时会有困难。

（3）焊盘大小：焊盘必须比焊盘过孔大，在选择了合适的过孔大小后，可以使用系统提供的标准焊盘。

（4）焊盘孔大小：选定的焊盘孔应该比引脚稍微大一些。

（5）电容极性：对于电解电容还应注意其极性，应该在封装图上明确标出正负极。

3．二极管的封装

二极管的封装与插式电阻的封装类似，只是二极管有正负极。二极管的封装如图 6-6 所示。发光二极管的封装如图 6-7 所示。

4．晶体管的封装

晶体管分为 NPN 和 PNP 两种，它们的封装相同，如图 6-8 所示。

图 6-6　二极管的封装

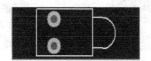

图 6-7　发光二极管的封装

图 6-8　晶体管的封装

6.2.2　集成电路的封装

1）DIP 封装

DIP 为双列直插元器件的封装，如图 6-9 所示。双列直插元器件的封装是目前最常见的集成电路封装。

标准双列直插元器件封装的焊盘中心距是 100mil，边缘间距为 50mil，焊盘直径为 50mil，孔直径为 32mil。封装中第一引脚的焊盘一般为正方形，其他各引脚的焊盘为圆形。

2）PLCC 封装

PLCC 为有引线塑料芯片载体，如图 6-10 所示。此封装是贴片安装的，采用此封装形式的芯片的引脚在芯片体底部向内弯曲，紧贴芯片体。

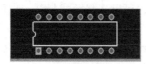

图 6-9　双列直插元器件的封装

图 6-10　PLCC 封装

3）SOP 封装

SOP 为小外形封装，如图 6-11 所示。与 DIP 封装相比，SOP 封装的芯片体积大大减小。

4）OFP 封装

OFP 为方形扁平封装，如图 6-12 所示。此封装是当前使用较多的一种封装形式。

图 6-11　SOP 封装

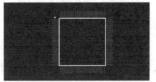

图 6-12　OFP 封装

5）BGA 封装

BGA 为球形阵列封装，如图 6-13 所示。

6）SIP 封装

SIP 为单列直插封装，如图 6-14 所示。

图 6-13　BGA 封装

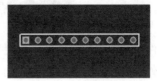

图 6-14　SIP 封装

6.3　PCB 库文件编辑器

6.3.1　创建 PCB 库文件

创建一个 PCB 库文件的步骤如下。

（1）选择"文件"→"新的"→"库"→"PCB 元件库"选项，进入 PCB 库文件编辑环境，同时，系统在"Projects"面板中新建一个默认名为"PcbLib1.PcbLib"的 PCB 库文件，如图 6-15 所示。

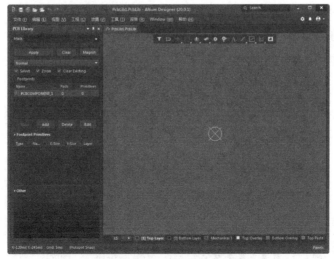

图 6-15　PCB 库文件编辑环境

（2）选择"文件"→"保存"选项，保存并更改该 PCB 库文件的名称，此时，在"Projects"面板上将显示改过名称的 PCB 库文件。

6.3.2 PCB 库文件编辑环境的介绍

元器件封装编辑环境大体可以分为菜单栏、元器件封装编辑区、主工具栏、PCB 符号绘制工具栏及"PCB Library"面板等。

1. PCB 符号绘制工具栏

"PCB 库放置"工具栏用于在创建元器件封装时，在图纸上绘制各种图形，如图 6-16 所示。

图 6-16 "PCB 库放置"工具栏

它与元器件封装编辑环境中的"放置"菜单中的命令是相对应的，如图 6-17 所示。

"PCB 库放置"工具栏中各项的意义如下。

（1）：用于绘制直线。

（2）：用于放置焊盘。

（3）：用于放置过孔。

（4）：用于放置字符串。

（5）：用于中心法绘制圆弧。

（6）：用于边缘法绘制圆弧。

（7）：用于绘制任意圆弧。

（8）：用于绘制整圆。

（9）：用于矩形填充。

（10）：用于阵列式粘贴。

对于以上各项的操作，我们将在第 7 章中进行详细讲解。

2. "PCB Library"面板

单击右下角的"Panels"按钮，在弹出的列表中选择"PCB Library"选项，如图 6-18 所示。

图 6-17 "放置"菜单命令

图 6-18 "Panels"列表

此时，系统弹出"PCB Library"面板，如图 6-19 所示。

该面板有 4 个区域："Mask"（屏蔽查询栏）、"Footprints"（封装列表）、"Footprints Primitives"（封装图元列表）和"Other"（缩略图显示框）。

（1）"Mask"：用于对该库文件内的所有元器件封装进行查询，并将符合屏蔽栏中内容的元器件封装显示在元器件封装列表栏中。

（2）"Footprints"：显示出库文件中所有符合屏蔽栏中内容的元器件封装，并注明其焊盘数、图元数等基本属性。若单击列表中的元器件封装名，封装编辑区内将显示该元器件的封装，可以进行编辑操作。若双击列表中的元器件封装名，封装编辑区内将显示该元器件的封装，并弹出"PCB 库封装"对话框，如图 6-20 所示。

在该对话框中可以设置元器件封装的名称、高度及描述信息，其中高度是供 PCB 3D 仿真用的。

右击元器件封装列表栏，系统弹出快捷菜单，如图 6-21 所示。

图 6-19　"PCB Library"面板　　图 6-20　"PCB 库封装"对话框　　图 6-21　右键快捷菜单

① New Blank Footprint（新建空白元器件）：用于在列表栏中创建一个默认名为"PCBComponent_1"的新空白封装。

② Footprint Wizard（元器件向导）：用于帮助用户创建一个新的元器件封装。

③ Cut（剪切）：用于从当前库文件中删除已选的元器件封装，将其复制到剪贴板中。

④ Copy Name（复制名称）：用于将当前选中的元器件封装名称复制到剪贴板中。

⑤ Paste（粘贴）：用于将剪贴板中的元器件封装粘贴到当前库文件中。

⑥ Delete（删除）：用于永久性删除当前选中的元器件封装。

⑦ Copy（复制）：用于将当前选中的元器件封装复制到剪贴板中。

⑧ Select All（选择所有）：用于选中元器件封装列表栏中所有的元器件封装。

⑨ Footprint Properties（元器件属性）：用于打开 PCB 库文件对话框。

⑩ Place（放置）：用于将所选元器件封装放置到 PCB 设计文件中。

⑪ Update PCB With All（更新全部 PCB）：用于将当前库文件中所有做过修改的元器件封装更新到所有打开的 PCB 文件中。

⑫ Report（报告）：用于生成当前选中的元器件封装的报告。

6.3.3 PCB 库文件编辑器环境的设置

进入 PCB 编辑环境以后，需要根据所绘制的元器件封装类型对编辑环境进行相应的设置。

打开"Properties"面板，如图 6-22 所示，在此面板中对元器件库选项参数进行设置。

图 6-22　元器件库选项设置

选择"设计"→"层叠管理器"和"优先选项"选项，弹出扩展名为.PcbLib 的文件和"优选项"对话框，如图 6-23 和图 6-24 所示。

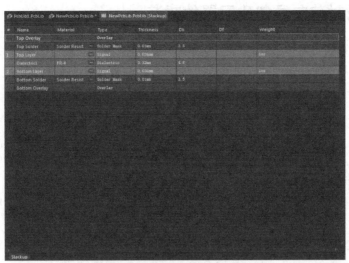

图 6-23　扩展名为.PcbLib 的文件

图 6-24　"优选项"对话框

6.4　元器件的封装设计

将 PCB 库文件编辑环境设置完成后，就可以进行元器件的封装设计了，本节将讲述如何创建一个新的元器件封装。创建元器件封装有两种方式：一种方式是利用封装向导创建元器件封装，另一种方式是手工创建元器件封装。

在绘制元器件封装前，我们应该了解元器件的相关参数，如外形尺寸、焊盘类型、引脚排列、安装方式等。

6.4.1 利用封装向导创建元器件封装

绘制元器件封装是相当复杂的工作。Altium Designer 20 为了方便用户绘制元器件封装，提供了利用封装向导创建元器件封装的方法。下面以绘制 20 引脚双列直插封装的 GMS97C2051 为例，介绍利用封装向导创建元器件封装的方法。

利用封装向导创建元器件封装的步骤如下。

（1）选择"文件"→"新的"→"库"→"PCB 元件库"选项，系统在"Projects"面板中新建一个默认名为"PcbLib1.PcbLib"的 PCB 库文件，并命名为"MyGMS97C2051.PcbLib"，进入 PCB 库文件编辑环境中。

（2）选择"工具"→"元器件向导"选项，弹出"Footprint Wizard"（元器件向导）对话框，如图 6-25 所示。

（3）单击"Next"按钮，进入元器件封装模型选择界面，如图 6-26 所示。在该界面中系统提供了 12 种封装模式，在此选择"Dual In-line Packages（DIP）"模式。

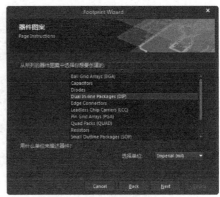

图 6-25　"Footprint Wizard"对话框　　　　　图 6-26　元器件封装模型选择界面

（4）单击"Next"按钮，进入焊盘尺寸设置界面，如图 6-27 所示。在此界面中，可以设置焊盘孔的直径和整个焊盘的直径，单击要修改的数据后，即可输入自己需要的数值。

（5）单击"Next"按钮，进入焊盘间距设置界面，如图 6-28 所示。系统默认两列引脚间距为 600mil，每一列中两引脚间距为 100mil。若用户需要修改间距，单击要修改的数据，即可输入自己需要的数值。

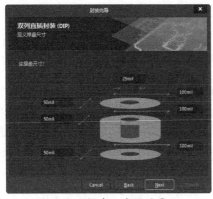

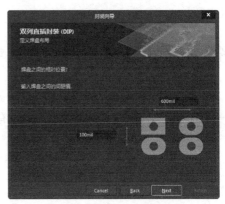

图 6-27　焊盘尺寸设置界面　　　　　　　图 6-28　焊盘间距设置界面

（6）单击"Next"按钮，进入元器件封装轮廓线宽度设置界面，如图 6-29 所示。系统默认
为 10mil，用户也可以自行修改。

（7）单击"Next"按钮，进入焊盘数量设置界面，如图 6-30 所示，此处设置为 20 个。

图 6-29　元器件封装轮廓线宽度设置界面

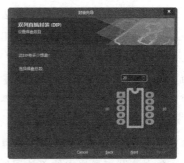

图 6-30　焊盘数量设置界面

（8）单击"Next"按钮，进入元器件封装名称设置界面，如图 6-31 所示。用户可以在"此
DIP 的名称"文本框中输入元器件的封装名称。

（9）单击"Next"按钮，进入元器件封装完成界面，如图 6-32 所示。单击"Finish"按钮，
完成封装设计。

图 6-31　元器件封装名称设置界面

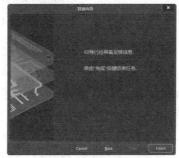

图 6-32　元器件封装完成界面

在以上每一步中，用户都可以单击"Back"按钮返回上一步。

封装创建完成后，该元器件的封装名将在"PCB Library"面板的元器件封装列表栏中显示
出来，同时在库文件编辑区中也将显示新设计的元器件封装，如图 6-33 所示。

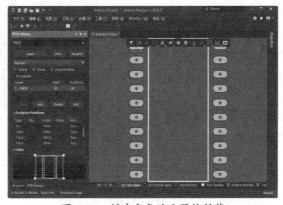

图 6-33　创建完成的元器件封装

6.4.2　手工创建元器件封装

用户也可以手工创建一个元器件封装。下面还是以 20 引脚双列直插封装的 GMS97C2051 为例，介绍手工创建元器件封装的方法。

手工创建元器件封装的具体步骤如下。

（1）选择"文件"→"新的"→"库"→"PCB 元件库"选项，创建一个 PCB 库文件，并命名为"MyGMS97C2051.PcbLib"，进入 PCB 库文件编辑环境中。

（2）设置 PCB 选项。选择"工具"→"原理图优选项"选项，弹出"优选项"对话框，在对话框中设置网格大小、电气网格等。

（3）设置完成后，单击板层标签中的"Top Overlay"标签，将其设置为当前层。

（4）单击绘图工具栏中的"放置线条"按钮，绘制元器件封装外部轮廓线，如图 6-34 所示。

图 6-34　元器件封装外部轮廓线

（5）双击绘制完成的轮廓线，弹出轮廓线属性设置面板，如图 6-35 所示。

在该面板中，可以设置轮廓线的起始和终止坐标、线宽、所在层面等。

（6）单击绘图工具栏中的"通过边沿放置圆弧"按钮，或者选择"放置"→"圆弧（边沿）"选项，绘制圆弧，如图 6-36 所示。

（7）绘制完成后，双击该圆弧，弹出圆弧属性设置面板，如图 6-37 所示。

在此面板中可以设置圆弧的起始角和终止角、线宽、圆弧所在的圆心坐标及圆弧所在层面等。

（8）单击绘制工具栏中的"放置焊盘"按钮，或者选择"放置"→"焊盘"选项后，指针变成十字形状，并进入绘制焊盘状态。移动指针到合适位置，单击放置焊盘，在图纸上放置 20 个焊盘，如图 6-38 所示。

（9）双击需要设置属性的焊盘，弹出焊盘属性设置面板，如图 6-39 所示。

图 6-35　轮廓线属性设置面板

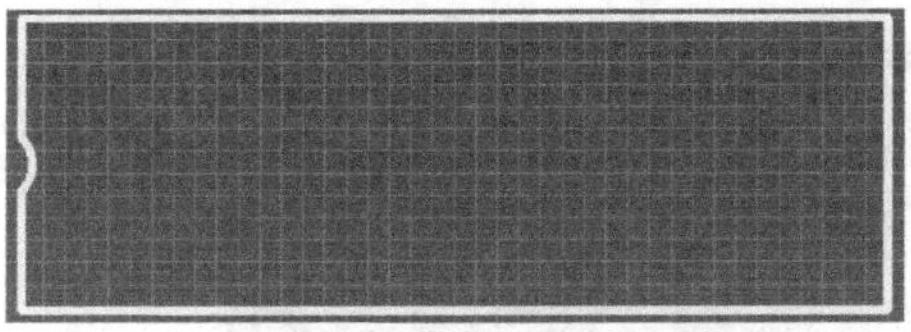

图 6-36 绘制圆弧

图 6-37 圆弧属性设置面板

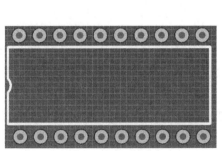

图 6-38 放置焊盘

图 6-39 焊盘属性设置面板

在该面板中，将第 1 个焊盘设置成正方形。选择"Size and Shape"中的"Simple"选项卡，在"Shape"下拉列表中选择"Rectangular"（矩形）即可，如图 6-40 所示。

（10）此时，手工创建元器件封装完成，该元器件封装的默认名为"PCBComponent_1"。在"PCB Library"面板中双击该元器件封装名，可在弹出的"PCB 库封装"对话框中输入新的元器件封装名，如图 6-41 所示。

创建完成的 GMS97C2051 封装图如图 6-42 所示。

图 6-40　选择"Rectangular"选项

图 6-41　设置元器件封装名

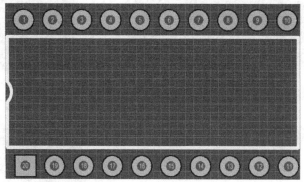

图 6-42　创建完成的 GMS97C2051 封装图

6.5　集成元器件库的创建

对于用户自己创建的元器件库，要么是扩展名为.SchLib 的元器件原理图符号文件，要么是扩展名为.PcbLib 的封装库文件，这样使用起来极不方便。Altium Designer 20 提供了集成库形式的文件，能将原理图库和与其对应的模型库文件如 PCB 元器件封装库模型、信号完整性分析模型等集成在一起。

下面我们以前面创建的"My GMS97C2051.SchLib"和"My GMS97C2051.PcbLib"为例，讲述如何创建集成元器件库。

创建集成元器件库的具体步骤如下。

（1）选择"文件"→"新的"→"库"→"集成库"选项，创建一个元器件集成库。新创建的集成库默认名为"Integrated_Library.LibPkg"，如图 6-43 所示。

（2）选择"文件"→"保存工程"选项，保存该文件，并将其重命名为"My GMS97C2051.LibPkg"。

（3）向集成库文件中添加原理图符号。选择"项目"→"添加已有文档到工程"选项，或者右击"My GMS97C2051.LibPkg"，在弹出的快捷菜单中选择"添加已有文档到工程"选项，弹出选择文件对话框，如图 6-44 所示。

图 6-43　新创建的集成库文件

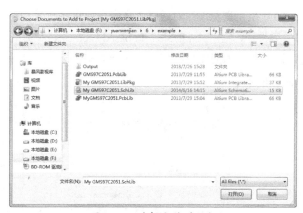

图 6-44　选择文件对话框

选择要添加的原理图符号库文件，单击"打开"按钮，即可将原理图符号库文件添加到集成库文件中，如图 6-45 所示。

（4）在"Projects"面板中双击"My GMS97C2051.SchLib"文件，打开原理图符号库文件，进入原理图符号编辑环境。

（5）在"SCH Library"面板中选择一个原理图符号，单击下拉按钮，在弹出的下拉列表中选择"Footprint"选项，如图 6-46 所示，弹出"PCB 模型"对话框，如图 6-47 所示。单击"名称"文本框右侧的"浏览"按钮，弹出"浏览库"对话框，如图 6-48 所示。

图 6-45　将原理图符号库文件添加到集成库

图 6-46　添加元器件封装

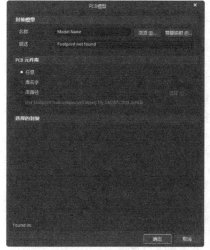

图 6-47　"PCB 模型"对话框

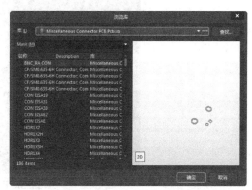

图 6-48　"浏览库"对话框

（6）在"浏览库"对话框中选择与原理图符号相对应的元器件封装。单击"库"下拉列表右侧的███按钮，弹出"Available File-based Libraries"对话框，可看到已添加"My GMS97C2051.SchLib"文件，单击"添加库"按钮，弹出"打开"对话框，选择"MyGMS97C2051.PcbLib"文件，如图 6-49 所示。

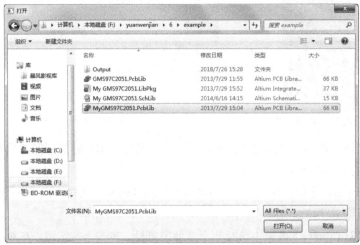

图 6-49 "打开"对话框

（7）单击"打开"按钮，弹出"Available File-based Libraries"对话框，如图 6-50 所示，单击"关闭"按钮关闭对话框。返回"浏览库"对话框，显示原理图对应的封装模型，如图 6-51 所示。选中"DIP20"，单击"确定"按钮，返回"PCB 模型"对话框，如图 6-52 所示，显示添加结果。单击"确定"按钮，完成封装模型的添加，如图 6-53 所示。采用同样的方法为原理图库文件中的其他元器件原理图符号添加一个封装。在此例中，库文件中只有一个原理图符号需要添加封装。

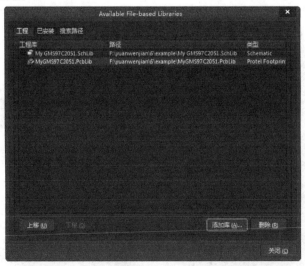

图 6-50 "Available File-based Libraries" 对话框

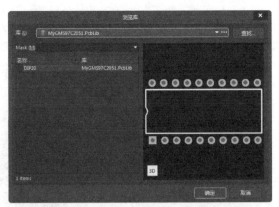

图 6-51　"浏览库"对话框

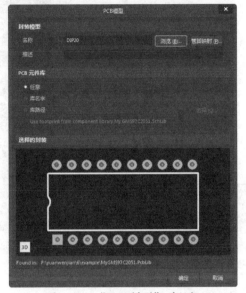

图 6-52　"PCB 模型"对话框

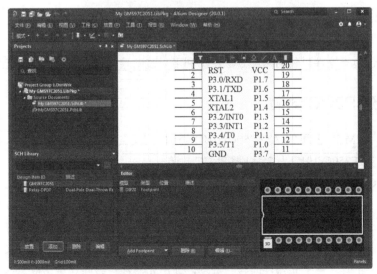

图 6-53　封装模型添加的结果

（8）添加完成后，选择"工程"→"Compile Integrated Library My GMS97C2051.LibPkg"（编译集成库文件）选项，编译集成库文件，此时系统弹出编译确认对话框，如图6-54所示。

单击"OK"按钮，集成库创建完成，此时在"Properties"面板中将显示新创建的集成库，如图6-55所示。

图 6-54　编译确认对话框　　　　　　　图 6-55　新创建的集成库

6.6　上机实例

本节练习创建元器件封装的两种方法：①利用封装向导创建；②手动绘制元器件的封装。

6.6.1　创建 PLCC 封装

本节将以 ATMEL 公司的 ATF750C-10JC 为例，利用封装向导创建一个封装元器件，ATF750C-10JC 为 28 引脚 PLCC 封装。

创建 PLCC 封装

创建 PLCC 封装的具体步骤如下。

（1）选择"文件"→"新的"→"库"→"PCB 元件库"选项，进入 PCB 库文件编辑环境，在"Projects"面板中新建一个默认名为"PcbLib1.PcbLib"的 PCB 库文件。

（2）选择"文件"→"另存为"选项，将新建的库文件命名为"F750C-10JC.PcbLib"。

（3）选择"工具"→"元器件向导"选项，弹出元器件封装向导对话框。

（4）单击"Next"按钮，进入元器件封装模型选择界面，如图6-56所示。在此界面中选择

"Leadless Chip Carriers（LCC）"选项。

（5）单击"Next"按钮，进入焊盘尺寸设置界面，如图 6-57 所示。在此界面中可以设置焊盘的长度和宽度。

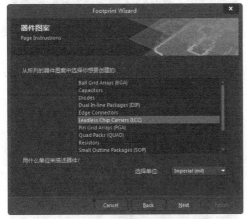

图 6-56　元器件封装模型选择界面

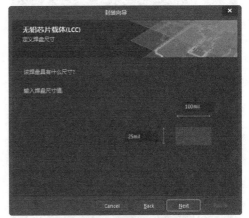

图 6-57　焊盘尺寸设置界面

（6）设置完成后，单击"Next"按钮，进入焊盘形状设置界面，如图 6-58 所示。在此界面中设置所有焊盘的形状都为长方形。

（7）设置完成后，单击"Next"按钮，进入封装轮廓线宽度设置界面，如图 6-59 所示。这里采用系统的默认设置 10mil。

图 6-58　焊盘形状设置界面

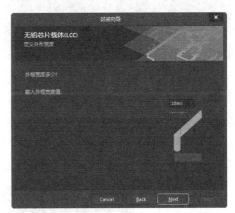

图 6-59　封装轮廓线宽度设置界面

（8）设置完成后，单击"Next"按钮，进入焊盘间距设置界面，如图 6-60 所示，根据元器件的实际尺寸进行设置。

（9）设置完成后，单击"Next"按钮，进入引脚顺序设置界面，如图 6-61 所示。在此界面中可以设置第一个引脚的位置及引脚的排列顺序，这里我们选择最上面一行的中间引脚为第一引脚，引脚排列顺序为逆时针方向。

（10）设置完成后，单击"Next"按钮，进入元器件引脚数设置界面，如图 6-62 所示。这里设置 X 方向上为 7 个引脚，Y 方向上也为 7 个引脚。

（11）设置完成后，单击"Next"按钮，进入元器件封装名称设置界面，如图 6-63 所示。在"该 LCC 的名称是"文本框中输入创建的元器件封装名称。

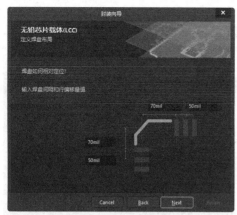

图 6-60　焊盘间距设置界面

图 6-61　引脚顺序设置界面

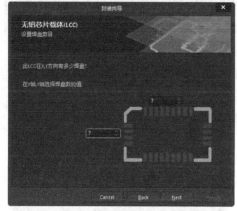

图 6-62　元器件引脚数设置界面

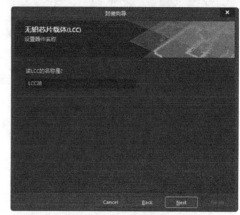

图 6-63　元器件封装名设置界面

（12）设置完成后，单击"Next"按钮，进入封装创建完成确认界面。单击"Finish"按钮，完成封装的创建。

封装创建完成后，该元器件的封装名将在"PCB Library"面板的元器件封装列表栏中显示出来，如图 6-64 所示，同时在库文件编辑区也将显示新设计的元器件封装。

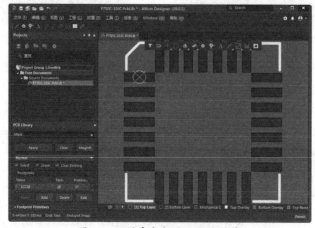

图 6-64　创建完成的元器件封装

6.6.2　创建元器件封装

下面以第 3 章的变压器元器件为例，创建 4 引脚封装文件，介绍手工创建元器件封装的方法。

手工创建元器件封装的具体步骤如下。

（1）选择"文件"→"新的"→"库"→"PCB 元件库"选项，创建一个 PCB 库文件，并命名为"My Transformer.PcbLib"，进入 PCB 库文件编辑环境。

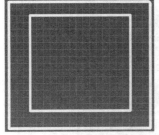

图 6-65　绘制两个封闭的矩形

（2）设置完成后，单击板层标签中的"Top Overlay"标签，将其设置为当前层。

（3）单击"PCB 库放置"工具栏中的"放置线条"按钮，绘制两个封闭的矩形，如图 6-65 所示。

（4）双击绘制完成的轮廓线，弹出轮廓线属性设置面板，如图 6-66 所示。

在该面板中，可以设置轮廓线的起始和终止坐标、线宽、所在层面等。

（5）单击"PCB 库放置"工具栏中的"放置焊盘"按钮，或者选择"放置"→"焊盘"选项后，指针变成十字形状，进入绘制焊盘状态。移动指针到合适位置，单击放置焊盘，在图纸上放置 4 个焊盘，如图 6-67 所示。

图 6-66　轮廓线属性设置面板

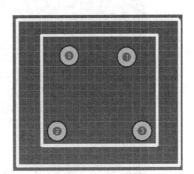

图 6-67　放置焊盘

（6）双击需要设置属性的焊盘，弹出焊盘属性设置面板，在"Properties"选项组的"Designator"文本框中输入对应标识符，如图 6-68 所示。分别修改 4 个焊盘，结果如图 6-69 所示。

图 6-68　焊盘属性设置面板

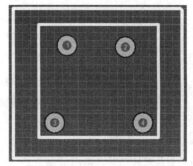

图 6-69　焊盘属性设置结果

（7）此时，手工创建元器件封装完成，该元器件封装的默认名为"PCBComponent_1"。在"PCB Library"面板中双击该元器件封装名，在弹出的"PCB 库封装"对话框中输入新的元器件封装名，如图 6-70 所示。创建完成的"My Transformer.PcbLib"封装图如图 6-71 所示。

图 6-70　设置元器件封装名

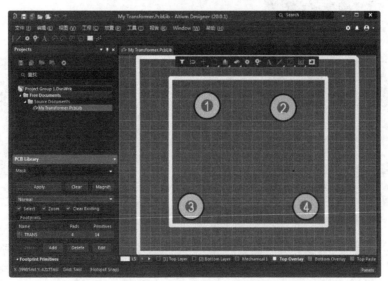

图 6-71　创建完成的"My Transformer.PcbLib"封装图

6.6.3　创建变压器集成库

本例利用第 3 章的变压器原理图库元器件及 PCB 库文件生成集成库文件，熟练掌握绘制技巧。

创建变压器集成库的具体步骤如下。

（1）选择"文件"→"新的"→"库"→"集成库"选项，创建一个元器件集成库。新创建的集成库默认名为"Integrated Library.LibPkg"。

（2）选择"文件"→"保存工程"选项，保存该文件，并将其重命名为"My Transformer.LibPkg"。

（3）选择"项目"→"添加已有文档到工程"选项，或者右击"My Transformer.LibPkg"，在弹出的快捷菜单中选择"添加已有文档到工程"选项，弹出选择文件对话框，如图 6-72 所示。

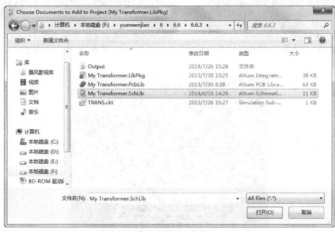

图 6-72　选择文件对话框

选择要添加的原理图符号库文件，单击"打开"按钮，即可将原理图符号库文件添加到集成库文件中。

（4）使用同样的方法将 PCB 库文件"My Transformer.PcbLib""TRANS.ckt"添加到集成库中，如图 6-73 所示。

（5）在"Projects"面板中双击"My Transformer.SchLib"文件，打开原理图符号库文件，进入原理图符号编辑环境。

（6）打开"Properties"面板，在"Footprint"选项组中单击"Add"按钮，弹出"PCB 模型"对话框，如图 6-74 所示。单击"名称"文本框右侧的"浏览"按钮，弹出"浏览库"对话框，如图 6-75 所示。

选中"Trans"，单击"确定"按钮，返回"PCB 模型"对话框，如图 6-76 所示，单击"确定"按钮，添加封装模型的结果如图 6-77 所示。

图 6-73　原理图符号库文件添加到集成库

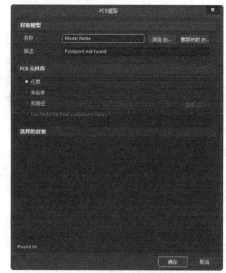

图 6-74　单击"浏览"按钮

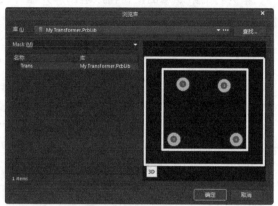

图 6-75　"浏览库"对话框

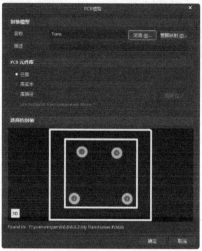

图 6-76　"PCB 模型"对话框

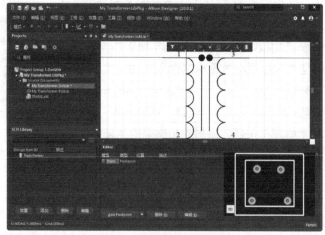

图 6-77　添加封装模型的结果

（7）单击下拉按钮，在弹出的下拉列表中选择"Simulation"（仿真）选项，如图 6-78 所示，弹出仿真模型设置对话框，如图 6-79 所示。

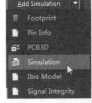

图 6-78　添加仿真封装

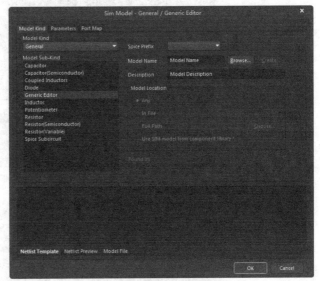

图 6-79　仿真模型设置对话框 1

（8）选择"Parameter"选项卡，无参数，如图 6-80 所示。选择"Model Kind"（模型种类）选项卡，单击"Model Name"（模型名称）文本框右侧的"Browse"按钮，弹出"浏览库"对话框，如图 6-81 所示。

选中"TRANS.ckt"，单击"确定"按钮，返回仿真模型设置对话框，如图 6-82 所示，选择"Parameter"选项卡，观察参数添加的结果，如图 6-83 所示。

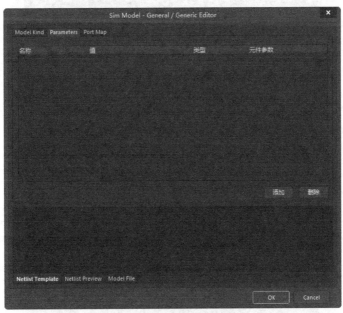

图 6-80　"Parameter"选项卡 1

图 6-81　"浏览库"对话框

图 6-82　仿真模型设置对话框 2

图 6-83　"Parameter"选项卡 2

单击"OK"按钮，退出对话框，在窗口中显示模型添加结果，如图 6-84 所示。

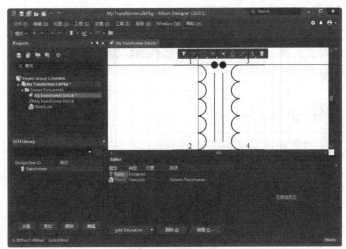

图 6-84 模型添加结果

若有其他模型需添加，可采用同样的方法，本例只添加此两种模型。

（9）选择"工程"→"Compile Integrated Library My Transformer.LibPkg"选项，编译集成库文件，此时系统弹出编译确认对话框，如图 6-85 所示。单击"OK"按钮，集成库创建完成，此时弹出如图 6-86 所示的"Properties"面板，可在其中看到新创建的集成库。

图 6-85 编译确认对话框

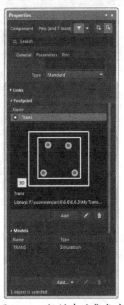

图 6-86 新创建的集成库

6.7 本章小结

本章针对元器件的封装，首先介绍了几种常见元器件的封装形式和特点。在此基础上，介绍了封装库文件的创建及封装编辑环境，最后介绍了如何创建元器件封装，并通过实例讲述了创建元器件封装的具体步骤。

创建元器件封装有两种方法：一种是利用封装向导创建，这种方法比较简单，但是只能创建 12 种标准的封装形式；另一种是手动绘制元器件的封装。

6.8　课后思考与练习

（1）简述如何创建并保存一个元器件封装库文件。

（2）分别利用封装向导和手工创建一个 SOP24 的元器件封装，如图 6-87 所示。

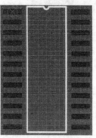

图 6-87　SOP24 元器件封装

提示：

利用向导创建封装时，元器件图案选择设置如图 6-88 所示。

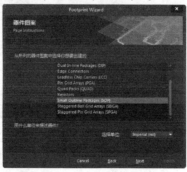

图 6-88　元器件图案选择

（3）结合前面的内容，建立一个原理图库文件，并绘制元器件原理图符号，如图 6-89 所示。

（4）利用前面创建的两个库文件，创建一个集成库文件。

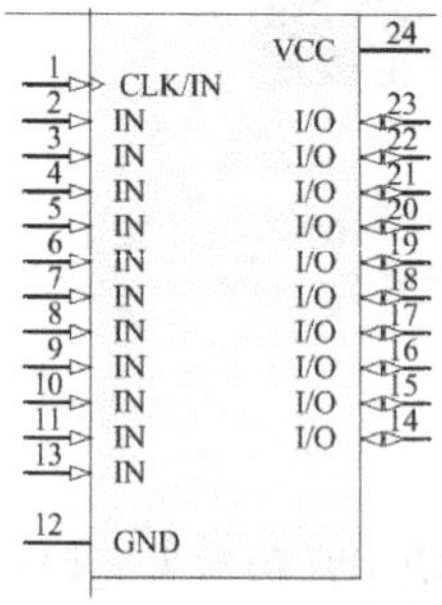

图 6-89　ATF750C-10SC 原理图符号

第7章　印制电路板的设计

PCB 的设计是电路设计工作中最关键的阶段，只有真正完成 PCB 的设计才能进行实际电路的设计。因此，PCB 的设计是每一个电路设计者必须掌握的技能。

本章将主要介绍 PCB 设计的一些基本概念，以及 PCB 的设计方法和步骤等。通过本章的学习，用户应能够掌握电路板设计的过程。

知识重点

➢ PCB 的设计基础
➢ PCB 的编辑环境
➢ 使用菜单命令创建 PCB 文件
➢ PCB 的视图操作管理
➢ PCB 编辑器的编辑功能
➢ PCB 的设计规则
➢ PCB 图的绘制
➢ 在 PCB 编辑器中导入网络报表
➢ 元器件的布局
➢ 3D 效果图
➢ PCB 的布线
➢ 建立覆铜、补泪滴及包地
➢ 距离的测量
➢ PCB 的输出

7.1　PCB 的设计基础

在设计之前，首先介绍一些有关 PCB 的基础知识，以便用户能更好地理解和掌握 PCB 的设计过程。

7.1.1　PCB 的概念

PCB 是指以绝缘覆铜板为材料，经过印制、腐蚀、钻孔及后处理等工序，在覆铜板上刻蚀出 PCB 图上的导线，将电路中的各种元器件固定并实现各元器件之间的电气连接，使其具有某种功能。随着电子设备的飞速发展，PCB 越来越复杂，上面的元器件越来越多，功能也越来越强大。

PCB 根据导电层数的不同，可以分为单面板、双面板和多层板 3 种。

（1）单面板：单面板只有一面覆铜，另一面用于放置元器件，因此只能利用敷了铜的一面设计电路导线和元器件的焊接。单面板结构简单、价格低廉，适用于相对简单的电路设计。对于复杂的电路，由于只能单面走线，因此布线比较困难。

（2）双面板：双面板是一种双面都覆有铜的电路板，分为顶层（Top Layer）和底层（Bottom Layer）。双面都可以布线焊接，中间为一层绝缘层，元器件通常放置在顶层。由于双面都可以走线，因此在双面板上可以设计比较复杂的电路。它是目前使用最广泛的 PCB 结构。

（3）多层板：如果在双面板的顶层和底层之间加上别的层，如信号层、电源层或接地层，即构成了多层板。通常的 PCB 包括顶层、底层和中间层，层与层之间是绝缘的，用于隔离布线，两层之间的连接是通过过孔实现的。一般的电路系统设计用双面板和 4 层板即可满足设计需要，只是在较高级电路设计中，或者有特殊要求时，如对抗高频干扰要求很高的情况下使用 6 层或 6 层以上的多层板。多层板制作工艺复杂，层数越多，设计时间越长，成本也越高。随着电子技术的发展，电子产品越来越小巧精密，对电路板的面积要求也越来越小，因此目前多层板的应用也日益广泛。

下面介绍几个 PCB 中常用的概念。

1．元器件封装

元器件的封装是 PCB 设计中非常重要的概念。元器件的封装就是实际元器件焊接到 PCB 时的焊接位置与焊接形状，包括了实际元器件的外形尺寸、空间位置、各引脚之间的间距等。元器件封装是一个空间的概念，不同的元器件可以有相同的封装，同样一种封装可以用于不同的元器件。因此，在制作电路板时必须知道元器件的名称，同时也要知道该元器件的封装形式。

2．过孔

过孔是用来连接不同板层之间导线的孔。过孔内侧一般由焊锡连通，用于元器件引脚的插入。过孔可分为 3 种类型：通孔、盲孔和隐孔。从顶层直接通到底层，贯穿整个 PCB 的过孔称为通孔；只从顶层或底层通到某一层，并没有穿透所有层的过孔称为盲孔；只在中间层之间相互连接，没有穿透底层或顶层的过孔称为隐孔。

3．焊盘

焊盘主要用于将元器件引脚焊接固定在 PCB 上并将引脚与 PCB 上的铜膜导线连接起来，以实现电气连接。通常焊盘有 3 种形状，即圆形、矩形和正八边形，如图 7-1 所示。

（a）圆形　　（b）矩形　　（c）正八边形

图 7-1　焊盘

4．铜膜导线和飞线

铜膜导线是 PCB 上的实际走线，用于连接各个元器件的焊盘。它不同于 PCB 布线过程中的飞线。所谓飞线，又称预拉线，是系统在装入网络报表以后，自动生成的不同元器件之间错综交叉的线。

铜膜导线与飞线的本质区别在于，铜膜导线具有电气连接特性，而飞线则不具有。飞线只是一种形式上的连线，只是在形式上表示出各个焊盘之间的连接关系，没有实际电气连接的意义。

7.1.2　PCB 的设计流程

要想制作一块实际的电路板，首先要了解 PCB 的设计流程。PCB 的设计流程如图 7-2 所示。

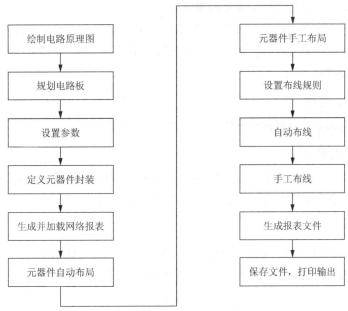

图 7-2　PCB 的设计流程

1．绘制电路原理图

电路原理图是设计 PCB 的基础，主要在电路原理图的编辑环境中完成。如果电路图很简单，也可以不用绘制原理图，直接进入 PCB 电路设计。

2．规划电路板

PCB 是一个实实在在的电路板，其规划包括电路板的规格、功能、工作环境等诸多因素，因此在绘制电路板之前，用户应该对电路板有一个总体的规划，具体包括确定电路板的物理尺寸、元器件的封装、采用几层板及各元器件的摆放位置等。

3．设置参数

主要是设置电路板的结构及尺寸、板层参数、通孔的类型、网格大小等。

4．定义元器件封装

原理图绘制完成后，正确加入网络报表，系统会自动为大多数元器件提供封装。但是对于用户自己设计的元器件或是某些特殊元器件必须由用户自己创建或修改元器件的封装。

5．生成并加载网络报表

网络报表是连接电路原理图和 PCB 设计的桥梁，是电路板自动布线的"灵魂"。只有将网络报表装入 PCB 系统后，才能进行电路板的自动布线。在设计好的 PCB 上生成网络报表和加载网络报表，必须保证产生的网络报表已没有任何错误，其所有元器件都能够加载到 PCB 中。加载网络报表后，系统将产生一个内部的网络报表，形成飞线。

6．元器件自动布局

元器件自动布局是指由电路原理图根据网络报表转换成 PCB 图的过程。对于电路板上元器件较多且比较复杂的情况，可以采用自动布局。由于一般元器件自动布局不是很规则，甚至有的相互重叠，因此必须手动调整元器件的布局。

元器件布局的合理性将影响布线的质量。对于单面板设计，如果元器件布局不合理将无法完成布线操作；而对于双面板或多层板，如果元器件布局不合理，布线时将会放置很多过孔，使电路板走线变得很复杂。

7．元器件手工布局

对于那些自动布局不合理的元器件，可以进行手工调整。

8．设置布线规则

飞线设置好后，在实际布线之前，要进行布线规则的设置，这是 PCB 设计所必需的一步。在这里用户要设置布线的各种规则，如安全距离、导线宽度等。

9．自动布线

Altium Designer 20 提供了强大的自动布线功能，在设置好布线规则之后，可以利用系统提供的自动布线功能进行自动布线。只要设置的布线规则正确、元器件布局合理，一般可以成功完成自动布线。

10．手工布线

在自动布线结束后，有可能因为元器件布局，自动布线无法完全解决问题或产生布线冲突，此时就需要进行手工布线加以调整。如果自动布线完全成功，则可以不必手工布线。另外，对于一些有特殊要求的电路板，不能采用自动布线，必须由用户手工布线来完成设计。

11．生成报表文件

PCB 布线完成之后，可以生成相应的各种报表文件，如元器件报表清单、电路板信息报表等。这些报表可以帮助用户更好地了解所设计的 PCB 和管理所使用的元器件。

12．保存文件，打印输出

生成了各种报表文件后，可以将其打印输出保存，以便在今后工作中使用，包括 PCB 文件和其他报表文件均可打印。

7.1.3 PCB 设计的基本原则

PCB 中元器件的布局、走线的质量，对电路板的抗干扰能力和稳定性有很大的影响，所以在设计电路板时应遵循 PCB 设计的基本原则。

1．元器件布局

元器件布局不仅影响电路板的美观，还影响电路的性能。在进行元器件布局时，应注意以下几点。

（1）按照关键元器件进行布局，即首先布置关键元器件，如单片机、DSP、存储器等，然后按照地址线和数据线的走向布置其他元器件。

（2）从高频元器件引脚引出的导线应尽量短些，以减少对其他元器件及电路的影响。

（3）模拟电路模块与数字电路模块分开布置，不要混乱地放置在一起。

（4）带强电的元器件与其他元器件的距离尽量远一些，并布置在调试时不易接触到的地方。

（5）对于质量较大的元器件，安装到电路板上时要加一个支架固定，以防止元器件脱落。

（6）对于一些发热严重的元器件，可以安装散热片。

（7）电位器、可变电容等元器件应放置在便于调试的地方。

2．布线

在布线时，应遵循以下基本原则。

（1）输入端与输出端导线应尽量避免平行布线，以免发生反馈耦合。

（2）导线应尽量宽些，最好取 15mil 以上，最小不能小于 10mil。

（3）导线间的最小间距是由线间绝缘电阻和击穿电压决定的，在条件允许的范围内尽量大一些，一般不能小于 12mil。

（4）微处理器芯片的数据线和地址线尽量平行布线。

（5）布线时走线尽量少拐弯，若需要拐弯，一般取 45°走向或圆弧形。在高频电路中，拐弯时不能取直角或锐角，以防止高频信号在导线拐弯时发生信号反射。

（6）在条件允许的范围内，尽量使电源线和接地线粗一些。

7.2　PCB 的编辑环境

7.2.1　启动 PCB 编辑环境

在 Altium Designer 20 系统中，打开一个 PCB 文件后，即可进入 PCB 的编辑环境。

选择"文件"→"打开"选项，在弹出的对话框中选择一个 PCB 文件，如图 7-3 所示。

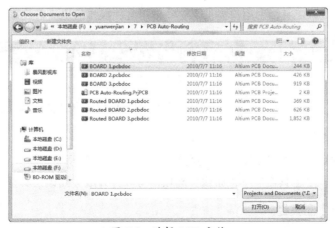

图 7-3　选择 PCB 文件

单击"打开"按钮，打开一个 PCB 文件，并进入 PCB 编辑环境，如图 7-4 所示。

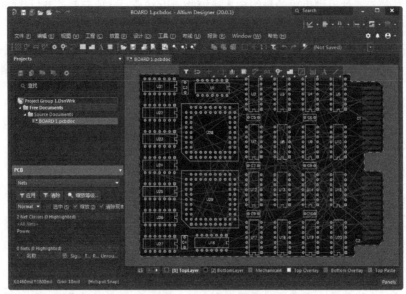

图 7-4　PCB 编辑环境

7.2.2　PCB 编辑环境界面介绍

1. 主菜单

PCB 编辑环境中的主菜单与电路原理图编辑环境中的主菜单风格类似，不同的是提供了许多用于 PCB 编辑操作的功能选项，如图 7-5 所示。在 PCB 设计过程中，各项操作都可以通过主菜单中的相应命令来完成。对于主菜单中的各项具体命令将在以后用到的地方进行详细讲解。

图 7-5　PCB 编辑环境中的主菜单

2. "PCB 标准"工具栏

如图 7-6 所示，该工具栏为用户提供了一些常用文件操作的快捷方式。

图 7-6　"PCB 标准"工具栏

选择"视图"→"工具栏"→"PCB 标准"选项，可以打开或关闭该工具栏。

3. "布线"工具栏

该工具栏主要用于 PCB 布线时放置各种图元，如图 7-7 所示。

选择"视图"→"工具栏"→"布线"选项，可以打开或关闭该工具栏。

4. "应用工具"工具栏

该工具栏中包括 6 个按钮，每个按钮都有一个下拉列表，如图 7-8 所示。

图 7-7　"布线"工具栏　　　　图 7-8　"应用工具"工具栏

执行菜单命令"视图"→"工具栏"→"应用工具",可以打开或关闭该工具栏。

5."过滤器"工具栏

该工具栏可以根据网络、元器件号或元器件属性等过滤参数,使符合条件的图元在编辑区内高亮显示,不符合条件的部分则变暗,如图 7-9 所示。

选择"视图"→"工具栏"→"过滤器"选项,可以打开或关闭该工具栏。

6."导航"工具栏

该工具栏主要用于实现不同界面之间的快速切换,如图 7-10 所示。

选择"视图"→"工具栏"→"导航"选项,可以打开或关闭该工具栏。

图 7-9　"过滤器"工具栏　　　　　　图 7-10　"导航"工具栏

7. 层次标签

单击层次标签页,可以显示不同的层次图纸,如图 7-11 所示。每层的元器件和走线都用不同颜色加以区分,便于对多层次电路板进行设计。

图 7-11　层次标签

7.2.3　PCB 面板

单击编辑区右下角的"Panels"按钮,在弹出的列表中选择"PCB"选项,弹出"PCB"面板,如图 7-12 所示。

单击"Nets"下拉按钮,在弹出的下拉列表中可以为面板模式选择参数,如图 7-13 所示。若选择前 3 种则进入浏览模式,若选择中间 3 种则进入相应的编辑器中。

下面的"Net Classes""Nets""Primitives"选项组,显示的是符合它前面选项的内容。

最下面为取景框,取景框可以任意移动,也可以放大缩小。它显示了当前编辑区内的图形在 PCB 上所处的位置。

(1)Mask(屏蔽查询):若选择该选项,则符合参数的图元将高亮显示,其他部分则变暗。过滤掉的图元不能被选择编辑,该选项在 From-To 编辑器中不能使用。

(2)选中:若选中该复选框,则图元在高亮显示的同时被选中。该复选框在 From-To 编辑器中也不能使用。

(3)缩放:该复选框主要用于决定编辑区内的取景是否随着选中的图元区域的大小进行缩放,从而使选中的图元充满整个编辑区。

（4）应用：该按钮用于在更改参数或复选框后，单击刷新显示。

（5）清除：该按钮用于清除选中的图元，使其退出高亮显示状态。

图 7-12　"PCB" 面板

图 7-13　选择参数下拉列表

7.3　使用菜单命令创建 PCB 文件

除了通过 PCB 向导创建 PCB 文件，用户还可以使用菜单命令创建 PCB 文件。

首先创建一个空白的 PCB 文件，然后设置 PCB 的各项参数。

选择"文件"→"新的"→"PCB"选项，或者选择"工程"→"添加新的...到工程"→"PCB"选项，即可进入 PCB 编辑环境中。此时 PCB 文件没有设置参数，用户需要对该文件的各项参数进行设置。

7.3.1　设置 PCB 层

Altium Designer 20 提供了一个图层堆栈管理器对各种板层进行设置和管理，在图层堆栈管理器中，可以添加、删除、移动工作层面等。

电路板层的具体设置步骤如下。

（1）选择"设计"→"层叠管理器"选项，系统将打开扩展名为.PcbDoc 的文件，如图 7-14 所示。在该对话框中可以增加层、删除层、移动层所处的位置，以及对各层的属性进行编辑。

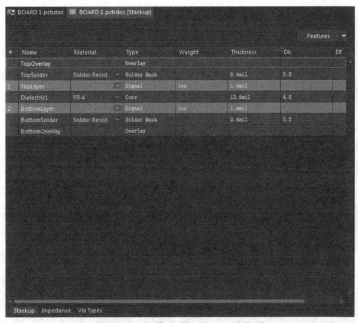

图 7-14 扩展名为.PcbDoc 的文件

（2）该文件显示了当前 PCB 图的层结构。默认的设置为双层板，即只包括 Top Layer（顶层）和 Bottom Layer（底层）两层。右击某一个层，弹出的快捷菜单如图 7-15 所示，用户可以通过快捷菜单实现插入、删除或移动新的层等操作。

（3）双击某一层的名称可以直接修改该层的属性，对该层的名称及厚度进行设置。

（4）PCB 设计中最多可添加 32 个信号层、26 个电源层和地线层。各层的显示与否可在"View Configuration"（视图配置）面板中进行设置，选中各层中的"显示"按钮即可。

图 7-15 快捷菜单

（5）电路板的层叠结构中不仅包括拥有电气特性的信号层，还包括无电气特性的绝缘层，两种典型的绝缘层主要是指"Core"（填充层）和"Prepreg"（塑料层）。

层的堆叠类型主要是指绝缘层在电路板中的排列顺序，默认的 3 种堆叠类型包括 Layer Pairs（Core 层和 Prepreg 层自上而下间隔排列）、Internal Layer Pairs（Prepreg 层和 Core 层自上而下间隔排列）和 Build-up（顶层和底层为 Core 层，中间全部为 Prepreg 层）。改变层的堆叠类型将会改变 Core 层和 Prepreg 层在层栈中的分布，只有在进行信号完整性分析需要用到盲孔或深埋过孔时才需要进行层的堆叠类型的设置。

7.3.2 设置工作层面的颜色

工作层面颜色设置对话框用于设置 PCB 层的颜色，用户可以根据个人习惯进行设置，并且可以决定该层是否在编辑器内显示出来。

图 7-16　"View Configuration" 面板

1. 打开 "View Configuration" 面板

在界面右下角单击 "Panels" 按钮，在弹出的列表中选择 "View Configuration" 选项，弹出 "View Configuration" 面板，如图 7-16 所示，该面板包括电路板层颜色设置和系统默认颜色的显示两部分。

2. 设置对应层面的显示与颜色

"Layers" 选项组用于设置对应层面和系统的显示颜色。

（1）"显示" 按钮 ◉ 用于设置此层是否在 PCB 编辑器内显示。不同位置的 "显示" 按钮 ◉ 可启用/禁用的层不同。

① 每个层组中可启用或禁用一个层、多个层或所有层，如图 7-17 所示，启用/禁用了全部的 Component Layers。

图 7-17　启用/禁用了全部的 Component Layers

② 启用/禁用整个层组，如图 7-18 所示，启用/禁用了所有的 Top Layers。

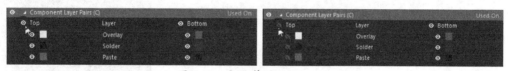

图 7-18　启用/禁用 Top Layers

③ 启用/禁用每个组中的单个条目，如图 7-19 所示，突出显示的个别条目已被禁用。

图 7-19　启用/禁用单个条目

（2）如果要修改某层的颜色或系统的颜色，单击其对应的颜色框，即可在弹出的选择颜色列表中进行修改，如图 7-20 所示。

（3）在 "Layer Sets"（层设置）下拉列表中，有 "All Layers"（所有层）、"Signal Layers"（信号层）、"Plane Layers"（平面层）、"NonSignal Layers"（非信号层）、"Mechanical Layers"（机械层）选项。"All Layers" 选项决定了在板层和颜色面板中是显示全部的层面，还是只显示图层堆栈中设置的有效层面。一般地，为使面板简洁明了，默认选择 "All Layers" 选项，只显示有效层面，对未用层面可以忽略其颜色设置。

图 7-20　选择颜色列表

单击 "Used On"（打开使用的层）按钮，即可选中该层的 "显示" 按钮 ◉，清除其余所有层的选中状态。

3. 显示系统的颜色

在"System Color"（系统颜色）选项组中可以对系统的两种类型可视格点的显示或隐藏进行设置，还可以对不同的系统对象进行设置。

7.3.3 设置环境参数

在设计 PCB 之前，除了要设置电路板的板层参数，还需要设置环境参数。

选择"工具"→"优先选项"选项，或者在 PCB 图纸编辑区内右击，在弹出的快捷菜单中选择"原理图优选项"选项，弹出"优选项"对话框，如图 7-21 所示，可在该对话框内进行设置。

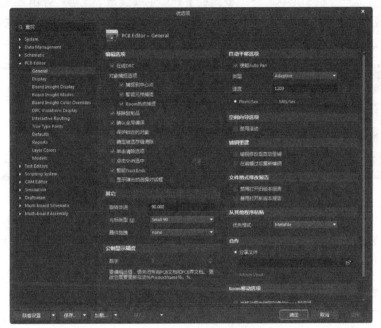

图 7-21 "优选项"对话框

7.3.4 设定 PCB 边界

PCB 边界设定包括 PCB 物理边界设定和电气边界设定两个方面。物理边界用来界定 PCB 的外部形状，而电气边界用来界定元器件放置和布线的区域范围。

1. 设定物理边界

选择"设计"→"板子形状"选项，弹出 PCB 形状设定菜单命令，如图 7-22 所示。

（1）按照选择对象定义：在机械层或其他层利用线条或圆弧定义一个内嵌的边界，以新建对象为参考重新定义板形，具体操作步骤如下。

图 7-22 PCB 形状设定菜单命令

① 选择"放置"→"圆弧"选项，在电路板上绘制一个圆，如图 7-23 所示。

② 选中刚才绘制的圆，选择"设计"→"板子形状"→"按照选择对象定义"选项，电路

板将变成圆形，如图 7-24 所示。

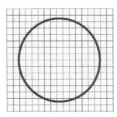

图 7-23　绘制一个圆

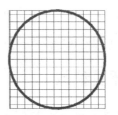

图 7-24　改变后的板形

（2）根据板子外形生成线条：在机械层或其他层将板子边界转换为线条。具体操作方法如下：选择"设计"→"板子形状"→"根据板子外形生成线条"选项，弹出"从板外形而来的线/弧原始数据"对话框，如图 7-25 所示。按照需要设置参数，单击"确定"按钮，退出对话框，板边界自动转换为线条，如图 7-26 所示。

图 7-25　"从板外形而来的线/弧原始数据"对话框

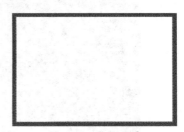

图 7-26　转换边界

重新设定了 PCB 形状以后，单击编辑区左下方的板层标签的"Mechanical1"（机械层 1）标签，将其设置为当前层。选择"放置"→"线条"选项，指针变成十字形状，沿 PCB 边界绘制一个闭合区域，即可设定 PCB 的物理边界。

2．设定电气边界

在进行 PCB 元器件自动布局和自动布线时，电气边界是必需的，它界定了元器件放置和布线的范围。

设定电气边界的步骤如下。

（1）在前面设定了物理边界的情况下，单击板层标签的"Keep out Layer"（禁止布线层）标签，将其设定为当前层。

（2）选择"放置"→"Keepout"（禁止布线）→"线径"选项，指针变成十字形状，绘制一个封闭的多边形。

（3）绘制完成后，右击退出绘制状态。

此时，PCB 的电气边界设定完成。

7.4　PCB 的视图操作管理

为了使 PCB 设计能够快速顺利地进行下去，需要对 PCB 视图进行移动、缩放等基本操作，本节将介绍一些视图操作管理的方法。

7.4.1　移动视图

在编辑区内移动视图的方法有以下几种。

（1）使用鼠标拖动编辑区边缘的水平滚动条或竖直滚动条。

（2）使用鼠标滚轮，上下滚动鼠标滚轮，视图将上下移动；若按住 Shift 键后上下滚动鼠标滚轮，视图将左右移动。

（3）在编辑区内，右击鼠标并按住不放，指针变成手形后，可以任意拖动视图。

7.4.2　放大或缩小视图

1．整张图纸的缩放

在编辑区内，对整张图纸的缩放有以下几种方式。

（1）使用菜单命令"放大"或"缩小"对整张图纸进行缩放操作。

（2）使用快捷键 Page Up（放大）和 Page Down（缩小）。利用快捷键进行缩放时，放大和缩小是以指针箭头为中心的，因此最好将指针放在合适位置上。

（3）使用鼠标滚轮，若要放大视图，则按住 Ctrl 键，上滚滚轮；若要缩小视图，则按住 Ctrl 键，下滚滚轮。

2．区域放大

1）设定区域的放大

选择"视图"→"区域"选项，或者单击"PCB 标准"工具栏中的"合适指定的区域"按钮 ，指针变成十字形状。在编辑区内需要放大的区域内单击，拖动鼠标形成一个矩形区域，如图 7-27 所示。

再次单击，则该区域被放大，如图 7-28 所示。

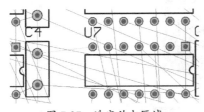

图 7-27　选定放大区域

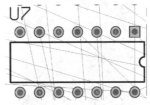

图 7-28　选定区域被放大

2）以指针为中心的区域放大

选择"视图"→"点周围"选项，指针变成十字形状。在编辑区内指定区域单击，确定放大区域的中心点，拖动鼠标，形成一个以中心点为中心的矩形，再次单击，选定的区域将被放大。

3．对象放大

对象放大分为两种：一种是选定对象的放大，另一种是过滤对象的放大。

1）选定对象的放大

在 PCB 上选中需要放大的对象，选择"视图"→"被选中的对象"选项，或者单击"PCB

标准"工具栏中的"合适选择的对象"按钮，则所选对象被放大，如图 7-29 所示。

2）过滤对象的放大

在"过滤器"工具栏中选择一个对象后，选择"视图"→"过滤的对象"选项，或者单击"PCB标准"工具栏中的"适合过滤的对象"按钮，且该对象处于高亮显示状态，如图 7-30 所示。

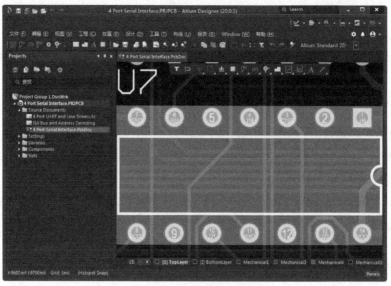

图 7-29　所选对象被放大

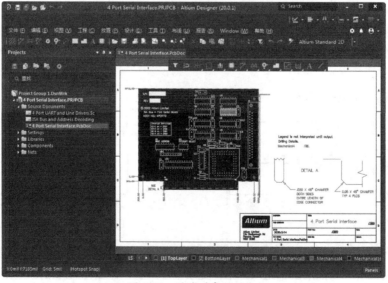

图 7-30　过滤对象被放大

7.4.3　整体显示

1. 显示整个 PCB 图文件

选择"视图"→"适合文件"选项，或者单击"PCB 标准"工具栏中的按钮，系统显示整个 PCB 图文件，如图 7-31 所示。

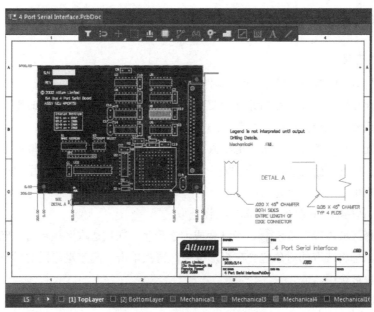

图 7-31 显示整个 PCB 图文件

2. 显示整个 PCB

选择"视图"→"合适板子"选项，系统显示整个 PCB，如图 7-32 所示。

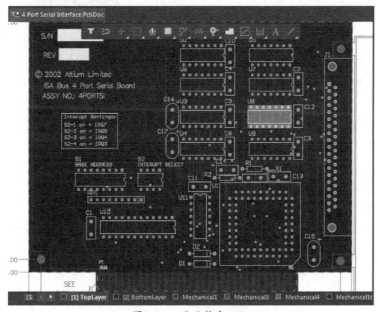

图 7-32 显示整个 PCB

7.5 PCB 编辑器的编辑功能

PCB 编辑器的编辑功能包括对象的选取、取消选取、移动、删除、复制、粘贴、翻转及对齐等，利用这些功能，我们可以很方便地对 PCB 图进行修改和调整。下面将介绍这些功能。

7.5.1　选取和取消选取对象

1．对象的选取

1）使用鼠标直接选取单个或多个元器件

对于单个元器件的情况，将指针移到要选取的元器件上单击即可。这时整个元器件变成灰色的，表明该元器件已经被选取，如图 7-33 所示。

对于多个元器件的情况，单击并拖动鼠标，拖出一个矩形框，将要选取的多个元器件包含在该矩形框中，释放鼠标左键后即可选取多个元器件，或者按住 Shift 键，用鼠标逐一单击要选取的元器件，也可以选取多个元器件。

2）使用工具栏的"选择区域内部"按钮选取

单击"选择区域内部"按钮 ▮，指针变成十字形状，在欲选取区域单击，确定矩形框的一个端点，拖动鼠标将选取的对象包含在矩形框中，再次单击，确定矩形框的另一个端点，此时矩形框内的对象被选中。

3）使用菜单命令选取

选择"编辑"→"选中"选项，弹出如图 7-34 所示的菜单。

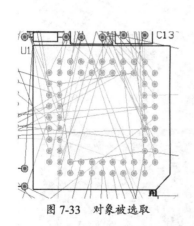

图 7-33　对象被选取

图 7-34　"选中"菜单

（1）区域内部：执行此命令后，指针变成十字形状，鼠标选取一个区域，则区域内的对象被选取。

（2）区域外部：用于选取区域外的对象。

（3）全部：执行此命令后，PCB 图图纸上的所有对象都被选取。

（4）板：用于选取整个 PCB，包括板边界上的对象，而 PCB 外的对象不会被选取。

（5）网络：用于选取指定网络中的所有对象。执行该命令后，指针变成十字形状，单击指定网络的对象即可选中整个网络。

（6）连接的铜皮：用于选取与指定的对象具有铜连接关系的所有对象。

（7）物理连接：用于选取指定的物理连接。

（8）器件连接：用于选取与指定元器件的焊盘相连接的所有导线、过孔等。

（9）器件网络：用于选取当前文件中与指定元器件相连的所有网络。

（10）Room 内连接：用于选取处于指定 Room 空间中的所有连接导线。

（11）当前层上所有的：用于选取当前层面上的所有对象。

（12）自由对象：用于选取当前文件中除元器件外的所有自由对象，如导线、焊盘、过孔等。

（13）所有锁住的：用于选中所有锁定的对象。

（14）不在栅格上的焊盘：用于选中所有不对准网络的焊盘。

（15）切换选择：执行该命令后，对象的选取状态将被切换，即若该对象原来处于未选取状态，则被选取；若处于选取状态，则取消选取。

2．取消选取

取消选取也有多种方法，这里介绍几种常用的方法。

（1）直接单击 PCB 图图纸上的空白区域，即可取消选取。

（2）单击工具栏中的"取消所有选定"按钮 ，可以将图纸上所有被选取的对象取消其选取状态。

（3）选择"编辑"→"取消选中"选项，弹出如图 7-35 所示的菜单。

① 区域内部：用于取消区域内对象的选取。

② 区域外部：用于取消区域外对象的选取。

③ 全部：用于取消当前 PCB 图中所有处于选取状态的对象的
选取。

④ 当前层上所有的：用于取消当前层面上的所有对象的选取。

⑤ 自由对象：用于取消当前文件中除元器件外的所有自由对象
的选取，如导线、焊盘、过孔等。

图 7-35　"取消选中"菜单

⑥ 切换选择：执行该命令后，对象的选取状态将被切换，即若
该对象原来处于未选取状态，则被选取；若处于选取状态，则取消选取。

（4）按住 Shift 键，逐一单击已被选取的对象，可以取消其选取状态。

7.5.2　移动和删除对象

1．单个对象的移动

1）单个未选取对象的移动

将指针移到需要移动的对象上（不需要选取），按下鼠标左键不放，拖动鼠标，对象将会随指针一起移动，到达指定位置后释放鼠标左键，即可完成移动操作；或者选择"编辑"→"移动"→"移动"选项，指针变成十字形状，单击需要移动的对象后，对象将随指针一起移动，到达指定位置后再次单击，完成移动操作。

2）单个已选取对象的移动

将指针移到需要移动的对象上（该对象已被选取），同样按下鼠标左键不放，拖动鼠标至指定位置后释放鼠标左键；或者选择"编辑"→"移动"→"移动选中对象"选项，将对象移动到指定位置；或者单击工具栏中的"移动选择"按钮 ，指针变成十字形状，单击需要移动的对象后，对象将随指针一起移动，到达指定位置后再次单击，完成移动操作。

2．多个对象的移动

需要同时移动多个对象时，首先要将所有要移动的对象选中，然后在其中任意一个对象上

按下鼠标左键不放，拖动鼠标，所有选中的对象将随指针整体移动，到达指定位置后释放鼠标左键；或者选择"编辑"→"移动"→"移动选中对象"选项，将所有对象整体移动到指定位置；或者单击主工具栏中的 ⊕ 按钮，将所有对象整体移动到指定位置，完成移动操作。

3．用菜单命令移动

除了上面介绍的两种菜单移动命令，系统还提供了其他一些菜单移动命令。选择"编辑"→"移动"选项，弹出如图 7-36 所示的菜单。

图 7-36　"移动"菜单

（1）移动：用于移动未选取的对象。

（2）拖动：使用该命令移动对象时，与该对象连接的导线也随之移动或拉长，不断开该对象与其他对象的电气连接关系。

（3）器件：执行该命令后，指针变成十字形状，单击需要移动的元器件后，元器件将随指针一起移动，再次单击，即可完成移动操作。或者在 PCB 编辑区空白区域内单击，将弹出元器件选择对话框，在对话框中可以选择要移动的元器件。

（4）重新布线：执行该命令后，指针变成十字形状，单击选取要移动的导线，可以在不改变其两端端点位置的情况下改变布线路径。

（5）旋转选中的：用于将选取的对象按照设定角度旋转。

（6）翻转选择：用于镜像翻转已选取的对象。

4．对象的删除

（1）单击选取要删除的对象，然后按 Delete 键可以将其删除。

（2）若需要一次性删除多个对象，用鼠标选取要删除的多个对象后，选择"编辑"→"删除"选项，即可将选取的多个对象删除。

7.5.3　对象的复制、剪切和粘贴

1．对象的复制

对象的复制是指将对象复制到剪贴板中，具体步骤如下。

（1）在 PCB 图上选取需要复制的对象。

（2）执行复制命令有以下 3 种方法。

① 选择"编辑"→"复制"选项。

② 单击工具栏中的"复制"按钮 📋。

③ 使用 Ctrl+C 或 E+C 组合键。

（3）执行复制命令后，指针变成十字形状，单击要复制的对象，即可将对象复制到剪贴板中，完成复制操作。

2．对象的剪切

剪切对象的具体步骤如下。

（1）在 PCB 图上选取需要剪切的对象。

（2）执行剪切命令有以下 3 种方法。

① 选择"编辑"→"剪切"选项。

② 单击工具栏中的"剪切"按钮 ✄。

③ 使用 Ctrl+X 或 E+T 组合键。

（3）执行剪切命令后，指针变成十字形状，单击要剪切的对象，该对象将从 PCB 图上消失，同时被复制到剪贴板中，完成剪切操作。

3．对象的粘贴

（1）对象的粘贴就是把剪贴板中的对象放置到编辑区中，有以下 3 种方法。

① 选择"编辑"→"粘贴"选项。

② 单击工具栏中的"粘贴"按钮 ▣。

③ 使用 Ctrl+V 或 E+P 组合键。

（2）执行粘贴命令后，指针变成十字形状，并带有欲粘贴对象的虚影，在指定位置处单击即可完成粘贴操作。

4．对象的橡皮图章粘贴

使用橡皮图章粘贴时，执行一次命令，可以进行多次粘贴操作，具体操作如下。

（1）选取要进行橡皮图章粘贴的对象。

（2）执行橡皮图章粘贴命令，有以下 3 种方法。

① 选择"编辑"→"橡皮图章"选项。

② 单击工具栏中的 ▣ 按钮。

③ 使用 Ctrl+R 或 E+B 组合键。

（3）执行命令后，指针变成十字形状，单击被选中的对象后，该对象被复制并随指针移动。在图纸指定位置处单击，放置被复制的对象，此时仍处于放置状态，可连续放置对象。

（4）放置完成后，右击或按 Esc 键退出橡皮图章粘贴命令。

5．对象的特殊粘贴

前面所讲的粘贴命令中，对象仍然保持其原有的层属性，若要将对象放置到其他层面中，就要使用特殊粘贴命令。

（1）将对象欲放置的层面设置为当前层。

（2）执行特殊粘贴命令，有如下 2 种方法。

① 选择"编辑"→"特殊粘贴"选项。

② 使用 E+A 组合键。

（3）执行命令后，弹出如图 7-37 所示的"选择性粘贴"对话框。

用户根据需要，选中合适的复选框，以实现不同的功能，各复选框的意义如下。

① 粘贴到当前层：若选中该复选框，则表示将剪贴板中的对象粘贴到当前的工作层中。

图 7-37　"选择性粘贴"对话框

② 保持网络名称：若选中该复选框，则表示保持网络名称。

③ 重复位号：若选中该复选框，则复制对象的元器件序列号将与原始元器件的序列号相同。

④ 添加到元件类：若选中该复选框，则将所粘贴的元器件纳入同一类元器件中。

（4）设置完成后，单击"粘贴"按钮，进行粘贴操作，或者单击"粘贴阵列"按钮，进行阵列粘贴。

6．对象的阵列式粘贴

对象阵列式粘贴的具体步骤如下。

（1）将对象复制到剪贴板中。

（2）选择"编辑"→"特殊粘贴"选项，在弹出的"选择性粘贴"对话框中单击"粘贴阵列"按钮，或者单击"实用工具"工具栏中的"应用工具"下拉按钮 ![icon]，在弹出的下拉列表中选择"阵列式粘贴"选项 ![icon]，弹出"设置粘贴阵列"对话框，如图 7-38 所示。

在该对话框中，各选项的意义如下。

① 对象数量：用于输入需要粘贴的对象的个数。

② 文本增量：用于输入粘贴对象序列号的递增数值。

③ 圆形：若选中该单选按钮，则阵列式粘贴采用圆形布局。

④ 线性：若选中该单选按钮，则阵列式粘贴采用直线布局。

若选中"圆形"单选按钮，则"环形阵列"选项组被激活。

⑤ 旋转项目到匹配：若选中该复选框，则粘贴对象随角度旋转。

⑥ 间距：用于输入旋转的角度。

若选中"线性"单选按钮，则"线性阵列"选项组被激活。

⑦ X 轴间距：用于输入每个对象的水平间距。

⑧ Y 轴间距：用于输入每个对象的垂直间距。

（3）设置完成后，单击"确定"按钮，指针变成十字形状，在图纸的指定位置处单击，即可完成阵列式粘贴，如图 7-39 所示。

图 7-38　"设置粘贴阵列"对话框

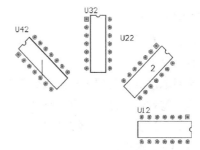

图 7-39　阵列式粘贴

7.5.4　对象的翻转

在 PCB 设计过程中，为了方便布局，往往要对对象进行翻转操作。下面介绍几种常用的翻转方法。

1．利用 Space 键

单击需要翻转的对象并按住不放，等到指针变成十字形状后，按下 Space 键可以进行翻转。每按一次 Space 键，对象逆时针旋转 90°。

2．用 X 键实现元器件的左右对调

单击需要对调的对象并按住不放，等到指针变成十字形状后，按 X 键可以对对象进行左右对调操作。

3．用 Y 键实现元器件的上下对调

单击需要对调的对象并按住不放，等到指针变成十字形状后，按 Y 键可以对对象进行上下对调操作。

7.5.5　对象的对齐

选择"编辑"→"对齐"选项，弹出"对齐"菜单，如图 7-40 所示。

其各选项的功能如下。

（1）对齐：执行该命令后，弹出"排列对象"对话框，如图 7-41 所示。

图 7-40　"对齐"菜单

图 7-41　"排列对象"对话框

该对话框中主要包括以下两部分。

①"水平"选项组，用来设置对象在水平方向的排列方式。

a. 不变：水平方向上保持原状，不进行排列。

b. 左侧：水平方向左对齐，等同于"左对齐"命令。

c. 居中：水平中心对齐，等同于"水平中心对齐"命令。

d. 右侧：水平方向右对齐，等同于"右对齐"命令。

e. 等间距：水平方向均匀排列，等同于"水平对齐"命令。

②"垂直"选项组。

a. 不变：垂直方向上保持原状，不进行排列。

b. 顶部：顶端对齐，等同于"顶对齐"命令。

c. 居中：垂直中心对齐，等同于"垂直中心对齐"命令。

d. 底部：底端对齐，等同于"底对齐"命令。

e. 等间距：垂直方向均匀排列，等同于"垂直分布"命令。

（2）左对齐：将选取的对象向最左端的对象对齐。

（3）右对齐：将选取的对象向最右端的对象对齐。

（4）水平中心对齐：将选取的对象向最左端对象和最右端对象的中间位置对齐。

（5）水平分布：将选取的对象在最左端对象和最右端对象之间等距离排列。

（6）增加水平间距：将选取的对象水平等距离排列并加大对象组内各对象之间的水平距离。

（7）减少水平间距：将选取的对象水平等距离排列并缩小对象组内各对象之间的水平距离。

（8）顶对齐：将选取的对象向最上端的对象对齐。

（9）底对齐：将选取的对象向最下端的对象对齐。

（10）向上排列：将选取的对象向最上端对象和最下端对象的中间位置对齐。

（11）向下排列：将选取的对象在最上端对象和最下端对象之间等距离排列。

（12）增加垂直间距：将选取的对象垂直等距离排列并加大对象组内各对象之间的垂直距离。

（13）减少垂直间距：将选取的对象垂直等距离排列并缩小对象组内各对象之间的垂直距离。

7.5.6 PCB 图纸上的快速跳转

在 PCB 设计过程中，经常需要将指针快速跳转到某个位置或某个元器件上，在这种情况下，我们可以使用系统提供的快速跳转命令。

选择"编辑"→"跳转"选项，弹出"跳转"菜单，如图 7-42 所示。

（1）绝对原点：用于将指针快速跳转到 PCB 的绝对原点。

（2）当前原点：用于将指针快速跳转到 PCB 的当前原点。

（3）新位置：执行该命令后，弹出如图 7-43 所示的"Jump To Location"对话框。
在该对话框中输入坐标值后，单击"确定"按钮，指针将跳转到指定位置。

（4）器件：执行该命令后，弹出如图 7-44 所示的"Component Designator"对话框。
在对话框中输入元器件标识符后，单击"确定"按钮，指针将跳转到该元器件处。

（5）网络：用于将指针跳转到指定网络处。

（6）焊盘：用于将指针跳转到指定焊盘上。

（7）字符串：用于将指针跳转到指定字符串处。

（8）错误标志：用于将指针跳转到错误标记处。

（9）选择：用于将指针跳转到选取的对象处。

（10）位置标志：用于将指针跳转到指定的位置标记处。

（11）设置位置标志：用于设置位置标记。

图 7-42　"跳转"菜单　　图 7-43　"Jump To Location"对话框　图 7-44　"Component Designator"对话框

7.6　PCB 的设计规则

对于 PCB 的设计，Altium Designer 20 提供了 10 种不同的设计规则，这些设计规则涉及 PCB 设计过程中导线的放置、导线的布线方法、元器件放置、布线规则、元器件移动和信号完整性等方面。Altium Designer 20 系统将根据这些规则进行自动布局和自动布线。在很大程度上，布线能否成功和布线质量的高低取决于设计规则的合理性，也依赖于用户的设计经验。

对于具体的电路需要采用不同的设计规则，若用户设计的是双面板，很多规则可以采用系统默认值，系统默认值就是对双面板进行设置的。

7.6.1　设计规则概述

在 PCB 编辑环境中，选择"设计"→"规则"选项，弹出"PCB 规则及约束编辑器"对话框，如图 7-45 所示。

图 7-45　"PCB 规则及约束编辑器"对话框

该对话框左侧显示的是设计规则的类型，共有 10 项设计规则，包括 Electrical（电气设计规则）、Routing（布线设计规则）、SMT（表面贴片元器件设计规则）、Mask（阻焊层设计规则）、Plane（内电层设计规则）、Testpoint（测试点设计规则）、Manufacturing（生产制造规则）、High Speed（高速信号设计规则）、Placement（布局设计规则）及 Signal Integrity（信号完整性分析规则），右侧则显示对应设计规则的设置属性。

在左侧列表框内右击，弹出的快捷菜单如图 7-46 所示。

该菜单中，各选项的意义如下。

（1）新规则：用于建立新的设计规则。

（2）重复的规则：用于建立重复的设计规则。

（3）删除规则：用于删除所选的设计规则。

（4）报告：用于生成 PCB 规则报表，将当前规则以报表文件的方式给出。

图 7-46　快捷菜单

（5）Export Rules：用于将当前规则导出，将以.rul 为扩展名导出。

（6）Import Rules：用于导入设计规则。

此外，在"PCB 规则及约束编辑器"对话框的左下角还有以下两个按钮。

图 7-47　"编辑规则优先级"对话框

（1）"规则向导"按钮：用于启动规则向导，为 PCB 设计添加新的设计规则。

（2）"优先级"按钮：用于设置设计规则的优先级级别，单击该按钮，弹出"编辑规则优先级"对话框，如图 7-47 所示。在该对话框中列出了同一类型的所有规则，规则越靠上，说明优先级别越高。单击选中需要修改优先级别的规则后，在对话框的左下角单击"增加优先级"按钮，可以提高该项的优先级；单击"降低优先级"按钮，可以降低该项的优先级。

7.6.2　电气设计规则

在"PCB 规则及约束编辑器"对话框的左侧列表框中单击"Electrical"，打开电气设计规则列表，如图 7-48 所示。

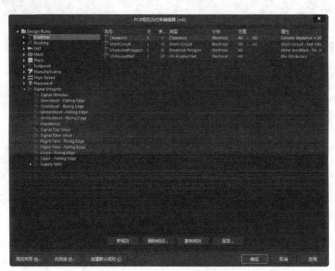

图 7-48　电气设计规则

单击 Electrical 前面的+号将其展开后，可以看到其包括以下几个方面。

● Clearance：安全距离设置。

● Short-Circuit：短路规则设置。

● Un-Rounted Net：未布线网络规则设置。

● Un-Connected Pin：未连接引脚规则设置。

● Modified Polygon：修改后的多边形规则设置。

1．Clearance（安全距离设置）

安全距离设置是 PCB 在布置铜膜导线时，元器件焊盘与焊盘之间、焊盘与导线之间、导线与导线之间的最小距离，如图 7-49 所示。

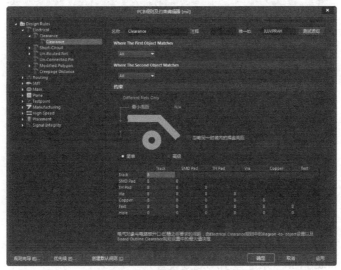

图 7-49　安全距离设置

在图 7-49 所示的对话框中有两个匹配对象区域："Where The First Object Matches"（优先应用对象）和"Where The Second Object Matches"（其次应用对象）选项组，用户可以设置不同网络间的安全距离。

在"约束"选项组中的"最小间距"文本框中可以输入安全距离的值，系统默认值为 10mil。

2. Short-Circuit（短路规则设置）

短路规则设置是指是否允许电路中有导线交叉短路，如图 7-50 所示。系统默认不允许短路，即取消选中"允许短路"复选框。

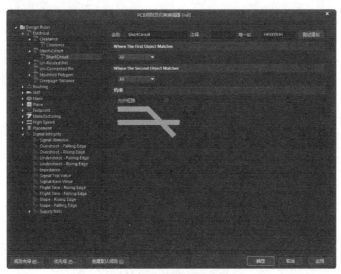

图 7-50　短路规则设置

3. Un-Routed Net（未布线网络规则设置）

该规则用于检查网络布线是否成功，如果不成功，仍将保持用飞线连接，如图 7-51 所示。

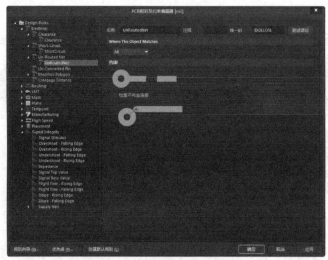

图 7-51　未布线网络规则设置

4．Un-Connected Pin（未连接引脚规则设置）

该规则用于对指定的网络检查是否所有元器件的引脚都连接到网络。对于未连接的引脚，给予提示，显示为高亮状态。

5．Modified Polygon（修改后的多边形规则设置）

该规则用于设置在 PCB 上是否可以修改多边形区域。

7.6.3　布线设计规则

在"PCB 规则及约束编辑器"对话框的左侧列表框中单击"Routing"，打开布线设计规则列表，如图 7-52 所示。

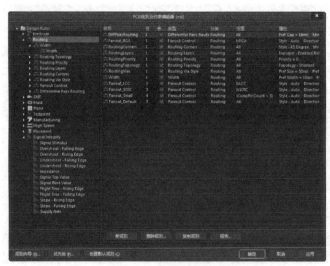

图 7-52　布线设计规则

单击 Rounting 前面的+号将其展开后，可以看到其包括以下几个方面。

- Width：导线宽度规则设置。
- Routing Topology：布线拓扑规则设置。

- Routing Priority：布线优先级别规则设置。
- Routing Layers：板层布线规则设置。
- Routing Corners：拐角布线规则设置。
- Routing Via Style：过孔布线规则设置。
- Fanout Control：扇出式布线规则设置。
- Differential Pairs Routing：差分对布线规则设置。

1．Width（导线宽度规则设置）

导线的宽度有 3 处值可以设置，分别是"最大宽度""首选宽度""最小宽度"，其中"首选宽度"是系统在放置导线时默认采用的宽度值，如图 7-53 所示。系统对导线宽度的默认值为 10mil，单击每个项目可以直接输入数值进行修改。

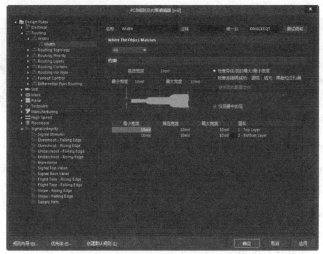

图 7-53　导线宽度规则设置

2．Routing Topology（布线拓扑规则设置）

拓扑规则定义是指采用布线拓扑逻辑约束。Altium Designer 20 中常用的布线约束为统计最短逻辑规则，用户可以根据具体设计选择不同的布线拓扑规则，如图 7-54 所示。

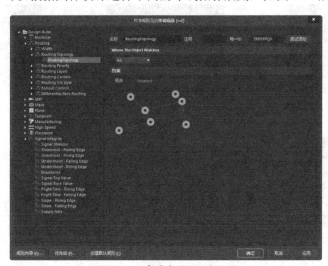

图 7-54　布线拓扑规则设置

单击"约束"选项组中的"拓扑"下拉按钮，可以看到 Altium Designer 20 提供了以下几种布线拓扑规则。

1）Shortest（最短规则设置）

最短规则设置如图 7-55 所示，该选项表示在布线时连接所有节点的连线的总长度最短。

2）Horizontal（水平规则设置）

水平规则设置如图 7-56 所示，它表示连接节点的水平连线总长度最短，即尽可能选择水平走线。

3）Vertical（垂直规则设置）

垂直规则设置如图 7-57 所示，它表示连接所有节点的垂直方向连线总长度最短，即尽可能选择垂直走线。

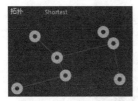
图 7-55　最短规则

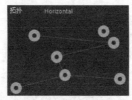
图 7-56　水平规则

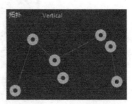
图 7-57　垂直规则

4）Daisy-Simple（简单链状规则设置）

简单链状规则设置如图 7-58 所示，它表示使用链式连通法则，从一点到另一点连通所有的节点，并使连线总长度最短。

5）Daisy-MidDriven（链状中点规则设置）

链状中点规则设置如图 7-59 所示，该规则选择一个中间点为 Source 源点，以它为中心向左右连通所有的节点，并使连线最短。

6）Daisy-Balanced（链状平衡规则设置）

链状平衡规则设置如图 7-60 所示，它也是先选择一个源点，将所有的中间节点数目平均分成组，再使所有的组连接到源点上，并使连线最短。

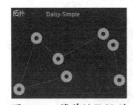
图 7-58　简单链状规则

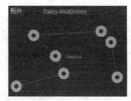
图 7-59　链状中点规则

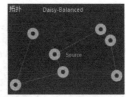
图 7-60　链状平衡规则

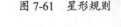
图 7-61　星形规则

7）Starburst（星形规则设置）

星形规则设置如图 7-61 所示，该规则也是先选择一个源点，再以星形方式去连接别的节点，并使连线最短。

3. Routing Priority（布线优先级级别规则设置）

该规则用于设置布线的优先级级别。单击"约束"选项组中的"布线优先级"后面的按钮，可以进行设置，设置的范围为 0～100，数值越大，优先级越高，如图 7-62 所示。

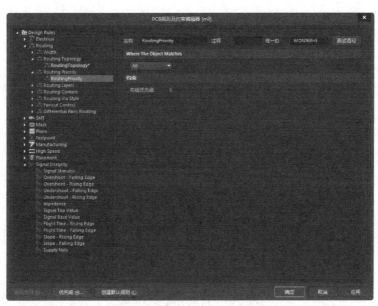

图 7-62 布线优先级规则设置

4．Routing Layers（板层布线规则设置）

该规则用于设置自动布线过程中允许布线的层面，如图 7-63 所示。这里设计的是双面板，允许两面布线。

图 7-63 板层布线规则设置

5．Routing Corners（拐角布线规则设置）

该规则用于设置 PCB 走线采用的拐角方式，如图 7-64 所示。

单击"约束"选项组中的"类型"下拉按钮，在弹出的下拉列表中可以选择拐角方式。布线的拐角有 45°拐角、90°拐角和圆形拐角 3 种，如图 7-65 所示。"Setback"文本框用于设定拐角的长度，"到"文本框用于设置拐角的大小。

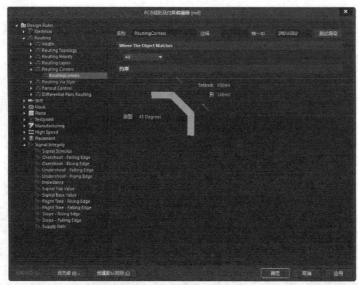

图 7-64　拐角布线规则设置

图 7-65　拐角设置

6. Routing Via Style（过孔布线规则设置）

该规则用于设置布线中过孔的尺寸，如图 7-66 所示。

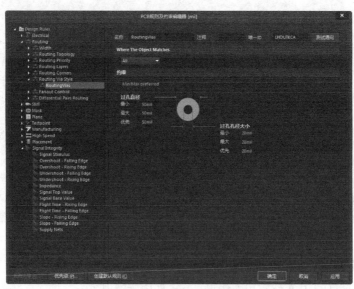

图 7-66　过孔布线规则设置

　　在该对话框中可以设置"过孔直径"和"过孔孔径大小"，包括"最大""最小""优先" 3 个项目。设置时需注意过孔直径和通孔直径的差值不宜太小，否则不利于制板加工，合适的差值应该在 10mil 以上。

7．Fanout Control（扇出式布线规则设置）

扇出式布线规则设置用于设置表面贴片元器件的布线方式，如图 7-67 所示。

图 7-67　扇出式布线规则设置

该规则中，系统针对不同的贴片元器件提供了 5 种扇出规则："Fanout_BGA""Fanout_LCC"
"Fanout_SOIC""Fanout_Small"（引脚数小于 5 的贴片元器）、"Fanout_Default"。每种规则的设
置方法相同，在"约束"选项组中提供了扇出类型、扇出方向、方向指向焊盘及过孔放置模式
等选项，用户可以根据具体电路中的贴片元器件的特点进行设置。

8．Differential Pairs Routing（差分对布线规则设置）

该规则用于设置差分信号的布线，如图 7-68 所示。

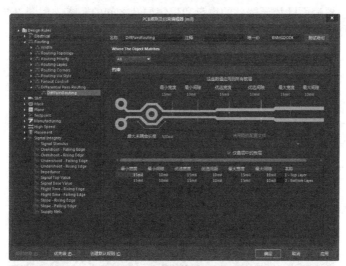

图 7-68　差分对布线规则设置

在该对话框中可以设置差分布线时的"最小间隙""最大间隙""优选间隙""最大未耦合长
度"等参数。一般情况下，差分信号走线要尽量短且平行、长度尽量一致，且间隙尽量小一些，
根据这些原则，用户可以设置对话框中的参数值。

7.6.4 阻焊层设计规则

阻焊层（Mask）设计规则用于设置焊盘到阻焊层的距离，有如下几种规则。

1. Solder Mask Expansion（阻焊层延伸量设置）

该规则用于设置从焊盘到阻焊层之间的延伸距离。在制作电路板时，阻焊层要预留一部分空间给焊盘。这个延伸量就是为了防止阻焊层和焊盘重叠，如图 7-69 所示。用户可以设置延伸量的大小，系统默认值为 4mil。

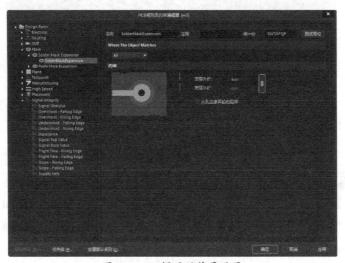

图 7-69　阻焊层延伸量设置

2. Paste Mask Expansion（表面贴片元器件延伸量设置）

该规则用于设置表面贴片元器件的焊盘和焊锡层孔之间的距离，如图 7-70 所示，"扩充"选项用于设置延伸量的大小。

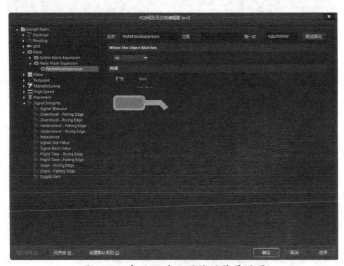

图 7-70　表面贴片元器件延伸量设置

7.6.5 内电层设计规则

内电层（Plane）设计规则用于多层板设计中，有如下几种规则。

1. Power Plane Connect Style（电源层连接方式设置）

电源层连接方式规则用于设置过孔到电源层的连接，如图 7-71 所示。

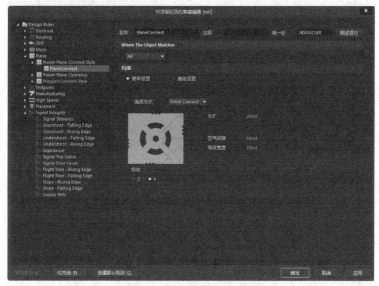

图 7-71 电源层连接方式设置

在"约束"选项组中有 5 个设置项，分别如下。

（1）连接方式：用于设置电源层和过孔的连接方式。在下拉列表中有 3 个选项可供选择："Relief Connect"（发散状连接）、"Direct connect"（直接连接）和"No Connect"（不连接）。PCB 中多采用发散状连接方式。

（2）导体宽度：用于设置导通的导线宽度。

（3）导体：该选项用于设置连通的导线的数目，有 2 条和 4 条导线供选择。

（4）空气间隙：用于设置空隙的间隔宽度。

（5）外扩：用于设置从过孔到空隙的间隔之间的距离。

2. Power Plane Clearance（电源层安全距离设置）

该规则用于设置电源层与穿过它的过孔之间的安全距离，即防止导线短路的最小距离，如图 7-72 所示，系统默认值是 20mil。

3. Polygon Connect Style（敷铜连接方式设置）

该规则用于设置多边形敷铜与焊盘之间的连接方式，如图 7-73 所示。

该对话框中"连接方式""导体""导体宽度"的设置与"Power Plane Connect Style"中选项的设置意义相同。此外，可以设置敷铜与焊盘之间的连接角度，有 90° 和 45° 两种可选。

图 7-72　电源层安全距离设置

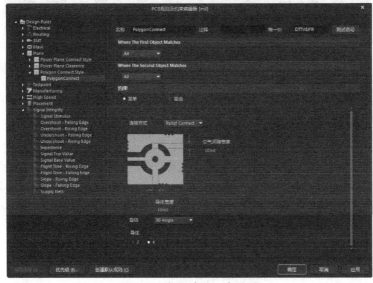

图 7-73　敷铜连接方式设置

7.6.6　测试点设计规则

测试点（Testpiont）设计规则用于设置测试点的形状、用法等，有如下几种规则。

1. Fabrication Testpoint Style（装配测试点）

装配测试点用于设置测试点的形式，如图 7-74 所示为该规则的设置界面，在该界面中可以设置测试点的形式和各种参数。为了方便调试电路板，在 PCB 上引入了测试点。测试点连接在某个网络上，形式和过孔类似，在调试过程中可以通过测试点引出电路板上的信号，可以设置测试点的尺寸及是否允许在元器件底部生成测试点等。

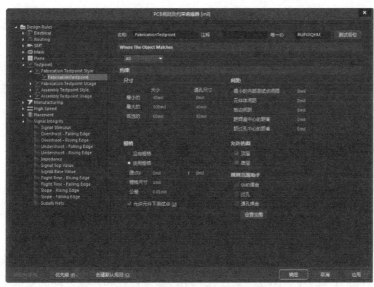

图 7-74　装配测试点规格设置

如图 7-74 所示的对话框的"约束"选项组中有如下选项。

（1）尺寸：用于设置测试点的大小，可以设置"最小的""最大的""首选的"。

（2）栅格：用于设置测试点的网格大小，系统默认值为 1mil。

（3）允许元件下测试点：该复选框用于设置是否允许将测试点放置在元器件下面。

（4）允许的面：该复选框用于设置将测试点放置在哪些层面上，复选框有"顶层"和"底层"。

2．Fabrication Testpoint Usage（装配测试点使用规则）

装配测试点使用规则用于设置测试点的使用参数，如图 7-75 所示为该规则的设置界面，在该界面中可以设置是否允许使用测试点和同一网络上是否允许使用多个测试点。

图 7-75　装配测试点使用规则设置

（1）"必需的"单选按钮：每个目标网络都使用一个测试点。该选项为默认设置。

（2）"禁止的"单选按钮：所有网络都不使用测试点。

（3）"无所谓"单选按钮：每个网络可以都使用测试点，也可以都不使用测试点。

（4）"允许更多测试点（手动分配）"复选框：选中该复选框后，系统将允许在一个网络上使用多个测试点。默认设置为取消选中该复选框。

7.6.7 生产制造规则

生产制造（Manufacturing）规则主要根据 PCB 制作工艺来设置有关参数，主要用在在线DRC 和批处理 DRC 执行过程中，其中包括 9 种设计规则。

1．Minimum Annular Ring（最小环孔限制规则）

最小环孔限制规则用于设置环状图元内外径间距下限，如图 7-76 所示为该规则的设置界面。在 PCB 设计时引入的环状图元（如过孔）中，如果内径和外径之间的差很小，在工艺上可能无法制作出来，此时的设计实际上是无效的。通过设置该项可以检查出所有工艺无法达到的环状物。其默认值为 10mil。

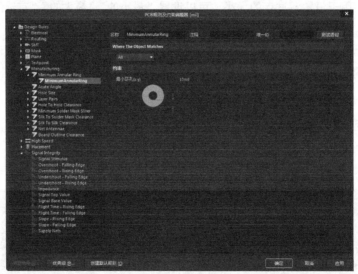

图 7-76 最小环孔限制规则设置界面

2．Acute Angle（锐角限制规则）

锐角限制规则用于设置锐角走线角度限制，如图 7-77 所示为该规则的设置界面。在 PCB设计时如果没有规定走线角度最小值，则可能出现拐角很小的走线，工艺上可能无法做到这样的拐角，此时的设计实际上是无效的。通过设置该项可以检查出所有工艺无法达到的锐角走线。其默认值为 90°。

3．Hole Size（钻孔尺寸设计规则）

钻孔尺寸设计规则用于设置钻孔孔径的上限和下限，如图 7-78 所示为该规则的设置界面。其与设置环状图元内外径间距下限类似，过小的钻孔孔径可能在工艺上无法制作，从而导致设计无效。通过设置通孔孔径的范围，可以防止 PCB 设计出现类似错误。

图 7-77　锐角限制规则设置界面

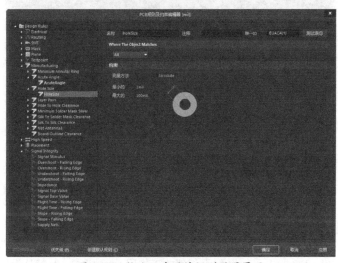

图 7-78　钻孔尺寸设计规则设置界面

（1）"测量方法"选项：度量孔径尺寸的方式有"Absolute"（绝对值）和"Percent"（百分数）两种，默认设置为"Absolute"。

（2）"最小的"选项：设置孔径的最小值。"Absolute"方式的默认值为1mil，"Percent"方式的默认值为20%。

（3）"最大的"选项：设置孔径的最大值。"Absolute"方式的默认值为100mil，"Percent"方式的默认值为80%。

4．Layer Pairs（工作层对设计规则）

工作层对设计规则用于检查使用的 Layer-pairs（工作层对）是否与当前的 Drill-pairs（钻孔对）匹配。使用的 Layer-pairs 是由板上的过孔和焊盘决定的，Layer-pairs 是指一个网络的起始层和终止层。该项规则除了应用于在线 DRC 和批处理 DRC，还可以应用在交互式布线过程中。设置界面中的"加强层对设定"复选框用于确定是否强制执行此项规则的检查，选中该复选框时，将始终执行该项规则的检查。

7.6.8 高速信号设计规则

高速信号（High Speed）设计规则用于设置高速信号线的布线规则，其中包括以下 6 种设计规则。

1. Parallel Segment（平行导线段间距限制规则）

平行导线段间距限制规则用于设置平行走线间距，如图 7-79 所示为该规则的设置界面。在 PCB 的高速设计中，为了保证信号传输正确，需要采用差分线对来传输信号，与单根线传输信号相比可以得到更好的效果。在图 7-79 所示的对话框中可以设置差分线对的各项参数，包括差分线对的层、间距和长度等。

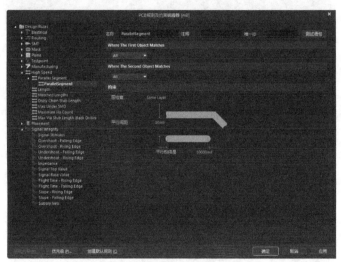

图 7-79　平行导线段间距限制规则设置界面

（1）"层检查"选项：用于设置两段平行导线所在的工作层面属性，有"Same Layer"（位于同一个工作层）和"Adjacent Layers"（位于相邻的工作层）两种选择。其默认设置为"Same Layer"。

（2）"平行间距"选项：用于设置两段平行导线之间的距离。其默认设置为 10mil。

（3）"平行极限是"选项：用于设置平行导线的最大允许长度（在使用平行走线间距规则时）。其默认设置为 10000mil。

2. Length（网络长度限制规则）

网络长度限制规则用于设置传输高速信号导线的长度，如图 7-80 所示为该规则的设置界面。在高速 PCB 设计中，为了保证阻抗匹配和信号质量，对走线长度也有一定的要求。在图 7-80 所示的对话框中可以设置走线的下限和上限。

（1）"最小的"选项：用于设置网络最小允许长度值。其默认设置为 0mil。

（2）"最大的"选项：用于设置网络最大允许长度值。其默认设置为 100000mil。

3. Matched Lengths（匹配传输导线的长度规则）

匹配传输导线的长度规则用于设置匹配网络传输导线的长度，如图 7-81 所示为该规则的设置页面。在高速 PCB 设计中通常需要对部分网络的导线进行匹配布线，在图 7-81 所示的对话框中可以设置匹配走线的各项参数。

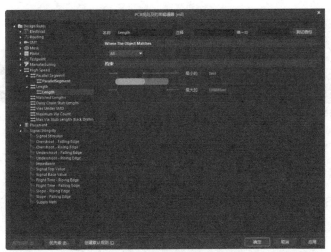

图 7-80 网络长度限制规则设置界面

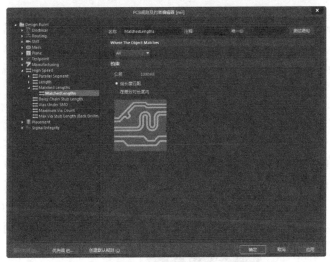

图 7-81 匹配传输导线的长度规则设置界面

"公差"选项：在高频电路设计中要考虑传输线的长度问题，传输线太短将产生串扰等传输线效应。该项规则定义了一个传输线长度值，将设计中的走线与此长度进行比较，当出现小于此长度的走线时，选择菜单栏中的"工具"→"网络等长"选项，系统将自动延长走线的长度以满足此处的设置需求。其默认设置为 1000mil。

4．Daisy Chain Stub Length（菊花状布线主干导线长度限制规则）

菊花状布线主干导线长度限制规则用于设置 90°拐角和焊盘的距离，如图 7-82 所示为该规则的设置示意图。在高速 PCB 设计中，通常情况下为了减少信号的反射是不允许出现 90°拐角的，在必须有 90°拐角的场合中需引入焊盘和拐角之间距离的限制。

5．Vias Under SMD（SMD 焊盘下过孔限制规则）

SMD 焊盘下过孔限制规则用于设置表面安装元器件焊盘下是否允许出现过孔，如图 7-83 所示为该规则的设置示意图。在 PCB 中需要尽量减少在表面安装元器件焊盘中引入过孔，但是在特殊情况下（如中间电源层通过过孔向电源引脚供电）可以引入过孔。

图 7-82　设置菊花状布线主干导线长度限制规则　　　图 7-83　设置 SMD 焊盘下过孔限制规则

6．Maximun Via Count（最大过孔数量限制规则）

最大过孔数量限制规则用于设置布线时过孔数量的上限。其默认设置为 1000。

7．Max Via Stub Length（Back Drilling）（最大过孔短截线长度（反钻））

最大过孔短截线长度（反钻）用于设置布线时过孔短截线的长度。

7.6.9　布局设计规则

布局（Placement）设计规则用于设置元器件布局的规则。在布线时可以引入元器件的布局规则，这些规则一般只在对元器件布局有严格要求的场合中使用。

前面章节已经有详细介绍，这里不再赘述。

7.6.10　信号完整性分析规则

信号完整性（Signal Integrity）分析规则用于设置信号完整性所涉及的各项要求，如对信号上升沿、下降沿等的要求。这里的设置会影响电路的信号完整性仿真，下面对其进行简单介绍。

（1）Signal Stimulus（激励信号规则）：如图 7-84 所示为该规则的设置示意图。激励信号的类型有 Constant Level（直流）、Single Pulse（单脉冲信号）、Periodic Pulse（周期性脉冲信号）3 种。还可以设置激励信号初始电平（低电平或高电平）、开始时间、停止时间和时间周期等。

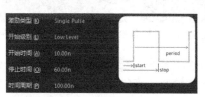

图 7-84　激励信号规则

（2）Overshoot-Falling Edge（信号下降沿的过冲约束规则）：如图 7-85 所示为该规则设置示意图。

（3）Overshoot-Rising Edge（信号上升沿的过冲约束规则）：如图 7-86 所示为该规则设置示意图。

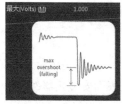　　　　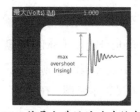

图 7-85　信号下降沿的过冲约束规则　　　图 7-86　信号上升沿的过冲约束规则

（4）Undershoot-Falling Edge（信号下降沿的反冲约束规则）：如图 7-87 所示为该规则设置示意图。

（5）Undershoot-Rising Edge（信号上升沿的反冲约束规则）：如图 7-88 所示为该规则设置示意图。

（6）Impedance（阻抗约束规则）：如图 7-89 所示为该规则的设置示意图。

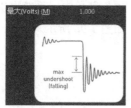 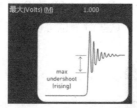

图 7-87　信号下降沿的反冲约束规则　　图 7-88　信号上升沿的反冲约束规则　　图 7-89　阻抗约束规则

（7）Signal Top Value（信号高电平约束规则）：用于设置高电平的最小值。如图 7-90 所示为该规则设置示意图。

（8）Signal Base Value（信号基准约束规则）：用于设置低电平的最大值。如图 7-91 所示为该规则设置示意图。

（9）Flight Time-Rising Edge（上升沿的上升时间约束规则）：如图 7-92 所示为该规则设置示意图。

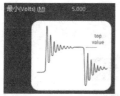 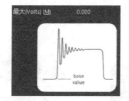 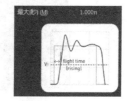

图 7-90　信号高电平约束规则　　图 7-91　信号基准约束规则　　图 7-92　上升沿的上升时间约束规则

（10）Flight Time-Falling Edge（下降沿的下降时间约束规则）：如图 7-93 所示为该规则的设置示意图。

（11）Slope-Rising Edge（上升沿斜率约束规则）：如图 7-94 所示为该规则的设置示意图。

（12）Slope-Falling Edge（下降沿斜率约束规则）：如图 7-95 所示为该规则的设置示意图。

（13）Supply Nets：用于提供网络约束规则。

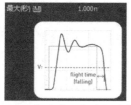 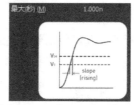 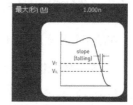

图 7-93　下降沿的下降时间约束规则　　图 7-94　上升沿斜率约束规则　　图 7-95　下降沿斜率约束规则

从以上对 PCB 布线规则的说明可知，Altium Designer 20 对 PCB 布线进行了全面规定。这些规定只有一部分运用在元器件的自动布线中，而所有规则将运用在 PCB 的 DRC 检测中。在对 PCB 进行手动布线时可能会违反设定的 DRC 规则，在对 PCB 进行 DRC 检测时将检测出所有违反这些规则的地方。

7.7　PCB 图的绘制

本节将介绍一些在 PCB 编辑中常用到的操作，包括在 PCB 图中绘制和放置各种元素，如线条、焊盘、过孔等。在 Altium Designer 20 的 PCB 编辑器的"放置"菜单中，系统提供了各种元素的绘制和放置命令，同时这些命令也可以在工具栏中找到，如图 7-96 所示。

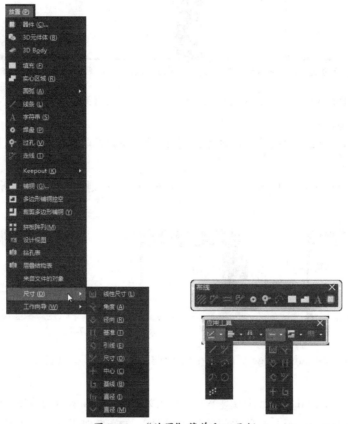

图 7-96　"放置"菜单和工具栏

7.7.1　绘制铜膜导线

在绘制导线之前，单击板层标签，选定导线要放置的层面，将其设置为当前层。

1. 启动绘制铜膜导线命令

启动绘制铜膜导线命令有以下 4 种方法。

（1）选择"放置"→"走线"选项。

（2）单击"布线"工具栏中的"交互式布线连接"按钮。

（3）在 PCB 编辑区内右击，在弹出的快捷菜单中选择"交互式布线"选项。

（4）使用 P+T 组合键。

2．绘制铜膜导线

（1）启动绘制命令后，指针变成十字形状，在指定位置单击，确定导线起点。

（2）移动指针绘制导线，在导线拐弯处单击，继续绘制导线，在导线终点处再次单击，结束该导线的绘制。

（3）此时，指针仍处于十字形状状态，可以继续绘制导线。绘制完成后，右击或按 Esc 键，退出绘制状态。

3．设置导线属性

在绘制导线过程中，按 Tab 键，或者双击导线，弹出"Properties"面板，如图 7-97 所示。

在该面板中，可以设置导线宽度、所在层面、过孔直径及过孔孔径，同时还可以通过按钮重新设置布线宽度规则和过孔布线规则等。此设置将作为绘制下一段导线的默认值。

7.7.2　绘制直线

这里绘制的直线多指与电气属性无关的线，它的绘制方法及属性设置与前面讲的对导线的操作基本相同，只是启动绘制命令的方法不同。

启动绘制直线命令有以下 3 种方法。

（1）选择"放置"→"线条"选项。

（2）单击"应用工具"工具栏中的"实用工具"下拉按钮，在弹出的下拉列表中选择"放置线条"选项。

（3）使用 P+L 组合键。

对于绘制方法与属性设置，这里不再讲述。

图 7-97　"Properties"面板

7.7.3　放置元器件封装

在 PCB 设计过程中，有时候会因为在电路原理图中遗漏了部分元器件，而使设计达不到预期的目的。若重新设计将耗费大量的时间，这种情况下，就可以直接在 PCB 中添加遗漏的元器件封装。

1．启动放置元器件封装命令

启动放置元器件封装命令有以下 3 种方法。

（1）选择"放置"→"器件"选项。

（2）单击工具栏中的■按钮。

（3）使用 P+C 组合键。

2．放置元器件封装

启动放置命令后，弹出"Components"面板，如图 7-98 所示。

在该面板中可以选择、放置元器件封装，方法如下。

（1）单击"Components"面板右上角的 ▤ 按钮，在弹出的下拉列表中选择"File-based Libraries Preferences"选项，弹出"Available File-based Libraries"对话框，如图 7-99 所示。

图 7-98　"Components"面板

图 7-99　"Available File-based Libraries"对话框

（2）单击"安装"按钮，弹出"打开"对话框，如图 7-100 所示，从中选择需要的封装库。

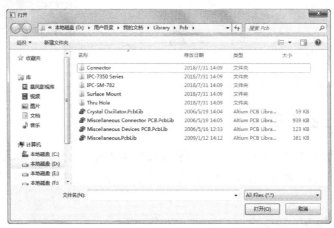

图 7-100　"打开"对话框

（3）若已知要放置的元器件封装名称，则将封装名称输入搜索栏中进行搜索即可，若搜索不到，单击"Components"面板右上角的 ▤ 按钮，在弹出的下拉列表中选择"File-based Libraries Search"（库文件搜索）选项，弹出"File-based Libraries Search"对话框，如图 7-101 所示。

（4）在"搜索范围"下拉列表中选择"Footprints"选项，输入要搜索的元器件封装名称进行搜索。

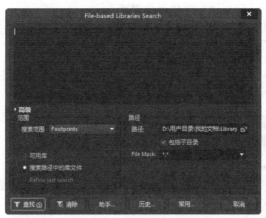

图 7-101　"File-based Libraries Search"对话框

（5）选定后，在"Components"面板中将显示元器件封装符号和元器件模型的预览效果，双击元器件封装符号，则元器件的封装外形将随指针移动，在图纸的合适位置单击放置该封装。

3．设置元器件属性

双击放置完成的元器件封装，或者在放置状态下按 Tab 键，弹出元器件属性设置面板，如图 7-102 所示。

该面板中部分参数的意义如下。

（1）（X/Y）：用于设置元器件的位置坐标。

（2）Rotation：用于设置元器件放置时旋转的角度。

（3）Layer（层）：用于设置元器件放置的层面。

（4）Type：用于设置元器件的类型。

（5）Height：用于设置元器件的高度，作为 PCB 3D 仿真时的参考。

图 7-102　元器件属性设置面板

7.7.4　放置焊盘和过孔

1．放置焊盘

1）启动放置焊盘命令

启动放置焊盘命令有如下几种方法。

（1）选择"放置"→"焊盘"选项。

（2）单击工具栏中的"放置焊盘"按钮 。

（3）使用 P+P 组合键。

2）放置焊盘

启动命令后，指针变成十字形状并带有一个焊盘图形。移动指针到合适位置单击，即可在图纸上放置焊盘。此时系统仍处于放置焊盘状态，可以继续放置。放置完成后，右击退出。

图 7-103 焊盘属性设置面板

3）设置焊盘属性

在焊盘放置状态下按 Tab 键，或者双击放置好的焊盘，弹出焊盘属性设置面板，如图 7-103 所示。

在该面板中，关于焊盘的部分属性设置如下。

（1）"Location"选项组：设置焊盘中心点的位置坐标。

① X：设置焊盘中心点的 X 坐标。

② Y：设置焊盘中心点的 Y 坐标。

③ Rotation：设置焊盘旋转角度。

（2）"Hole information"（孔洞信息）选项组：设置焊盘孔的尺寸大小。

通孔尺寸：设置焊盘中心通孔尺寸，通孔有 3 种类型。

① Round（圆形）：通孔形状设置为圆形，如图 7-104 所示。

② Rect（正方形）：通孔形状为正方形，如图 7-105 所示，同时添加参数设置为"旋转"，设置正方形放置角度，默认为 0°。

③ Slot（槽）：通孔形状为槽形，如图 7-106 所示，同时添加参数设置为"长度""旋转"，设置槽大小，图 7-106 中的"长度"为 10、"旋转"角度为 0°。

图 7-104 圆形通孔

图 7-105 正方形通孔

图 7-106 槽形通孔

（3）"Properties"选项组。

① Designator：设置焊盘标号。

② Layer：设置焊盘所在层面。对于插式焊盘，应选择"Multi-Layer"；对于表面贴片式焊盘，应根据焊盘所在层面选择"Top-Layer"或"Bottom-Layer"。

③ Electrical Type：设置电气类型，有 3 个选项可选，即"Load"（负载点）、"Terminator"（终止点）和"Source"（源点）。

④ Pin Package Length：设置引脚长度。

⑤ Jumper（跳线）：设置跳线尺寸。

（4）"Testpoint"（测试点设置）选项组：设置是否添加测试点，以及添加到哪一层。

（5）"Size and Shape"（尺寸和外形）选项组。

① "Simple"（简单的）选项卡：若选择该选项卡，则 PCB 图中所有层面的焊盘都采用同样的形状。焊盘有 4 种形状供选择："Round""Rectangular"（长方形）、"Octangle"（八角形）和"Rounded Rectangle"（圆角矩形），如图 7-107 所示。

图 7-107　焊盘形状

② "Top-Middle-Bottom"（顶层–中间层–底层）选项卡：若选择该选项卡，则顶层、中间层和底层使用不同形状的焊盘。

③ "Full Stack"（完成堆栈）选项卡：此选项卡与 "Top-Middle-Bottom" 选项卡设置类似，这里不再赘述。

2. 放置过孔

过孔主要用来连接不同板层之间的布线。一般情况下，在布线过程中，换层时系统会自动放置过孔，用户也可以自己放置。

1）启动放置过孔命令

启动放置过孔命令有以下几种方式。

（1）选择 "放置"→"过孔" 选项。

（2）单击工具栏中的 "放置过孔" 按钮。

（3）使用 P+V 组合键。

2）放置过孔

启动命令后，指针变成十字形状并带有一个过孔图形。移动指针到合适位置单击，即可在图纸上放置过孔。此时系统仍处于放置过孔状态，可以继续放置。放置完成后，右击退出。

3）设置过孔属性

在过孔放置状态下按 Tab 键，或者双击放置好的过孔，弹出过孔属性设置面板，如图 7-108 所示。

该面板中部分选项功能如下。

（1）"Diameter"（过孔外径）选项：这里将过孔作为安装孔使用，因此过孔内径比较大，设置为 100mil。

（2）"Location"（过孔的位置）选项：这里的过孔外径设置为 150mil。

图 7-108　过孔属性设置面板

7.7.5　放置文字标注

文字标注主要用来解释说明 PCB 图中的一些元素。

1. 启动放置文字标注命令

启动放置文字标注命令有如下几种方式。

（1）选择 "放置"→"字符串" 选项。

（2）单击工具栏中的 "放置字符串" 按钮。

（3）使用 P+S 组合键。

图 7-109　字符串属性设置面板

2．放置文字标注

启动命令后，指针变成十字形状并带有一个字符串虚影，移动指针到图纸中需要文字标注的位置单击，放置字符串。此时系统仍处于放置状态，可以继续放置字符串。放置完成后，右击退出。

3．设置字符串属性

在放置状态下按 Tab 键，或者双击放置完成的字符串，弹出字符串属性设置面板，如图 7-109 所示。

（1）Text Height（文本高度）：设置字符串高度。

（2）Rotation：设置字符串的旋转角度。

（3）（X/Y）：设置字符串的位置坐标。

（4）Text（文本）：设置文字标注的内容，可以自定义输入。

（5）Layer：设置文字标注所在的层面。

（6）Font（字体）：设置字体，在其下拉列表中选择需要的字体。

7.7.6　放置坐标原点

在 PCB 编辑环境中，系统提供了一个坐标系，它是以图纸的左下角为坐标原点的，用户可以根据需要建立自己的坐标系。

1）启动放置坐标原点命令

启动放置坐标原点命令有以下几种方式。

（1）选择"编辑"→"原点"→"设置"选项。

（2）单击"应用工具"工具栏中的"实用工具"下拉按钮，在弹出的下拉列表中选择 选项。

（3）使用 E+O+S 组合键。

2）放置坐标原点

启动命令后，指针变成十字形状。将指针移到要设置成原点的点处，单击即可。若要恢复到原来的坐标系，选择"编辑"→"原点"→"复位"选项即可。

7.7.7　放置尺寸标注

在 PCB 设计过程中，系统提供了多种标注命令，用户可以使用这些命令在电路板上进行一些尺寸标注。

1．启动尺寸标注命令

（1）选择"放置"→"尺寸"选项，弹出尺寸标注菜单，如图 7-110 所示，选择执行菜单中的一个命令。

（2）单击"应用工具"工具栏中的"放置尺寸"按钮，弹出尺寸标注下拉列表，如图 7-111 所示，选择执行菜单中的一个命令。

图 7-110　尺寸标注菜单　　　　图 7-111　尺寸标注下拉列表

2. 放置尺寸标注

1）放置直线尺寸标注 📐（线性的）

① 启动命令后，移动指针到指定位置，单击确定标注的起始点。

② 移动指针到另一个位置，再次单击确定标注的终止点。

③ 继续移动指针，可以调整标注的放置位置，在合适位置单击完成一次标注。

④ 此时仍可继续放置尺寸标注，也可以右击退出。

2）放置角度尺寸标注 📐（角度）

① 启动命令后，移动指针到要标注的角的顶点或一条边上，单击确定标注的第一个点。

② 移动指针，在同一条边上距第一点稍远处，再次单击确定标注的第二点。

③ 移动指针到另一条边上，单击确定第三点。

④ 移动指针，在第二条边上距第三点稍远处，再次单击。

⑤ 此时标注的角度尺寸确定，移动指针可以调整放置位置，在合适位置单击完成一次标注。

⑥ 可以继续放置尺寸标注，也可以右击退出。

3）放置半径尺寸标注 📐（径向）

① 启动命令后，移动指针到圆或圆弧的圆周上单击，则半径尺寸被确定。

② 移动指针，调整放置位置，在合适位置单击完成一次标注。

③ 可以继续放置尺寸标注，也可以右击退出。

4）放置前导标注 📐（引线）

前导标注主要用来提供对某些对象的提示信息。

① 启动命令后，移动指针至需要标注的对象附近，单击确定前导标注箭头的位置。

② 移动指针调整标注线的长度，单击确定标注线的转折点，继续移动鼠标并单击，完成放置。

③ 右击退出放置状态。

5）放置数据标注 📐（基准）

数据标注用来标注多个对象之间的线性距离，用户使用该命令可以实现对两个或两个以上对象的距离标注。

① 启动该命令后，移动指针到需要标注的第一个对象上，单击确定基准点位置，此位置的标注值为 0。

② 移动指针到第二个对象上，单击确定第二个参考点。

③ 继续移动指针到下一个对象上，单击确定对象的参考点，以此类推。

④ 选择完所有对象后，右击，停止选择对象。移动指针调整标注放置的位置，在合适位置右击完成放置。

6）放置基线尺寸标注 ⬛（基线）

① 启动命令后，移动指针到基线位置，单击标注基准点。

② 移动指针到下一个位置，单击确定第二个参考点，该点的标注被确定，移动指针可以调整标注位置，在合适位置单击标注位置。

③ 移动指针到下一个位置，按照上面的方法继续标注。标注完所有的参考点后，右击退出。

7）放置中心尺寸标注 ✛（中心）

中心尺寸标注用来标注圆或圆弧的中心位置，标注后，在中心位置上会出现一个十字标记。

① 启动命令后，移动指针到需要标注的圆或圆弧的圆周上单击，指针将自动跳到圆或圆弧的圆心位置，并出现一个十字标记。

② 移动指针调整十字标记的大小，在合适大小时单击确定。

③ 可以继续选择标注其他圆或圆弧，也可以右击退出。

8）放置直线式直径尺寸标注 ⬛（直径）

① 启动命令后，移动指针到圆的圆周上，单击确定直径标注的尺寸。

② 移动指针调整标注放置位置，在合适位置再次单击，完成标注。

③ 此时，系统仍处于标注状态，可以继续标注，也可以右击退出。

9）放置射线式直径尺寸标注 ⬻（半径）

其标注方法与前面所讲的放置直线式直径尺寸标注的方法基本相同，这里不再赘述。

10）放置尺寸标注 ⬛（尺寸）

① 启动命令后，移动指针到指定位置，单击确定标注的起始点。

② 移动指针到另一个位置，再次单击确定标注的终止点。

③ 继续移动指针，可以调整标注的放置位置，可以 360° 旋转，在合适位置单击完成一次标注。

④ 此时仍可继续放置尺寸标注，也可以右击退出。

3. 设置尺寸标注属性

对于上面所讲的各种尺寸标注，它们的属性设置大体相同，双击放置的线性尺寸标注，弹出"Properties"面板，如图 7-112 所示，在该面板中即可设置相应的尺寸。

图 7-112　"Properties"面板

7.7.8 绘制圆弧

1．中心法绘制圆弧

1）启动中心法绘制圆弧命令

启动中心法绘制圆弧命令有以下几种方式。

① 选择"放置"→"圆弧（中心）"选项。

② 单击"应用工具"工具栏中的"应用工具"按钮，在弹出的下拉列表中选择"从中心放置圆弧"选项。

③ 使用 P+A 组合键。

2）绘制圆弧

① 启动命令后，指针变成十字形状。移动指针，在合适位置单击，确定圆弧中心。

② 移动指针，调整圆弧的半径大小，在大小合适时单击确定。

③ 继续移动指针，在合适位置单击确定圆弧起点位置。

④ 此时，指针自动跳到圆弧的另一个端点处，移动指针，调整端点位置，单击确定。

⑤ 可以继续绘制下一个圆弧，也可以右击退出。

3）设置圆弧属性

在绘制圆弧状态下按 Tab 键，或者双击绘制完成的圆弧，弹出圆弧属性设置面板，如图 7-113 所示。

在该面板中，可以设置圆弧的"（X/Y）"（中心位置坐标）、"Start Angle"（起始角度）、"End Angle"（终止角度）、"Width"（宽度）、"Radius"（半径），以及圆弧所在的层面、所属的网络等参数。

图 7-113　圆弧属性设置面板

2．边缘法绘制圆弧

1）启动边缘法绘制圆弧命令

① 选择"放置"→"圆弧（边沿）"选项。

② 使用 P+E 组合键。

2）绘制圆弧

启动命令后，指针变成十字形状。移动指针到合适位置，单击确定圆弧的起点。移动指针，再次单击确定圆弧的终点，一段圆弧绘制完成。可以继续绘制圆弧，也可以右击退出。采用此方法绘制出的圆弧都是 90°圆弧，用户可以通过设置属性改变其弧度值。

3）设置圆弧属性

其设置方法同上，这里不再赘述。

3．绘制任何角度的圆弧

1）启动绘制命令

① 选择"放置"→"圆弧（任意角度）"选项。

② 单击"应用工具"工具栏中的按钮，在弹出的下拉列表中选择"通过边沿放置圆弧

（任意角度）"选项 。

③ 使用 P+N 组合键。

2）绘制圆弧

① 启动命令后，指针变成十字形状。移动指针到合适位置，单击确定圆弧起点。

② 移动指针，调整圆弧半径大小，在大小合适时单击确定圆弧大小。

③ 此时，指针会自动跳到圆弧的另一端点处，移动指针，在合适位置单击确定圆弧的终止点。

④ 可以继续绘制下一个圆弧，也可以右击退出。

3）设置圆弧属性

其设置方法同上，这里不再赘述。

7.7.9　绘制圆

1．启动绘制圆命令

（1）选择"放置"→"圆弧"→"圆"选项。

（2）单击"应用工具"工具栏中的 按钮，在弹出的下拉列表中选择"放置圆"选项 。

（3）使用 P+U 组合键。

2．绘制圆

启动绘制命令后，指针变成十字形状。移动指针到合适位置，单击确定圆的圆心位置。此时指针自动跳到圆周上，移动指针可以改变半径大小，再次单击确定半径大小，一个圆绘制完成。可以继续绘制，也可以右击退出。

3．设置圆属性

在绘制圆状态下按 Tab 键，或者双击绘制完成的圆，弹出圆属性设置面板，其设置内容与前面所讲的圆弧的属性设置相同，这里不再赘述。

7.7.10　放置填充区域

1．放置矩形填充

1）启动放置矩形填充命令

① 选择"放置"→"填充"选项。

② 单击工具栏中的"放置填充"按钮 。

③ 使用 P+F 组合键。

2）放置矩形填充

启动命令后，指针变成十字形状。移动指针到合适位置，单击确定矩形填充的一角。移动鼠标，调整矩形的大小，在大小合适时再次单击确定矩形填充的对角，一个矩形填充完成。可以继续放置，也可以右击退出。

3）设置矩形填充属性

在放置状态下按 Tab 键，或者单击放置完成的矩形填充，弹出矩形填充属性设置面板，如

图 7-114 所示。

该面板中，可以设置矩形填充的旋转角度、角的坐标，以及填充所在的层面、所属网络等参数。

2．放置多边形填充

1）启动放置多边形填充命令

① 选择"放置"→"实心区域"选项。

② 使用 P+R 组合键。

2）放置多边形填充

① 启动命令后，指针变成十字形状。移动指针到合适位置，单击确定多边形的第一条边上的起点。

② 移动指针，单击确定多边形第一条边的终点，同时也作为第二条边的起点。

③ 以此类推，直到确定最后一条边，右击退出该多边形的放置。

④ 可以继续绘制其他多边形填充，也可以右击退出。

3）设置多边形填充属性

在放置状态下按 Tab 键，或者单击放置完成的多边形填充，弹出多边形填充属性设置面板，如图 7-115 所示。

在该面板中，可以设置多边形填充所在的层面和所属网络等参数。

图 7-114　矩形填充属性设置面板　　　图 7-115　多边形填充属性设置面板

7.8　在 PCB 编辑器中导入网络报表

在前面几节中，我们主要学习了 PCB 设计过程中用到的一些基础知识。从本节开始，我们将介绍如何完整地设计一块 PCB。

7.8.1　准备工作

1．准备电路原理图和网络报表

网络报表是电路原理图的精髓，是连接原理图和 PCB 的桥梁，没有网络报表，就没有电路板的自动布线。对于如何生成网络报表，我们在第 5 章中已经详细讲过，这里不再赘述。

2．新建一个 PCB 文件

在电路原理图所在的项目中，新建一个 PCB 文件。进入 PCB 编辑环境后，设置 PCB 设计环境，包括设置网格大小和类型、光标类型、板层参数、布线参数等。大多数参数可以用系统默认值，而且这些参数经过设置之后，符合用户个人的习惯，以后无须再去修改。

3．规划电路板

规划电路板主要是确定电路板的边界，包括电路板的物理边界和电气边界，在需要放置固定孔的地方放上适当大小的焊盘。

4．装载元器件库

在导入网络报表之前，要把电路原理图中所有元器件所在的库添加到当前库中，保证原理图中指定的元器件封装形式能够在当前库中找到。

7.8.2　导入网络报表

完成了前面的工作后，即可将网络报表中的信息导入 PCB，为电路板的元器件布局和布线做准备。导入网络报表的具体步骤如下。

（1）在 SCH 原理图编辑环境下，选择"设计"→"Update ISA Bus and Address Decoding.PcbDoc"（更新 PCB 文件）选项，或者在 PCB 编辑环境下，选择"设计"→"Irnport Changes From ISA Bus and Address Decoding.PrjPcb"（从项目文件更新）选项。

（2）弹出"工程变更指令"对话框，如图 7-116 所示。

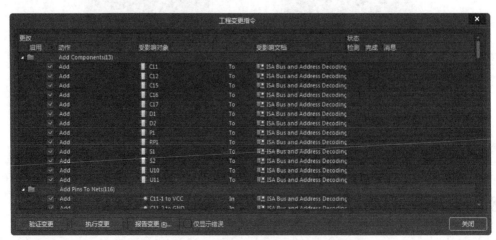

图 7-116　"工程变更指令"对话框

该对话框中显示出当前对电路进行的验证变更修改内容，左侧为"更改"列表，右侧是对应修改的"状态"。主要的修改有"Add Components""Add Nets""Add Components Classes""Add Rooms"几类。

（3）单击"工程变更指令"对话框中的"验证变更"按钮，系统将检查所有的更改是否都有效，如果有效，将在右侧的"检测"栏对应位置打勾；若有错误，"检测"栏中将显示红色错误标识。一般的错误是因为元器件封装定义不正确，系统找不到给定的封装，或者设计 PCB 时没有添加对应的集成库导致的。此时需要返回电路原理图编辑环境中，对有错误的元器件进行修改，直到修改完所有的错误，即"检测"栏中全为正确内容为止。

（4）若用户需要输出变化报告，可以单击对话框中的"报告变更"按钮，弹出"报告预览"对话框，如图 7-117 所示。在该对话框中可以打印输出该报告。

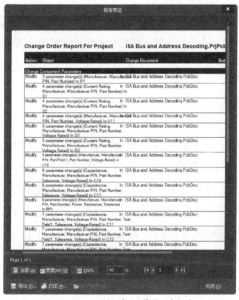

图 7-117　"报告预览"对话框

（5）单击"工程变更指令"对话框中的"执行变更"按钮，系统执行所有的更改操作，如果执行成功，"状态"下的"完成"栏将被选中，执行结果如图 7-118 所示。此时，系统将元器件封装等装载到 PCB 文件中，如图 7-119 所示。

图 7-118　执行更改

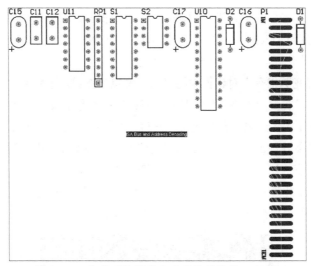

图 7-119　加载网络报表和元器件封装的 PCB 图

7.9　元器件的布局

导入网络报表后，所有元器件的封装已经加载到 PCB 上，我们需要对这些封装进行布局。合理的布局是 PCB 布线的关键。若单面板设计元器件布局不合理，将无法完成布线操作；若双面板元器件布局不合理，布线时将会放置很多过孔，使电路板导线变得非常复杂。

Altium Designer 20 提供了两种元器件布局的方法，一种是自动布局，另一种是手工布局。这两种方法各有优劣，用户应根据不同的电路设计需要选择合适的布局方法。

7.9.1　自动布局

自动布局适合于元器件比较多的情况。Altium Designer 20 提供了强大的自动布局功能，设置好合理的布局规则参数后，采用自动布局将大大提高设计电路板的效率。在 PCB 编辑环境下，选择"工具"→"器件摆放"选项，其子菜单中包含了与自动布局有关的选项，如图 7-120 所示。

（1）"按照 Room 排列"（空间内排列）选项：用于在指定的空间内部排列元器件。选择该选项后，指针变为十字形状，在要排列元器件的空间区域内单击，元器件即自动排列到该空间内部。

（2）"在矩形区域排列"选项：用于将选中的元器件排列到矩形区域内。使用该选项前，需要先将要排列的元器件选中。此时指针变为十字形状，在要放置元器件的区域内单击，确定矩形区域的一角，拖动鼠标至矩形区域的另一角后再次单击。确定该矩形区域后，系统会自动将已选择的元器件排列到矩形区域中。

（3）"排列板子外的器件"选项：用于将选中的元器件排列在 PCB 的外部。使用该选项前，需要先将要排列的元器件选中，系统自动将选择的元器件排列到 PCB 范围以外的右下角区域内。

（4）"依据文件放置"选项：用于导入自动布局文件进行布局。

（5）"重新定位选择的器件"选项：按照元器件布局中的电路板要求重新对电路板进行规划。

（6）"交换器件"选项：用于交换选中的元器件在 PCB 上的位置。

图 7-120　"器件摆放"子菜单

7.9.2　手工布局

在系统自动布局后，可对元器件布局进行手工调整。

1．调整元器件位置

手工调整元器件的布局时，需要移动元器件，其方法在前面的 PCB 编辑器的编辑功能中讲过，这里不再赘述。

2．排列相同元器件

在 PCB 上，我们经常把相同的元器件排列放置在一起，如电阻、电容等。若 PCB 上这类元器件较多，依次单独调整很麻烦，可以采用以下方法进行调整。

（1）查找相似元器件。选择"编辑"→"查找相似对象"选项，指针变成十字形状，在 PCB 图纸上单击选取一个电阻，弹出"查找相似对象"对话框，如图 7-121 所示。

在该对话框中的"Footpoint"（封装）下拉列表中选择"Same"（相似）选项，单击"应用"按钮，再单击"确定"按钮，此时，PCB 图中所有电容都处于选取状态。

（2）选择"工具"→"器件摆放"→"排列板子外的器件"选项，所有电容自动排列到PCB 外。

（3）选择"工具"→"器件摆放"→"在矩形区域排列"选项，指针变成十字形状，在 PCB 外绘制一个矩形，此时所有的电容都自动排列到该矩形区域内。稍微进行调整，如图 7-122 所示。

（4）由于存在标号重叠，为了清晰美观，单击"水平分布"和"增加水平间距"按钮，调整电容元器件的间距，结果如图 7-123 所示。

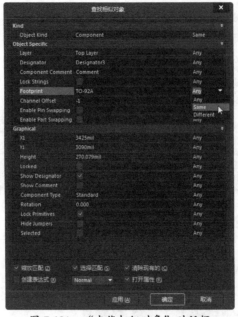

图 7-121　"查找相似对象"对话框

图 7-122　排列电容

图 7-123　调整电容元器件的间距

（5）将排列好的电容元器件拖动到电路板中合适的位置。按照同样的方法，对其他元器件进行排列。

手工调整后，元器件的布局如图 7-124 所示。

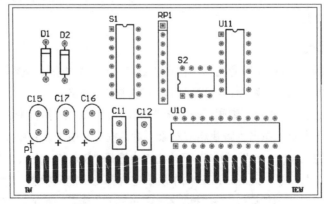

图 7-124　手工调整后元器件的布局

7.10 3D 效果图

手工布局完成以后，用户可以查看 3D 效果图，以检查布局是否合理。

7.10.1 3D 效果图显示

选择"视图"→"切换到 3 维模式"选项，系统自动切换到 3D 显示图，按住 Shift 键显示旋转图标，在方向箭头上按住鼠标右键并拖动鼠标，即可旋转电路板，如图 7-125 所示。

在 PCB 编辑器内，单击右下角的"Panels"按钮，在弹出的列表中选择"PCB"选项，弹出"PCB"面板，如图 7-126 所示。

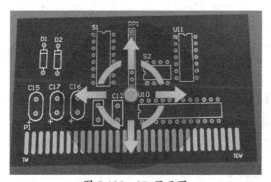

图 7-125 3D 显示图

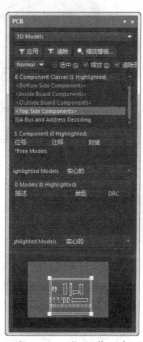

图 7-126 "PCB"面板

1. 浏览区域

在"PCB"面板中显示类型为"3D Models"，该区域列出了当前 PCB 文件内的所有 3D 模型。选择其中一个元器件后的结果如图 7-127 所示。

网络有"Normal"（正常）、"Mask"（遮挡）和"Dim"（变暗）3 种显示方式，用户可通过面板中的下拉列表进行选择。

（1）Normal：直接高亮显示用户选择的网络或元器件，其他网络及元器件的显示方式不变。

（2）Mask：高亮显示用户选择的网络或元器件，其他元器件和网络以遮挡方式显示（灰色），这种显示方式更为直观。

（3）Dim：高亮显示用户选择的网络或元器件，其他元器件或网络按色阶变暗显示。

显示控制有 3 个控制选项，即"选中""缩放""清除现有的"。

（1）选中：选中该复选框，在高亮显示的同时选中用户选定的网络或元器件。

（2）缩放：选中该复选框，系统会自动将网络或元器件所在区域完整地显示在用户可视区域内。如果被选定网络或元器件在图中所占区域较小，则会放大显示。

（3）清除现有的：选中该复选框，系统会自动清除选定的网络或元器件。

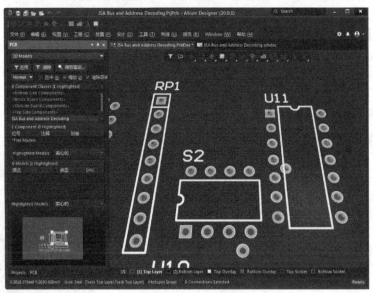

图 7-127　显示元器件

图 7-128　模型材质

2. 显示区域

该区域用于控制 3D 效果图中的模型材质的显示方式，如图 7-128 所示。

3. 预览框区域

将指针移到该区域中以后，单击并按住左键不放，拖动鼠标，3D 效果图将跟着旋转，展示不同方向上的效果。

7.10.2　"View Configuration" 面板

在 PCB 编辑器内，单击右下角的"Panels"按钮，在弹出的列表中选择"View Configuration"选项，弹出"View Configuration"面板，设置电路板基本环境。

在"View Configuration"面板的"View Options"（视图选项）选项卡中，显示 3D 面板的基本设置。不同情况下面板显示略有不同，这里重点讲解 3D 模式下的面板参数设置，如图 7-129 所示。

1. "General Settings"（通用设置）选项组

该选项组显示配置和 3D 主体。

（1）"Configuration"（设置）下拉列表中的 3D 视图设置模式包括 11 种，默认选择"Custom Configuration"（通用设置）模式，如图 7-130 所示。

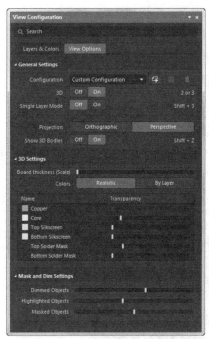

图 7-129　"View Options"选项卡

图 7-130　3D 视图模式

（2）3D：控制电路板 3D 模式开关，作用同菜单命令"视图"→"切换到 3 维模式"。

（3）Signal Layer Mode：控制 3D 模型中信号层的显示模式，打开与关闭单层模式，如图 7-131 所示。

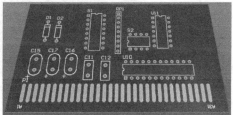

（a）打开单层模式　　　　　　　　　　　　　（b）关闭单层模式

图 7-131　三维视图模式

（4）Projection：投影显示模式，包括"Orthographic"（正射投影）和"Perspective"（透视投影）。

（5）Show 3D Bodies：控制是否显示元器件的 3D 模型。

2．"3D Setting"（3D 设置）选项组

（1）Board thickness（Scale）：通过拖动滑块，设置电路板的厚度，按比例显示。

（2）Color：设置电路板颜色模式，包括"Realistic"（逼真）和"By Layer"（随层）。

（3）Name：在列表中设置不同名称对应的透明度，通过拖动"Transparency"（透明度）栏下的滑块来设置。

3．"Mask and Dim Setting"（屏蔽和调光设置）选项组

该选项组用来控制对象屏蔽、设置调光和高亮。

（1）Dimmed Objects（屏蔽对象）：设置对象屏蔽程度。

（2）Highlighted Objects（高亮对象）：设置对象高亮显示的程度。

（3）Masked Objects（调光对象）：设置对象调光的程度。

4．"Additional Options"（附加选项）选项组

（1）在"Configuration"下拉列表中选择"Altium Standard 2D"选项或选择"视图"→"切换到2维模式"选项，切换到2D模式，如图7-132所示。

（2）添加"Additional Options"选项组，在该区域包括11种控件，允许配置各种显示设置。

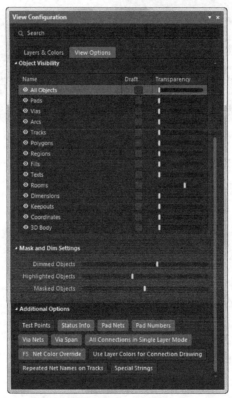

图 7-132　2D 模式下的"View Options"选项卡

5．"Object Visibility"（对象可视化）选项组

在2D模式下添加"Object Visibility"选项组，在该区域中设置电路板中不同对象的透明度和是否添加草图。

7.10.3　3D 动画制作

可使用动画来生成元器件在电路板中指定零件点到点运动的简单动画。本小节介绍通过拖动时间栏并旋转缩放电路板生成基本动画的步骤。

在 PCB 编辑器内，单击右下角的"Panels"按钮，在弹出的列表中选择"PCB 3D Movie Editor"

（电路板 3D 动画编辑器）选项，弹出"PCB 3D Movie Editor"面板，如图 7-133 所示。

图 7-133　"PCB 3D Movie Editor"面板

（1）"Movie Title"（动画标题）区域。在"3D Movie"（3D 动画）下拉列表中选择"New"（新建）选项或单击"New"按钮，在该区域创建 PCB 文件的 3D 模型动画，默认动画名称为"PCB 3D Video"。

（2）"PCB 3D Video"（动画）区域。在"Key Frame"（关键帧）下拉列表中选择"New"→"Add"选项或单击"New"→"Add"按钮，创建第一个关键帧，电路板如图 7-134 所示。

（3）单击"New"→"Add"按钮，继续添加关键帧，设置时间为 3 秒，按住鼠标中键并拖动鼠标缩放视图，如图 7-135 所示。

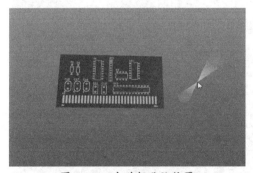

图 7-134　电路板默认位置

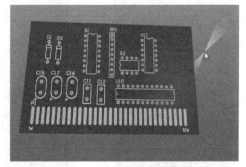

图 7-135　缩放后的视图

（4）单击"New"→"Add"按钮，继续添加关键帧，设置时间为 3 秒，按住 Shift 键与鼠标右键，旋转视图，结果如图 7-136 所示。

（5）单击工具栏上的▷按钮，动画设置面板如图 7-137 所示。

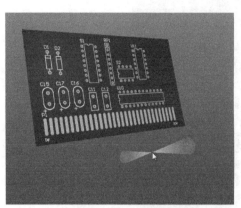

图 7-136　旋转后的视图　　　　　　　　图 7-137　动画设置面板

7.10.4　3D 动画输出

选择"文件"→"新的"→"Output Job 文件"选项，在"Project"面板中的"Settings"（设置）文件夹下显示输出文件，系统提供的默认名为"Job1.OutJob"，如图 7-138 所示。

右侧显示输出文件编辑区，如图 7-139 所示。

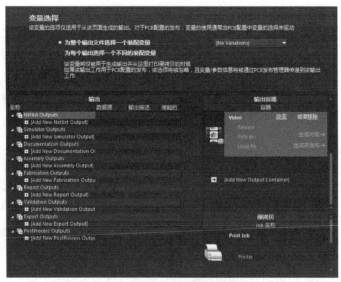

图 7-138　新建输出文件　　　　　　　图 7-139　输出文件编辑区

（1）"变量选择"选择组：设置输出文件中变量的保存模式。

（2）"输出"选项组：显示不同的输出文件类型。

① 本节介绍加载动画文件，单击需要添加的文件类型"Documentation Outputs"（文档输出）下的"Add New Documentation Output"（添加新文档输出），弹出的快捷菜单如图 7-140 所示，选择"PCB 3D Video"选项，选择默认的 PCB 文件作为输出文件依据或重新选择文件。加载的输出文件如图 7-141 所示。

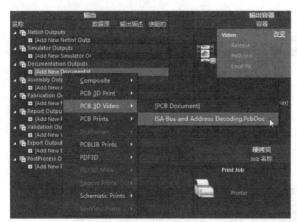

图 7-140　快捷菜单

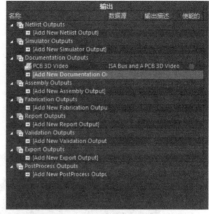

图 7-141　加载的输出文件

② 在加载的输出文件上右击，弹出如图 7-142 所示的快捷菜单，选择"配置"选项，弹出如图 7-143 所示的"PCB 3D 视频"对话框，单击"确定"按钮，关闭对话框，默认输出视频配置。

图 7-142　快捷菜单　　图 7-143　"PCB 3D 视频"对话框

③ 单击"PCB 3D 视频"对话框中的"视图设置"按钮 ▦，弹出如图 7-144 所示的"视图配置"对话框，用于设置电路板的板层显示与物理材料。

④ 单击添加的文件右侧的按钮，建立加载的文件与输出文件容器的联系，如图 7-145 所示。

（3）"输出容器"选项组：设置加载的输出文件保存路径。

① 单击"Add New Output Containers"（添加新输出）按钮，弹出如图 7-146 所示的快捷菜单，选择添加的文件类型。

图 7-144 "视图配置"对话框

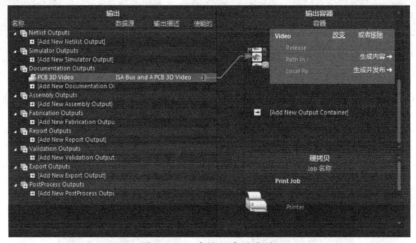

图 7-145 连接加载的文件

图 7-146 添加输出文件

② 在"Video"选项组中单击"改变"，弹出如图 7-147 所示的"Video settings"（视频设置）对话框，显示预览生成的位置。

图 7-147　"Video settings" 对话框

单击"高级"按钮，展开对话框，设置生成的动画文件的参数。在"类型"下拉列表中选择"Video（FFmpeg）"选项，在"格式"下拉列表中选择"FLV（Flash Video）（*.flv）"选项，大小设置为"704×576"，如图 7-148 所示。

图 7-148　"高级" 设置

③ 在"Release Managed"（发布管理）选项组中设置发布的视频的生成位置，如图 7-149 所示。

● 选中"发布管理"单选按钮，则将发布的视频保存在系统默认路径中。

● 选中"手动管理"单选按钮，则手动选择视频保存位置。

● 选中"使用相对路径"复选框，则默认发布的视频与 PCB 文件同路径。

④ 单击图 7-145 中的"生成内容"按钮，在文件设置的路径下生成视频，利用播放器打开的视频如图 7-150 所示。

图 7-149　设置发布的视频生成位置

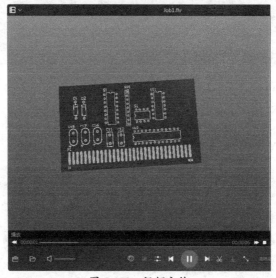

图 7-150　视频文件

7.10.5　3D PDF 输出

选择"文件"→"导出"→"PDF 3D"选项，弹出如图 7-151 所示的"Export File"（输出文件）对话框，输出电路板的 3D 模型 PDF 文件。

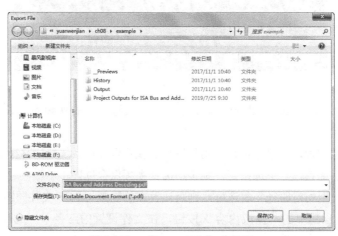

图 7-151　"Export File"对话框

　　单击"保存"按钮，弹出"Export 3D"对话框。在该对话框中还可以选择 PDF 文件中显示的视图，进行页面设置，设置输出文件中的对象，如图 7-152 所示，单击"Export"按钮，输出 PDF 文件，如图 7-153 所示。

图 7-152　"Export 3D"对话框

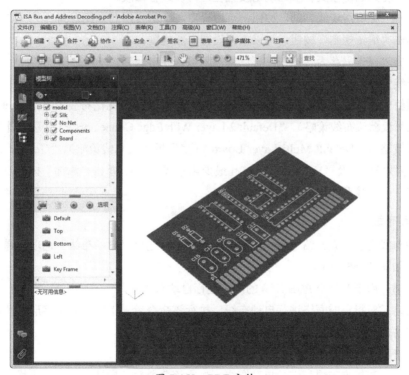

图 7-153　PDF 文件

　　在输出文件中还可以输出其余类型的文件，这里不再赘述，读者自行练习。

7.11　PCB 的布线

　　在对 PCB 进行了布局以后，用户就可以进行 PCB 布线了。PCB 布线可以采取两种方式：自动布线和手工布线。

7.11.1 自动布线

Altium Designer 20 提供了强大的自动布线功能，它适合于元器件数目较多的情况。

在自动布线之前，用户首先要设置布线规则，使系统按照规则进行自动布线。对于布线规则的设置，前面已经详细讲解过，这里不再赘述。

1．设置自动布线策略

在利用系统提供自动布线操作之前，首先要对自动布线策略进行设置。在 PCB 编辑环境中，选择"布线"→"自动布线"→"设置"选项，弹出如图 7-154 所示的"Situs 布线策略"对话框。

1）"布线设置报告"选项组

对布线规则设置进行汇总报告，并进行规则编辑。该区域列出了详细的布线规则，并以超链接的方式，将列表链接到相应的规则设置栏，可以进行修改。

（1）单击"编辑层走线方向"按钮，可以设置各个信号层的走线方向。

（2）单击"编辑规则"按钮，可以重新设置布线规则。

（3）单击"报告另存为"按钮，可以将规则报告导出保存。

2）"布线策略"选项组

该选项组中，系统提供了 6 种默认的布线策略："Cleanup"（优化布线策略）、"Default 2 Layer Board"（双面板默认布线策略）、"Default 2 Layer With Edge Connectors"（带边界连接器的双面板默认布线策略）、"Default Multi Layer Board"（多层板默认布线策略）、"General Orthogonal"（普通直角布线策略）及"Via Miser"（过孔最少化布线策略）。单击"添加"按钮，可以添加新的布线策略。一般情况下均采用系统默认值。

2．自动布线

在自动布线之前，先介绍一下"自动布线"菜单。选择"自动布线"选项，弹出的"自动布线"菜单如图 7-155 所示。

（1）全部：用于对整个 PCB 所有的网络进行自动布线。

（2）网络：对指定的网络进行自动布线。执行该命令后，指针变成十字形状，可以选中需要布线的网络，再次单击，系统会进行自动布线。

（3）网络类：为指定的网络类进行自动布线。

（4）连接：对指定的焊盘进行自动布线。执行该命令后，指针变成十字形状，单击系统即进行自动布线。

（5）区域：对指定的区域自动布线。执行该命令后，指针变成十字形状，拖动鼠标选择一个需要布线的焊盘的矩形区域。

（6）Room：在指定的 Room 空间内进行自动布线。

（7）元件：对指定的元器件进行自动布线。执行该命令后，指针变成十字形状，移动鼠标选择需要布线的元器件单击，系统会对该元器件进行自动布线。

（8）器件类：为指定的元器件类进行自动布线。

（9）选中对象的连接：为选取的元器件的所有连线进行自动布线。执行该命令前，先选择要布线的元器件。

（10）选择对象之间的连接：为选取的多个元器件之间进行自动布线。

（11）设置：用于打开自动布线设置对话框。

（12）停止：终止自动布线。

（13）复位：对布过线的 PCB 进行重新布线。

（14）Pause：将正在进行的布线操作中断。

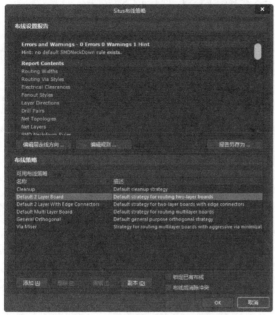

图 7-154　"Situs 布线策略"对话框

图 7-155　"自动布线"菜单

这里对已经手工布局好的"看门狗"电路板进行自动布线。

选择"布线"→"自动布线"→"全部"选项，弹出"Situs 布线策略"对话框，此对话框与前面讲的"Situs 布线策略"对话框基本相同。在"可用布线策略"列表框中，选择"Default 2 Layer Board"策略，单击"Route All"按钮，系统开始自动布线。

在自动布线过程中，会弹出"Messages"对话框，显示当前的布线信息，如图 7-156 所示。

图 7-156　自动布线信息

自动布线后的 PCB 如图 7-157 所示。

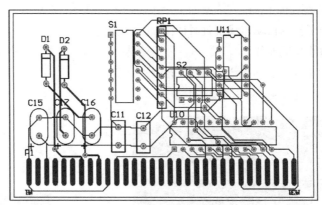

图 7-157 自动布线结果

除此之外，用户还可以根据前面介绍的命令，对电路板进行局部自动布线操作。

7.11.2 手工布线

在 PCB 上元器件数量不多、连接不复杂的情况下，或者在使用自动布线后需要对元器件布线进行修改时，都可以采用手工布线方式。

在手工布线之前，也要对布线规则进行设置，设置方法与自动布线前的设置方法相同，这里不再赘述。

在手工调整布线过程中，经常要删除一些不合理的导线。Altium Designer 20 系统提供了用命令方式删除导线的方法。

图 7-158 "取消布线"菜单

选择"布线"→"取消布线"选项，弹出"取消布线"菜单，如图 7-158 所示。

（1）全部：用于取消所有的布线。

（2）网络：用于取消指定网络的布线。

（3）连接：用于取消指定的连接，一般用于两个焊盘之间。

（4）器件：用于取消指定元器件之间的布线。

（5）Room：用于取消指定 Room 空间内的布线。

将布线取消后，选择"布线"→"交互式布线"选项，或者单击工具栏中的"交互式布线连接"按钮 ，启动绘制导线命令，重新手工布线。

7.12 建立覆铜、补泪滴及包地

完成了 PCB 的布线以后，为了加强 PCB 的抗干扰能力，还需要做一些后续工作，如建立覆铜、补泪滴及包地等。

7.12.1 建立覆铜

1．启动建立覆铜命令

（1）选择"放置"→"铺铜"选项。

（2）单击工具栏中的"放置多边形平面"按钮 。

（3）使用 P+G 组合键。

2．建立覆铜

启动命令后，弹出覆铜属性设置面板，如图 7-159 所示。

该面板中，各项参数的意义如下。

1）"Properties"选项组

该选项组用于设置覆铜所在的层面、名称和是否锁定覆铜。

2）"Fill Mode"（填充模式）选项组

该选项组用于选择覆铜的填充模式，有 3 个选项卡："Solid（Copper Regions）"（实心填充），即覆铜区域内为全部铜填充；"Hatched（Tracks/Arcs）"（影线化填充），即向覆铜区域填充网格状的覆铜；"None（Outlines Only）"（无填充），即只保留覆铜边界，内部无填充。

（1）Solid（Copper Regions）：该模式需要设置的参数如图 7-159 所示。需要设置的参数有"Remove Islands Less Than in Area"（删除岛的面积限制值）、"Arc Approximation"（围绕焊盘的圆弧近似值）和"Remove Necks When Copper Width Less Than"（删除凹槽的宽度限制值）。

（2）Hatched（Tracks/Arcs）：该模式需要设置的参数如图 7-160 所示。

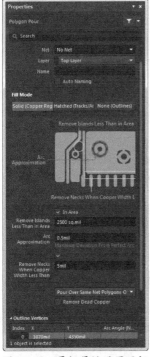

图 7-159 覆铜属性设置面板

图 7-160 Hatched（Tracks/Arcs）模式参数设置

需要设置的参数有"Grid Size"（网格大小）、"Track Width"（网格线的宽度）、"Surround Pads With"（围绕焊盘的形状）及"Hatch Mode"（网格的类型）等。

（3）None（Outlines Only）：该模式需要设置的参数如图 7-161 所示。

需要设置的参数有"Track Width"（覆铜边界线宽度）和"Surround Pads With"（围绕焊盘的形状）等。

3）"连接到网络"下拉列表

（1）"Don't Pour Over Same Net Objects"（填充不超过相同的网络对象）选项：用于设置覆铜的内部填充不与同网络的图元及覆铜边界相连。

（2）"Pour Over Same Net Polygons Only"（填充只超过相同的网络多边形）选项：用于设置覆铜的内部填充只与覆铜边界线及同网络的焊盘相连。

（3）"Pour Over All Same Net Objects"（填充超过所有相同的网络对象）选项：用于设置覆铜的内部填充与覆铜边界线，并与同网络的任何图元相连，如焊盘、过孔、导线等。

（4）"Remove Dead Copper"（删除孤立的覆铜）复选框：用于设置是否删除孤立区域的覆铜。孤立区域的覆铜是指没有连接到指定网络元器件上的封闭区域内的覆铜，若选中该复选框，则可以将这些区域的覆铜去除。

设置好面板中的参数以后，按 Enter 键，指针变成十字形状，即可放置覆铜的边界线。其放置方法与放置多边形填充的方法相同。在放置覆铜边界时，可以通过按 Space 键切换拐角模式：直角模式、45°或 90°模式、90°模式和任意角模式。

这里对完成布线的"看门狗"电路建立覆铜，在覆铜属性设置面板中，选择影线化填充、45°填充模式，层面设置为"Top Layer"，且选中删除覆铜复选框，其设置如图 7-162 所示。

图 7-161　None（Outlines Only）模式参数设置

图 7-162　设置参数

设置完成后，按 Enter 键，指针变成十字形状。用指针沿 PCB 的电气边界线，绘制一个封闭的矩形，系统将在矩形框中自动建立顶层的覆铜。采用同样的方式，为 PCB 的"Bottom Layer"层建立覆铜。覆铜后的 PCB 如图 7-163 所示。

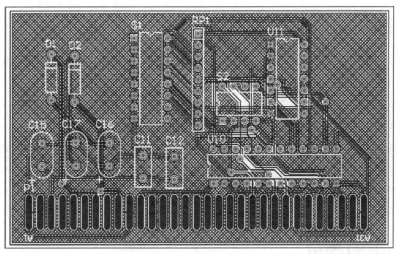

图 7-163　覆铜后的 PCB

7.12.2　补泪滴

泪滴就是导线和焊盘连接处的过渡段。在 PCB 制作过程中，为了加固导线和焊盘之间连接的牢固性，通常需要补泪滴，以加大连接面积。

其具体步骤如下。

（1）选择"工具"→"滴泪"选项，弹出"泪滴"对话框，如图 7-164 所示。

① "工作模式"选项组。

● "添加"单选按钮：用于添加泪滴。

● "删除"单选按钮：用于删除泪滴。

② "对象"选项组。

● "所有"单选按钮：选中该单选按钮，将对所有的对象添加泪滴。

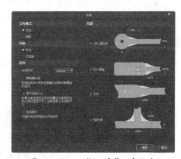

图 7-164　"泪滴"对话框

● "仅选择"单选按钮：选中该单选按钮，将对选中的对象添加泪滴。

③ "选项"选项组。

● "泪滴形式"：在该下拉列表中选择"Curved""Line"形式，表示用不同的形式添加滴泪。

● "强制铺泪滴"复选框：选中该复选框，将强制对所有焊盘或过孔添加泪滴，这样可能导致在进行 DRC 检测时出现错误信息。取消选中该复选框，则对安全间距太小的焊盘不添加泪滴。

● "调节泪滴大小"复选框：选中该复选框，进行添加泪滴的操作时自动调整滴泪的大小。

● "生成报告"复选框：选中该复选框，进行添加泪滴的操作后将自动生成一个有关添加泪滴操作的报表文件，同时该报表也将在工作窗口中显示出来。

（2）设置完成后，单击"确定"按钮，系统自动按设置放置泪滴。

7.12.3 包地

所谓包地就是用接地的导线将一些导线包起来。在 PCB 设计过程中，为了增强板的抗干扰能力经常采用这种方式。具体步骤如下。

（1）选择"编辑"→"选中"→"网络"选项，指针变成十字形状。移动指针到 PCB 图中，单击需要包地的网络中的一根导线，即可将整个网络选中。

（2）选择"工具"→"描画选择对象的外形"选项，系统自动为选中的网络进行包地。在包地时，有时会由于包地线与其他导线之间的距离小于设计规则中设定的值，影响其他导线，被影响的导线会变成绿色，需要手工调整。

7.13 距离的测量

在 PCB 设计过程中，经常需要进行距离的测量，如两点之间的距离、两个元素之间的距离等。Altium Designer 20 系统专门提供了一些测量命令，用于测量距离。

7.13.1 两元素间距测量

两个元素之间，如两个焊盘之间的距离，测量方法如下。

（1）选择"报告"→"测量"选项，指针变成十字形状，分别单击需要测量距离的两个焊盘，弹出一个距离信息对话框，如图 7-165 所示。

在该对话框中，显示了两个焊盘之间的距离。

（2）单击"OK"按钮后，系统仍处于测量状态，可继续进行测量，也可右击退出。

图 7-165　距离信息对话框

7.13.2 两点间距测量

两点间距的测量方法如下。

（1）选择"报告"→"测量距离"选项，指针变成十字形状。移动鼠标，单击需要测量的两点，弹出距离信息对话框，如图 7-166 所示。

在该对话框中，显示了两点间的距离。

（2）单击"OK"按钮后，系统仍处于测量状态，可继续进行测量，也可右击退出。

图 7-166 距离信息对话框

7.13.3 导线长度测量

测量导线长度的方法如下：首先选取需要测量长度的导线，然后选择"报告"→"测量选择对象"选项，弹出长度信息对话框，如图 7-167 所示。在该对话框中，显示了所选导线的长度。

图 7-167 长度信息对话框

7.14 PCB 的输出

7.14.1 设计规则检查

电路板设计完成之后，为了保证设计工作的正确性，还需要进行 DRC 检查，如元器件的布局、布线等是否符合所定义的设计规则。Altium Designer 20 提供了 DRC 检查功能，可以对 PCB 的完整性进行检查。

选择"工具"→"设计规则检查"选项，弹出"设计规则检查器"对话框，如 7-168 所示。

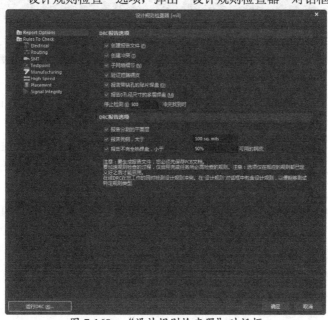

图 7-168 "设计规则检查器"对话框

该对话框的左侧列表中为设计项，右侧列表中为具体的设计内容。

1."Report Options"（报告选项）选项

该选项用于设置生成的 DRC 报表的具体内容，由"创建报表文件""创建冲突""子网络细节""验证短路铜皮"等选项来决定。"停止检测"选项用于限定违反规则的最高选项数，以便停止报表的生成。一般保持系统的默认选择状态。

2."Rules To Check"（规则检查）选项

该选项中列出了所有的可进行检查的设计规则，这些设计规则都是在"PCB 规则及约束编辑器"对话框中定义过的设计规则，如图 7-169 所示。

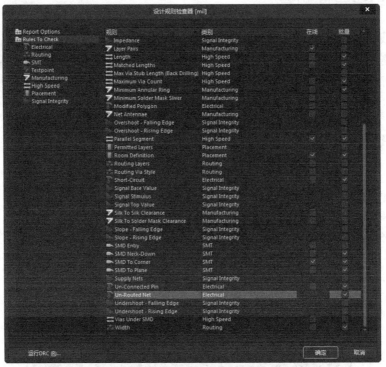

图 7-169 选择设计规则选项

其中，"在线"选项表示该规则是否在设计 PCB 的同时进行同步检查，即在线 DRC 检查；"批量"选项表示在运行 DRC 检查时要进行检查的项目。

对要进行检查的规则设置完成之后，在"设计规则检查器"对话框中单击"运行 DRC"按钮，进行规则检查。此时将弹出"Messages"对话框，列出了所有违反规则的信息项，包括所违反的设计规则的种类、所在文件、错误信息、序号等。同时在 PCB 电路图中以绿色标志标出不符合设计规则的位置。用户可以回到 PCB 编辑状态下的相应位置对错误的设计进行修改，重新运行 DRC 检查，直到没有错误为止。

DRC 检查完成后，系统将生成 DRC 报告，如图 7-170 所示。

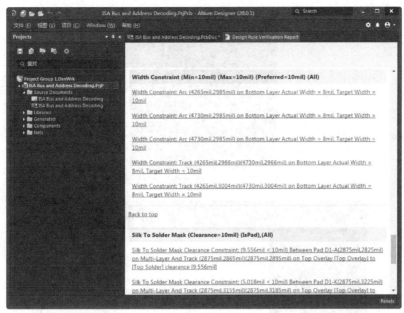

图 7-170　DRC 报告

7.14.2　生成电路板信息报表

PCB 信息报表对 PCB 的信息进行汇总报告，其生成方法如下：
单击右下角的"Panels"按钮，在弹出的列表中选择"Properties"
选项，弹出"Properties"面板，在"Board Information"（板信息）
选项组中显示 PCB 文件中元器件和网络的完整细节信息，选定对
象时显示的部分如图 7-171 所示。

（1）汇总了 PCB 上的各类图元，如导线、过孔、焊盘等的数
量，报告了电路板的尺寸信息和 DRC 违例数量。

（2）报告了 PCB 上元器件的统计信息，包括元器件总数、各
层放置数目和元器件标号列表。

（3）列出了电路板的网络统计，包括导入网络总数和网络名称
列表，单击"Reports"按钮，弹出如图 7-172 所示的"板级报告"
对话框，通过该对话框可以生成 PCB 信息的报表文件，在该对话
框的列表框中选择要包含在报表文件中的内容。选中"仅选择对象"
复选框时，报告中只列出当前电路板中已经处于选择状态下的图元
信息。在"板级报告"对话框中单击"报告"按钮，系统将生成
Board Information Report 的报表文件，并自动在工作区内打开，PCB
信息报表如图 7-173 所示。

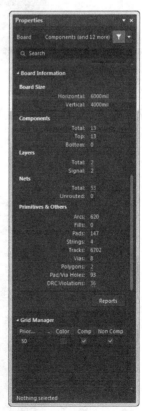

图 7-171　"Properties"面板

图 7-172 "板级报告"对话框

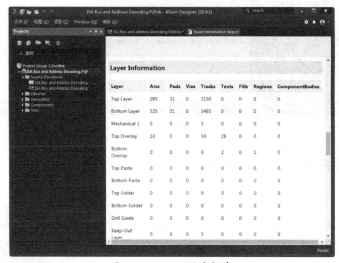

图 7-173 PCB 信息报表

7.14.3 元器件清单报表

选择"报告"→"Bills of Materials"（材料报表）选项，弹出元器件清单报表设置对话框，如图 7-174 所示。

图 7-174 元器件清单报表设置对话框

对于此对话框的设置，与我们在第 5 章中讲的生成电路原理图的元器件清单报表基本相同，请参考前面所讲，这里不再赘述。

7.14.4　网络状态报表

网络状态报表主要用来显示当前 PCB 文件中的所有网络信息，包括网络所在的层面及网络中导线的总长度。

选择"报告"→"网络表状态"选项，系统生成网络状态报表，如图 7-175 所示。

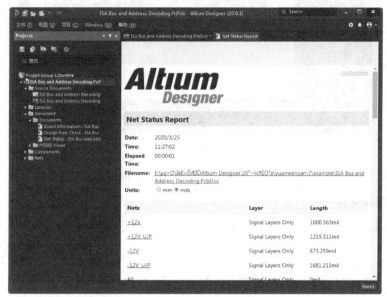

图 7-175　网络状态报表

7.14.5　PCB 图及报表的打印输出

PCB 设计完成以后，可以打印输出 PCB 图及相关报表文件，以便存档和加工制作等。

1. 打印 PCB 图文件

在打印之前，首先要进行页面设置，选择"文件"→"页面设置"选项，弹出页面设置对话框，如图 7-176 所示。

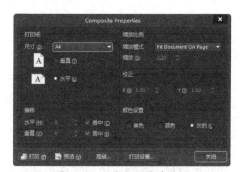

图 7-176　页面设置对话框

设置完成后，单击"预览"按钮，可以预览打印效果图，如图 7-177 所示。

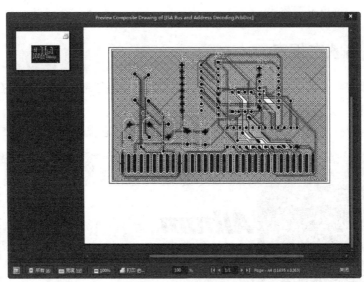

图 7-177　预览打印效果图

预览满意后，单击"打印"按钮，即可将 PCB 图打印输出。

2. 打印报表文件

对于报表文件，它们都是"*.html"格式的文件，保存后可以直接打印输出。

7.15　上机实例——话筒放大电路 PCB 设计

话筒放大电路 PCB
设计

完成如图 7-178 所示的话筒放大电路的电路板外形尺寸手动绘制，实现元
器件的布局和布线，还将学习 PCB 文件报表的创建。

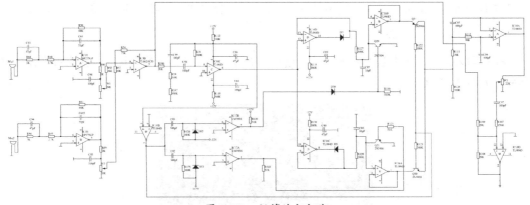

图 7-178　话筒放大电路

1. 创建 PCB 文件

（1）选择"文件"→"打开"选项，在弹出的对话框中选择第 5 章编译后的"话筒放大
电路.PrjPcb"文件。

（2）选择"文件"→"新的"→"PCB"选项，创建一个 PCB 文件，选择"文件"→"保存"选项，将新建的文件保存为"话筒放大电路.PcbDoc"。

设置 PCB 层参数，这里设计的是双面板，采用系统默认设置即可。

由于原理图文件已生成网络报表文件，这里省略报表文件的创建步骤。

2．绘制 PCB 的物理边界和电气边界

（1）单击编辑区左下方的板层标签"Mechanical1"，将其设置为当前层。选择"放置"→"线条"选项，指针变成十字形状，沿 PCB 边绘制一个矩形闭合区域，即可设定 PCB 的物理边界。

（2）单击编辑区左下方的板层标签"Keep out Layer"，将其设置为当前层。选择"放置"→"Keepout"→"线径"选项，指针变成十字形状，在 PCB 图上物理边界内部绘制一个封闭的矩形，设定电气边界。完成边界设置的 PCB 图如图 7-179 所示。

图 7-179　完成边界设置的 PCB 图

（3）选中已绘制的物理边界，选择"设计"→"板子形状"→"按照选择对象定义"选项，选择外侧的物理边界，定义电路板。

（4）打开原理图文件，选择"设计"→"Update PCB Document 话筒放大电路.PcbDoc"（更新话筒放大电路）选项，弹出"工程变更指令"对话框，如图 7-180 所示。

图 7-180　"工程变更指令"对话框

（5）单击对话框中的"验证变更"按钮，结果如图 7-181 所示。

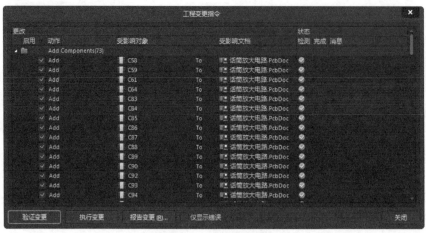

图 7-181　检查封装转换

（6）单击"执行变更"按钮，检查所有改变是否正确，若所有的项目后面都出现两个 标志，则项目转换成功，将元器件封装添加到 PCB 文件中，如图 7-182 所示。

（7）完成添加后，单击"关闭"按钮关闭对话框。此时，在 PCB 图纸上已经有了元器件的封装，如图 7-183 所示。

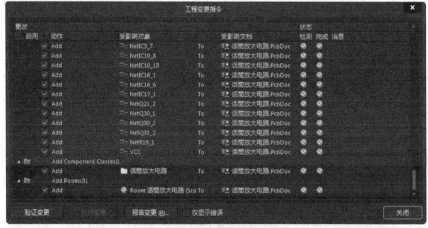

图 7-182　添加元器件封装

图 7-183　添加元器件封装的 PCB 图

3．元器件布局

（1）将边界外部封装模型拖动到电气边界内部，并对其进行布局操作，进行手工调整。手工调整后的 PCB 图如图 7-184 所示。

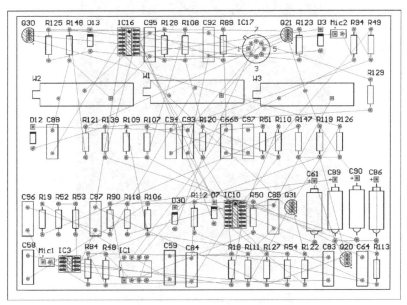

图 7-184　手工调整后的 PCB 图

（2）选择"视图"→"切换到 3 维模式"选项，查看 3D 效果图，检查布局是否合理，如图 7-185 所示。

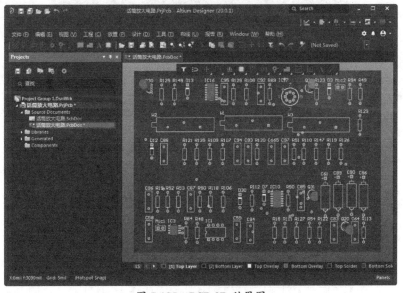

图 7-185　PCB 3D 效果图

4．布线

（1）选择"布线"→"自动布线"→"设置"选项，在弹出的"Situs 布线策略"对话框中设置布线策略，如图 7-186 所示。在"Situs 布线策略"对话框中选择"Default Multi Layer Board"（多层面板默认布线策略）设置布线规则，单击"OK"按钮，设置完成。

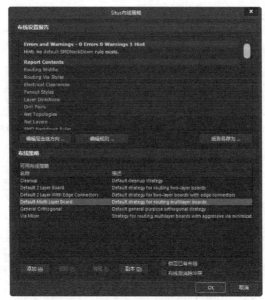

图 7-186　"Situs 布线策略"对话框

（2）选择"布线"→"自动布线"→"全部"选项，弹出"Situs 布线策略"对话框，单击"Route All"按钮，系统开始自动布线，并弹出"Messages"对话框，如图 7-187 所示。

图 7-187　"Messages"对话框

（3）布线完成后，结果如图 7-188 所示。

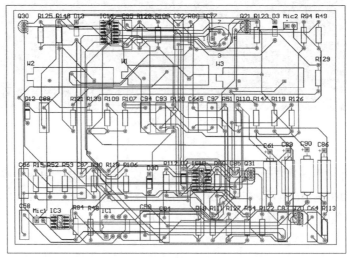

图 7-188　自动布线结果

5. 建立覆铜

选择"放置"→"铺铜"选项，对完成布线的电路建立覆铜，在覆铜属性设置面板中，选择影线化填充、45°填充模式，选择"Top Layer"选项，其设置如图 7-189 所示。

设置完成后，按 Enter 键，指针变成十字形状。用指针沿 PCB 的电气边界线，绘制一个封闭的矩形，系统将在矩形框中自动建立覆铜。采用同样的方式，为 PCB 的 Bottom Layer 层建立覆铜。覆铜后的 PCB 如图 7-190 所示。

6. 生成预览报表并打印输出

选择"文件"→"页面设置"选项，弹出页面设置对话框，如图 7-191 所示。

图 7-189　设置参数

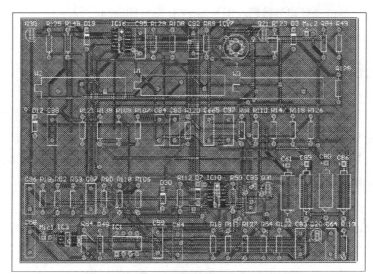

图 7-190　覆铜后的 PCB

图 7-191　页面设置对话框

设置完成后，单击"预览"按钮，可以预览打印效果图，如图 7-192 所示。

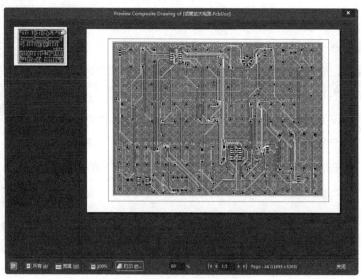

图 7-192　预览打印效果图

预览满意后，单击"打印"按钮，即可将 PCB 图打印输出。

7.16　本章小结

本章主要讲述了 PCB 的设计，它是整个电路设计中的重要部分，内容较多。首先介绍了 PCB 设计的基础知识，在此基础上，通过实例详细讲述了 PCB 的设计方法和步骤。

通过本章的学习，相信读者对 PCB 的设计有了基本的了解，能够完成基本的 PCB 设计。同时希望读者能多加练习，熟练掌握 PCB 的设计步骤。

7.17　课后思考与练习

（1）简述 PCB 的设计流程。

（2）如何创建一个 PCB 文件？有几种方法？怎样建立？

（3）掌握 PCB 视图的操作管理方法及编辑器的编辑功能。

（4）熟悉设计规则的设置，并掌握如何设置规则。

（5）简述 PCB 设计的具体步骤，并自找一个具体的实例加以练习。

第8章 电路仿真

在电路系统的整体设计过程中，由原理图的绘制进入 PCB 的实际制作，还要经过一个重要的环节——电路仿真。所谓电路仿真，就是用软件来模拟电路的效果与功能，以对设计的电路进行检测和调试。

知识重点

> 电路仿真的基本概念
> 电路仿真的基本步骤
> 常用电路仿真元器件
> 电源和仿真激励源
> 仿真方式设置

8.1 电路仿真的基本概念

Altium Designer 20 中内置了一个功能强大的电路仿真器，使用户能方便地进行电路仿真。一般来说，进行电路仿真主要是为了确定电路中某些参数的设置是否合理，如电容、电阻值的大小是否会直接影响波形的上升、下降周期；变压器的匝数比是否会影响输出功率等。所以，在仿真电路原理图的过程中，尤其应该注意元器件的标称值是否准确。

仿真中涉及的几个基本概念如下。

（1）仿真元器件：用户在进行电路仿真时用到的元器件，要求具有仿真属性。

（2）仿真电路图：用户根据具体电路的设计要求，使用原理图编辑器及具有仿真属性的元器件所绘制成的电路原理图。

（3）仿真激励：用于模拟实际电路中的信号。

（4）仿真方式：仿真方式有多种，对于不同的仿真方式对应不同的参数设定，用户应该根据具体的电路要求选择设置仿真方式。

（5）仿真结果：一般以波形的形式给出。

8.2 电路仿真的基本步骤

下面介绍 Altium Designer 20 电路仿真的具体操作步骤。

1. 编辑仿真原理图

在绘制仿真原理图时，图中所使用的元器件都必须具有仿真属性。如果某个元器件不具有仿真属性，则在仿真时将出现错误信息。对仿真元器件的属性进行修改，需要增加一些具体的参数设置，如晶体管的放大倍数、变压器的一次侧和二次侧的匝数比等。

2．设置仿真激励源

仿真激励源用于模拟实际电路中的激励信号，常用的仿真激励源有直流源、脉冲信号源及正弦信号源等。

放置好仿真激励源之后，就需要根据实际电路的要求修改其属性参数，如激励源的电压电流幅度、脉冲宽度、上升沿和下降沿的宽度等。

3．放置节点网络标签

这些网络标签放置在需要测试的电路位置上。

4．设置仿真方式及参数

不同的仿真方式需要设置不同的参数，显示的仿真结果也不同。用户要根据具体电路的仿真要求设置合理的仿真方式。

5．执行仿真命令

将以上设置完成后，选择"设计"→"仿真"→"Mixed Sim"选项，启动仿真命令。若电路仿真原理图中没有错误，系统将给出仿真结果，并将结果保存在扩展名为.sdf 的文件中；若仿真原理图中有错误，系统自动中断仿真，同时弹出"Messages"对话框，显示电路仿真原理图中的错误信息。

6．分析仿真结果

用户可以在扩展名为.sdf 的文件中查看、分析仿真的波形和数据。若对仿真结果不满意，可以修改电路仿真原理图中的参数，再次进行仿真，直到满意为止。

8.3　常用电路仿真元器件

Altium Designer 20 的主要仿真电路元器件有分离元器件、特殊元器件等。下面分别介绍这些仿真元器件。

1．分离元器件

Altium Designer 20 系统为用户提供了一个常用分离元器件集成库 Miscellaneous Devices.Int Lib，该库中包含了常用的元器件，如电阻、电容、电感、晶体管等，它们大部分具有仿真属性，可以用于仿真。

1）电阻

Altium Designer 20 系统在元器件集成库中为用户提供了 3 种具有仿真属性的电阻，分别为固定电阻、可变电阻及 Res Semi 半导体电阻，它们的仿真参数都可以手动设置。对于固定电阻只需设置一个电阻值仿真参数；对于可变电阻，需要设置的参数有电阻的总阻值、仿真使用的阻值占总阻值的比例；而对于 Res Semi 半导体电阻，阻值与其长度、宽度及环境温度有关，仿真时需要设置这些参数。

下面以 Res Semi 半导体电阻为例，介绍其仿真参数的设置。

双击原理图上的半导体电阻,弹出电阻属性设置面板,如图 8-1 所示。

双击"Models"选项组中的"Simulation"属性,弹出"Sim Model-General/Resistor (Semiconductor)"对话框,选择"Resistor(Semiconductor)"选项,如图 8-2 所示。选择"Parameters"选项卡,如图 8-3 所示。

图 8-1　电阻属性设置面板

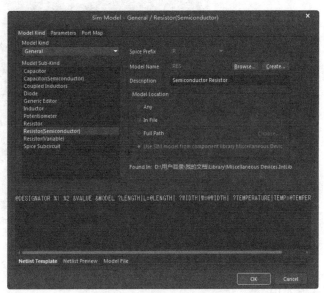

图 8-2　"Sim Model-General/Resistor(Semiconductor)"对话框

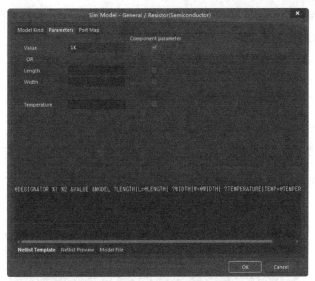

图 8-3　"Parameters"选项卡

在该选项卡中,各参数的意义如下。

(1) Value(值):用于设置 Res Semi 半导体电阻的阻值。

(2) Length(长度):用于设置 Res Semi 半导体电阻的长度。

（3）Width（宽度）：用于设置 Res Semi 半导体电阻的宽度。

（4）Temperature（温度）：用于设置 Res Semi 半导体电阻的温度系数。

2）电容

元器件集成库中提供了两种类型的电容，即 Cap 无极性电容和 Cap Pol 有极性电容，这两种电容的仿真参数设置是一样的，打开的电容仿真参数设置对话框如图 8-4 所示。

图 8-4　电容仿真参数设置对话框

（1）Value（值）：用于设置电容的电容值。

（2）Initial Voltage（初始电压）：用于设置电路初始工作时刻电容两端的电压，省略时系统默认值为 0V。

3）电感

在元器件集成库中系统提供了多种具有仿真属性的电感，它们的仿真参数设置是一样的，有两个基本参数，如图 8-5 所示。

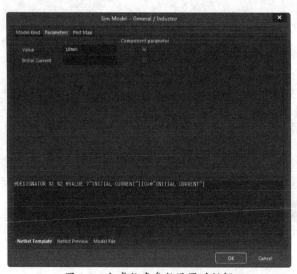

图 8-5　电感仿真参数设置对话框

（1）Value（值）：用于设置电感值。

（2）Initial Current（初始电流）：用于设置电路初始工作时刻流入电感的电流，省略时电流值默认设定为 0。

4）晶振

晶振仿真参数设置对话框如图 8-6 所示。

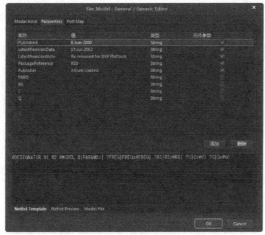

图 8-6　晶振仿真参数设置对话框

该对话框中需要设置的晶振仿真参数有以下 4 项。

（1）FREQ：用于设置晶振的振荡频率，可以在"值"列内修改设定值。

（2）RS：用于设置晶振的串联电阻值。

（3）C：用于设置晶振的等效电容值。

（4）Q：用于设置晶振的品质因数。

单击"添加"按钮，可以自己设定晶振参数；单击"删除"按钮，可以删除选中的晶振参数。

5）熔丝

熔丝可以防止芯片及其他元器件在过电流工作时受到损坏。熔丝仿真参数设置对话框如图 8-7 所示。

图 8-7　熔丝仿真参数设置对话框

（1）Resistance：用于设置熔丝的内阻值。

（2）Current：用于设置熔丝的熔断电流。

6）变压器

集成库中提供了多种具有仿真属性的变压器，它们的仿真参数设置基本相同，这里以 Trans 普通变压器为例，其仿真参数设置对话框如图 8-8 所示。

图 8-8　变压器仿真参数设置对话框

该对话框中需要设置的变压器仿真参数如下。

（1）Inductance A：用于设置感应线圈 A 的电感值。

（2）Inductance B：用于设置感应线圈 B 的电感值。

（3）Coupling Factor：用于设置变压器的耦合系数。

7）二极管

Altium Designer 20 系统在集成库中为用户提供了多种二极管，它们的仿真参数设置基本相同。二极管仿真参数设置对话框如图 8-9 所示。

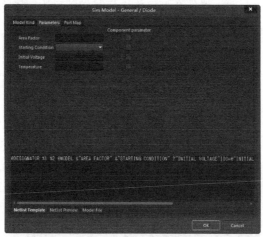

图 8-9　二极管仿真参数设置对话框

该对话框中需要设置的二极管仿真参数如下。

（1）Area Factor：用于设置二极管的面积因子。

（2）Starting Condition：用于设置二极管的起始状态，一般选择为 OFF（关断）状态。

（3）Initial Voltage：用于设置二极管两端的起始电压值。

（4）Temperature：用于设置二极管的工作温度。

8）晶体管

晶体管分为 NPN 型和 PNP 型两种，它们的仿真参数设置基本相同。晶体管仿真参数设置对话框如图 8-10 所示。

图 8-10　晶体管仿真参数设置对话框

该对话框中需要设置的晶体管仿真参数如下。

（1）Area Factor：用于设置晶体管的面积因子。

（2）Starting Condition：用于设置晶体管的起始状态，一般选择"OFF"状态。

（3）Initial B-E Voltage：用于设置基极和发射极两端的起始电压。

（4）Initial C-E Voltage：用于设置集电极和发射极两端的起始电压。

（5）Temperature：用于设置晶体管的工作温度。

2．特殊元器件

1）节点电压初始值元器件

节点电压初始值".IC"是存放在 Simulation Sources.IntLib 元器件库中的特殊元器件。将该元器件放置在电路中相当于为电路设置了一个初始值，便于进行电路的瞬态特性分析。如图 8-11 所示为".IC"元器件仿真参数设置对话框。

".IC"只有一个元器件参数，即电压初始值"Initial Voltage"。

2）仿真数学函数元器件

在 Altium Designer 20 仿真器中，系统还提供了若干仿真数学函数。它们作为一种特殊的仿真元器件，主要用来将两路信号进行合成，以达到一定的仿真目的。这就需要使用数学函数元器件来完成电路中信号的加、减、乘、除等数学运算，也可以用来对一个节点信号进行各种变换，如正弦变换、余弦变换等。

仿真数学函数元器件存放在 Simulation Math Function.IntLib 集成库中。如图 8-12 所示为对两路信号进行相加和相减的仿真数学函数元器件 ADDV 和 SUBV。

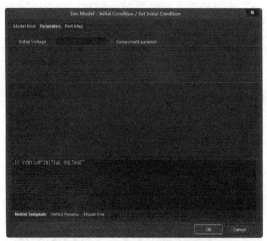

图 8-11 ".IC"元器件仿真参数设置对话框

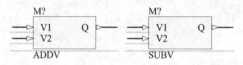

图 8-12 仿真数学函数元器件 ADDV 和 SUBV

　　仿真数学函数元器件的使用方法很简单，只需把相应的仿真数学函数元器件放置到仿真原理图中需要进行信号处理的地方即可，仿真参数不需要用户设置。

8.4　电源和仿真激励源

　　在 Altium Designer 20 中除实际的原理图元器件之外，仿真原理图中还需要用到激励源等元器件。这些元器件存放在安装路径 Altium\Library\Simulation 中，其中：

● Simulation Sources.IntLib：仿真激励源库，包括电流源、电压源等。
● Simulation Transmission Line.IntLib：特殊传输线库。
● Simulation Voltage Sources.IntLib：电压激励源库。

　　在仿真中，默认激励源是理想电源。也就是说，电压源的内阻为零，而电流源的内阻为无穷大。

8.4.1　直流电压源和直流电流源

　　Simulation Sources.IntLib 集成库中提供的直流电压源 VSRC 和直流电流源 ISRC 如图 8-13 所示。

图 8-13　直流电压源 VSRC 和直流电流源 ISRC

直流电压源和直流电流源在仿真原理图中分别为仿真电路提供一个不变的直流电压信号和直流电流信号。双击放置的直流电源，弹出元器件属性设置对话框，双击对话框的"Models"选项组中的"Simulation"，在弹出的对话框中选择"Parameters"选项卡，如图 8-14 所示。

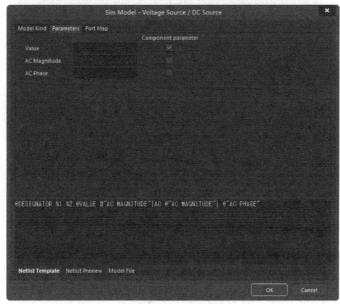

图 8-14　直流电源的仿真参数设置对话框

该选项卡中需要设置的参数如下。

（1）Value：用于设置直流电源值。

（2）AC Magnitude：用于设置交流小信号分析的电压值。

（3）AC Phase：用于设置交流小信号分析的初始相位值。

8.4.2　正弦信号激励源

正弦信号激励源包括正弦电压源 VSIN 和正弦电流源 ISIN，如图 8-15 所示。它们主要用来产生正弦电压和正弦电流，用于交流小信号分析和瞬态分析。

图 8-15　正弦电压源 VSIN 和正弦电流源 ISIN

如图 8-16 所示为正弦信号激励源的仿真参数设置对话框。

在该对话框中，需要设置的参数比较多，各项参数的具体意义如下。

（1）DC Magnitude：用于设置正弦信号的直流参数，它表示正弦信号的直流偏置，通常设置为 0。

（2）AC Magnitude：用于设置交流小信号分析的电压值，通常设置为 1V。

（3）AC Phase：用于设置交流小信号分析的初始相位值，通常设置为 0。

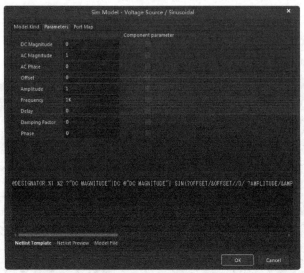

图 8-16　正弦信号激励源的仿真参数设置对话框

（4）Offset：用于设置正弦信号波上叠加的直流分量。

（5）Amplitude：用于设置正弦信号的振幅。

（6）Frequency：用于设置正弦信号的频率。

（7）Delay：用于设置正弦信号的初始延时时间。

（8）Damping Factor：用于设置正弦信号的阻尼因子。当设置为正值时，正弦波的幅值随时间的变化而衰减；当设置为负值时，正弦波的幅值随时间的变化而递增。

（9）Phase：用于设置正弦波的初始相位。

8.4.3　周期性脉冲信号源

周期性脉冲信号源包括脉冲电压源 VPULSE 和脉冲电流源 IPULSE 两种，如图 8-17 所示，用来产生周期性的连续脉冲电压和电流。

图 8-17　脉冲电压源 VPULSE 和脉冲电流源 IPULSE

周期性脉冲信号源的仿真参数设置对话框如图 8-18 所示。

（1）DC Magnitude：用于设置脉冲信号的直流参数，通常设置为 0。

（2）AC Magnitude：用于设置交流小信号分析的电压值，通常设置为 1V。

（3）AC Phase：用于设置交流小信号分析的初始相位值，通常设置为 0。

（4）Initial Value：用于设置脉冲信号的初始电压值或电流值。

（5）Pulsed Value：用于设置脉冲信号的电压或电流幅值。

（6）Time Delay：用于设置脉冲信号从初始值变化到脉冲值的延迟时间。

（7）Rise Time：用于设置脉冲信号的上升时间。

（8）Fall Time：用于设置脉冲信号的下降时间。

（9）Pulse Width：用于设置脉冲信号的高电平宽度。

（10）Period：用于设置脉冲信号的周期。

（11）Phase：用于设置脉冲信号的初始相位。

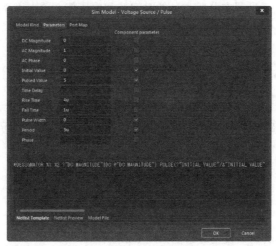

图 8-18　周期性脉冲信号源的仿真参数设置对话框

8.4.4　随机信号激励源

随机信号激励源用来提供随机信号，此信号是由若干条相连的直线组成的不规则信号，包括随机信号电压源 VPWL 和随机信号电流源 IPWL 两种，如图 8-19 所示。

图 8-19　随机信号电压源 VPWL 和随机信号电流源 IPWL

随机信号激励源的仿真参数设置对话框如图 8-20 所示。

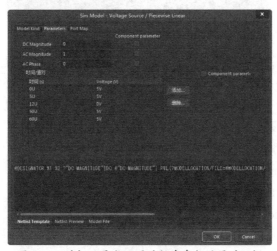

图 8-20　随机信号激励源的仿真参数设置对话框

（1）DC Magnitude：用于设置随机信号激励源的直流参数，通常设置为 0。

（2）AC Magnitude：用于设置交流小信号分析的电压值，通常设置为 1V。

（3）AC Phase：用于设置交流小信号分析的初始相位值，通常设置为 0。

（4）时间/值对：用于设置在分段点处的时间值和电压值。单击"添加"按钮，可以增加一个分段点；单击"删除"按钮，可以删除一个所选的分段点。

8.4.5　调频波激励源

调频波激励源用来为仿真电路提供一个频率可变的仿真信号，一般在高频电路仿真时使用，包括调频电压源 VSFFM 和调频电流源 ISFFM 两种，如图 8-21 所示。

图 8-21　调频电压源 VSFFM 和调频电流源 ISFFM

调频波激励源的仿真参数设置对话框如图 8-22 所示。

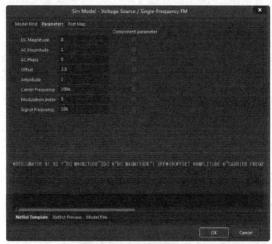

图 8-22　调频波激励源的仿真参数设置对话框

（1）DC Magnitude：用于设置调频波激励源的直流参数，通常设置为 0。

（2）AC Magnitude：用于设置交流小信号分析的电压值，通常设置为 1V。

（3）AC Phase：用于设置交流小信号分析的初始相位值，通常设置为 0。

（4）Offset：用于设置叠加在调频信号上的直流分量。

（5）Amplitude：用于设置调频信号的载波幅值。

（6）Carrier Frequency：用于设置调频信号载波频率。

（7）Modulation Index：用于设置调制系数。

（8）Signal Frequency：用于设置调制信号的频率。

8.4.6　指数函数信号激励源

指数函数信号激励源为仿真电路提供指数形状的电流或电压信号，常用于高频电路仿真中，包括指数电压源 VEXP 和指数电流源 IEXP 两种，如图 8-23 所示。

图 8-23　指数电压源 VEXP 和指数电流源 IEXP

指数函数信号激励源的仿真参数设置对话框如图 8-24 所示。

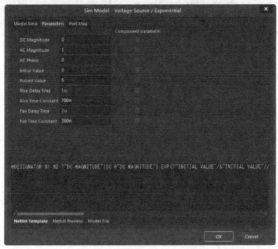

图 8-24　指数函数信号激励源的仿真参数设置对话框

（1）DC Magnitude：用于设置指数函数信号激励源的直流参数，通常设置为 0。

（2）AC Magnitude：用于设置交流小信号分析的电压值，通常设置为 1V。

（3）AC Phase：用于设置交流小信号分析的初始相位值，通常设置为 0。

（4）Initial Value：用于设置指数函数信号的初始幅值。

（5）Pulsed Value：用于设置指数函数信号的跳变值。

（6）Rise Delay Time：用于设置信号上升延迟时间。

（7）Rise Time Constant：用于设置信号上升时间。

（8）Fall Delay Time：用于设置信号下降延迟时间。

（9）Fall Time Constant：用于设置信号下降时间。

8.5　仿真方式设置

Altium Designer 20 的仿真器可以完成各种形式的信号分析，如图 8-25 所示。在仿真器的分析设置对话框中，通过通用参数设置页面，允许用户指定仿真的范围和自动显示仿真的信号，每一项分析类型可以在独立的设置页面内完成。

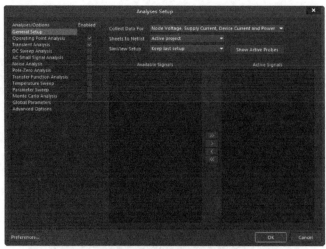

图 8-25 仿真器的分析设置对话框

Altium Designer 20 中允许的分析类型包括以下几种。

（1）静态工作点分析（Operating Point Analysis）。

（2）瞬态分析和傅里叶分析（Transient/Fourier Analysis）。

（3）直流扫描分析（DC Sweep Analysis）。

（4）交流小信号分析（AC Small Signal Analysis）。

（5）噪声分析（Noise Analysis）。

（6）零-极点分析（Pole-Zero Analysis）。

（7）传递函数分析（Transfer Function Analysis）。

（8）温度扫描（Temperature Sweep）。

（9）参数扫描（Parameter Sweep）。

（10）蒙特卡罗分析（Monte Carlo Analysis）。

（11）全局参数分析（Global Parameters）。

（12）高级设置分析（Advanced Option）。

在"Analyses/Option"（分析/选项）高级参数选项栏中，用户可以定义高级的仿真属性，包括 SPICE 变量值、仿真器和仿真参考网络的综合方法。通常，如果没有深入了解 SPICE 仿真参数的功能，不建议用户为达到更高的仿真精度而改变高级参数属性。所有在仿真设置对话框中的定义将被用于创建一个 SPICE 网络报表（*.nsx），运行任何一个仿真，均需要创建一个 SPICE 网络报表。如果在创建网络报表过程中出现任何错误或告警，分析设置对话框将不会被打开，而是通过消息栏提示用户修改错误。仿真可以直接在一个 SPICE 网络报表文件窗口下运行，同时，在完全掌握了 SPICE 知识后，"*.nsx"文件允许用户编辑。如果用户修改了仿真网络报表内容，则需要将文件另存为其他的名称，因为系统在运行仿真时，会自动修改并覆盖原仿真网络报表文件。

8.5.1 通用参数设置

在原理图编辑环境中，选择"设计"→"仿真"→"Mixed Sim"（混合仿真）选项，弹出分析设置对话框，如图 8-25 所示。

在该对话框左侧"Analyses/Option"栏中列出了需要设置的仿真参数和模型，右侧显示了与当前所选项目对应的仿真模型的参数设置。系统打开对话框后，默认的选项为"General Setup"（通用设置），即通用参数设置页面。

（1）仿真数据结果可以通过"Collect Data For"下拉列表指定。

① Node Voltage and Supply Current：将保存每个节点电压和每个电源电流的数据。

② Node Voltage, Supply and Device Current：将保存每个节点电压、每个电源和器件电流的数据。

③ Node Voltage, Supply Current, Device Current and Power：将保存每个节点电压、每个电源电流及每个器件的电源和电流的数据。

④ Node Voltage, Supply Current and Subcircuit VARs：将保存每个节点电压、来自每个电源的电流源及子电路变量中匹配的电压/电流的数据。

⑤ Active Signals/Probes：仅保存在 Active Signals/Probes 中列出的信号分析结果。

一般来说，应设置为"Active Signals/Probes"，这样可以灵活选择所要观测的信号，也可以减少仿真的计算量，提高效率。

（2）在"Sheets to Netlist"（网表薄片）下拉列表中，可以指定仿真分析的是当前原理图还是整个项目工程。

① Active Sheet：当前的电路仿真原理图。

② Active Project：当前的整个项目工程。

（3）在"SimView Setup"下拉列表中，用户可以设置仿真结果的显示。

① Keep Last Setup：按上一次仿真的设置来保存和显示数据。

② Show Active Signals：按照"Active Signals"列表框中列出的信号，在仿真结果图中显示。

（4）在"Available Signals"（有用的信号）列表框中列出了所有可供选择的观测信号。通过改变"Collect Data for"下拉列表的设置，该列表框中的内容将随之变化。

（5）在"Active Signals"（积极的信号）列表框中列出了仿真结束后，能立即在仿真结果中显示的信号。在"Available Signals"列表框中选择某一信号后，可以单击 ❯ 按钮，为"Active Signals"列表框添加显示信号；单击 ❮ 按钮，可以将不需要显示的信号移回"Available Signals"列表框中；单击 ❯❯ 按钮，可以将所有信号添加到"Active Signals"列表框中；单击 ❮❮ 按钮，可以将所有信号移回"Available Signals"列表框中。

8.5.2　静态工作点分析

静态工作点分析用于测定带有短路电感和开路电容电路的静态工作点。使用该方式时，用户不需要进行特定参数的设置，选中即可运行，如图 8-26 所示。

在测定瞬态初始化条件时，除在 Transient Analysis Setup 中使用 Use Initial Conditions 参数的情况外，静态工作点分析将优先于瞬态分析和傅里叶分析。同时，静态工作点分析优先于交流小信号、噪声和 Pole-Zero 分析。为了保证测定的线性化，电路中所有非线性的小信号模型，在静态工作点分析中将不考虑任何交流源的干扰因素。

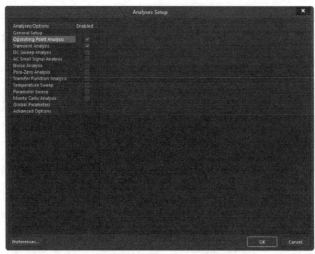

图 8-26 静态工作点分析

8.5.3 瞬态分析和傅里叶分析

瞬态分析是电路仿真中经常用到的仿真方式，在仿真器的分析设置对话框中选择"Transient Analysis"选项，即可在右侧显示瞬态分析参数设置，如图 8-27 所示。

图 8-27 瞬态分析参数设置

1. 瞬态分析

瞬态分析在时域中描述瞬态输出变量的值。在未使能"Use Initial Conditions"参数时，对于固定偏置点，在计算偏置点和非线性元器件的小信号参数时也应考虑节点初始值，因此有初始值的电容和电感也被看作电路的一部分而保留下来。

（1）Transient Start Time：瞬态分析时设定的时间间隔的起始值，通常设置为 0。

（2）Transient Stop Time：瞬态分析时设定的时间间隔的结束值，需要根据具体的电路来调整设置。

（3）Transient Step Time：瞬态分析时时间增量（步长）值。

（4）Transient Max Step Time：时间增量值的最大变化量。默认状态下，其值可以是 Transient Step Time 或（Transient Stop Time–Transient Start Time）/50。

（5）Use Initial Conditions：当选择此选项后，瞬态分析将自原理图定义的初始化条件开始。该选项通常用在由静态工作点开始的一个瞬态分析中。

（6）Use Transient Defaults：选择此选项后，将调用系统默认的时间参数。

（7）Default Cycles Displayed：电路仿真时显示的波形的周期数量。该值将由 Transient Step Time 决定。

（8）Default Points Per Cycle：每个周期内显示数据点的数量。

如果用户未确定具体输入的参数值，建议使用默认设置；当使用原理图定义的初始化条件时，需要确定在电路设计内的每一个适当的元器件上已经定义了初始化条件，或在电路中放置 ".IC" 元器件。

2．傅里叶分析

一个电路设计的傅里叶分析是基于瞬态分析中最后一个周期的数据完成的。

（1）Enable Fourier：若选中该复选框，则在仿真中执行傅里叶分析。

（2）Fourier Fundamental Frequency：用于设置傅里叶分析中的基波频率。

（3）Fourier Number of Harmonics：傅里叶分析中的谐波数。每一个谐波均为基频的整数倍。

（4）Set Defaults：单击该按钮，可以将参数恢复为默认值。

在执行傅里叶分析后，系统将自动创建一个扩展名为.sim 的数据文件，文件中包含了关于每一个谐波的幅度和相位的详细信息。

8.5.4　直流扫描分析

直流扫描分析就是直流转移特性，当输入在一定范围内变化时，输出一个曲线轨迹。通过执行一系列静态工作点分析，修改选定的源信号电压，从而得到一个直流传输曲线。用户也可以同时指定两个工作源。

在分析设置对话框中选择 "DC Sweep Analysis" 选项，即可在右侧显示直流扫描分析仿真参数设置，如图 8-28 所示。

（1）Primary Source：电路中独立电源的名称。

（2）Primary Start：主电源的起始电压值。

（3）Primary Stop：主电源的停止电压值。

（4）Primary Step：在主电源扫描范围内指定的步长值。

（5）Enable Secondary：在主电源基础上，执行对电源值的扫描分析。

（6）Secondary Name：电路中第二个独立电源的名称。

（7）Secondary Start：从电源的起始电压值。

（8）Secondary Stop：从电源的停止电压值。

（9）Secondary Step：在从电源扫描范围内指定的步长值。

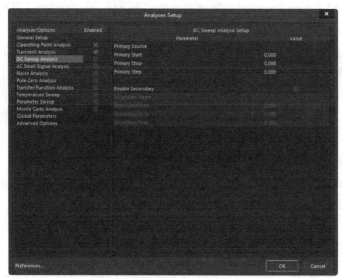

图 8-28　直流扫描分析仿真参数设置

在直流扫描分析中必须设定一个主电源，而第二个电源为可选电源。通常第一个扫描变量（主独立电源）所覆盖的区间是内循环，第二个（从独立电源）扫描区间是外循环。

8.5.5　交流小信号分析

交流小信号分析是指在一定的频率范围内计算电路的频率响应。如果电路中包含非线性元器件，在计算频率响应之前就应该得到此元器件的交流小信号参数。在进行交流小信号分析之前，必须保证电路中至少有一个交流电源，即在激励源中的 AC 属性域中设置一个大于零的值。

在仿真器的分析设置对话框中选择"AC Small Signal Analysis"选项，即可在右侧显示交流小信号分析仿真参数设置，如图 8-29 所示。

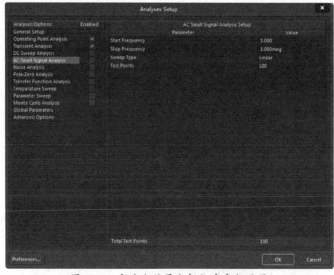

图 8-29　交流小信号分析仿真参数设置

（1）Start Frequency：用于设置交流小信号分析的初始频率。

（2）Stop Frequency：用于设置交流小信号分析的终止频率。

（3）Sweep Type：用于设置扫描方式，有 3 种选择。

① Linear：全部测试点均匀地分布在线性化的测试范围内，是从起始频率开始到终止频率结束的线性扫描，Linear 类型适用于带宽较窄的情况。

② Decade：测试点以 10 的对数形式排列，Decade 用于带宽特别宽的情况。

③ Octave：测试点以 2 的对数形式排列，频率以倍频程进行对数扫描，Octave 用于带宽较宽的情形。

（4）Test Points：在扫描范围内，交流小信号分析的测试点数目设置。

（5）Total Test Points：显示全部测试点的数量。

在执行交流小信号分析前，电路原理图中必须包含至少一个信号源器件并且在"AC Magnitude"参数中输入一个值。用这个信号源去替代仿真期间的正弦波发生器，用于扫描的正弦波的幅度和相位需要在 SIM 模型中指定。

8.5.6　噪声分析

噪声分析是指利用噪声谱密度测量电阻和半导体器件的噪声影响，通常由 V2/Hz 表征测量噪声值。

电阻和半导体器件等都能产生噪声，噪声电平取决于频率，电阻和半导体器件产生噪声的类型不同（注意：在噪声分析中，电容、电感和受控源视为无噪声元器件）。对交流分析的每一个频率，电路中每一个噪声源（电阻或晶体管）的噪声电平都被计算出来。

在电路设计中，可以测量和分析的噪声有以下几种。

（1）Output Noise：在某个输出节点处测量得到的噪声。

（2）Input Noise：叠加在输入端的噪声总量，将直接关系到输出端上的噪声值。

（3）Component Noise：电路中每个元器件（包括电阻和半导体器件）对输出端所造成的噪声乘以增益后的总和。

在仿真器的分析设置对话框中选择"Noise Analysis"选项，即可在右侧显示噪声分析仿真参数设置，如图 8-30 所示。

（1）Noise Source：选择一个用于计算噪声的参考电源（独立电压源或独立电流源）。

（2）Start Frequency：指定噪声分析的起始频率。

（3）Stop Frequency：指定噪声分析的终止频率。

（4）Sweep Type：指定扫描方式，这些设置和交流小信号分析差不多，在此只作简要说明。

"Linear"为线性扫描，是从起始频率开始到终止频率结束的线性扫描；"Test Points"是扫描中的总点数，一个频率值由当前一个频率值加上一个常量得到，"Linear"适用于带宽较窄的情况；"Octave"为倍频扫描，频率以倍频程进行对数扫描；"Test Points"是倍频程内的扫描点数，下一个频率值由当前值乘以一个大于 1 的常数产生；"Octave"用于带宽较宽的情形；"Decade"为 10 倍频扫描，它进行对数扫描；"Test Points"是 10 倍频程内的扫描点数。"Decade"用于带宽特别宽的情况，通常起始频率应大于零，独立的电压源中需要指定"Noise Source"参数。

（5）Test Points：用于指定扫描的测试点数目。

（6）Points Per Summary：指定计算噪声范围。在此区域中，若输入 0，则只计算输入和输出噪声；若输入 1，则同时计算各个元器件的噪声。后者适用于用户想单独查看某个元器件的噪声并进行相应处理的情况（如某个元器件的噪声较大，则考虑使用低噪声的元器件替换）。

（7）Output Node：指定噪声分析的输出节点。

（8）Reference Node：指定输出噪声参考节点，此节点一般为地（即为 0 节点）。如果设置的是其他节点，可以通过 V(Output Node)减 V(Reference Node)得到总的输出噪声。

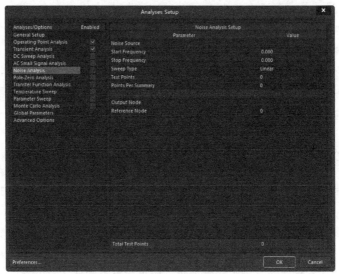

图 8-30　噪声分析仿真参数设置

8.5.7　零-极点分析

零-极点分析是指在单输入/输出的线性系统中，利用电路的小信号交流传输函数对极点或零点的计算用 Pole-Zero 进行稳定性分析，将电路的静态工作点线性化和对所有非线性元器件匹配小信号模型。传输函数可以是电压增益（输出与输入电压之比）或阻抗（输出电压与输入电流之比）中的任意一个。

在仿真器的分析设置对话框中选择"Pole-Zero Analysis"选项，即可在右侧显示零-极点分析仿真参数设置，如图 8-31 所示。

（1）Input Node：输入节点选择设置。

（2）Input Reference Node：输入端的参考节点设置，系统默认为 0。

（3）Output Node：输出节点选择设置。

（4）Output Reference Node：输出端的参考节点设置，系统默认为 0。

（5）Transfer Function Type：设定交流小信号传输函数的类型，有两种选择，即 V(output)/V(input)电压增益传输函数和 V(output)/I(input)电阻传输函数。

（6）Analysis Type：分析类型设置，有 3 种选择，即"Poles Only"（只分析极点）、"Zeros Only"（只分析零点）和"Poles And Zeros"（零、极点分析）。

零-极点分析可用于对电阻、电容、电感、线性控制源、独立源、二极管、BJT、MOSFET

和 JFET 等进行分析。对于复杂的大规模电路进行零-极点分析时，需要耗费大量时间并且可能找不到全部的 Pole 和 Zero 点，因此将其拆分成小的电路再进行零-极点分析将更加有效。

图 8-31　零-极点分析仿真参数设置

8.5.8　传递函数分析

传递函数分析（也称为直流小信号分析）是指计算每个电压节点上的直流输入电阻、直流输出电阻和直流增益值。

在仿真器的分析设置对话框中选择"Transfer Function Analysis"选项，即可在右侧显示传递函数分析仿真参数设置，如图 8-32 所示。

图 8-32　传递函数分析仿真参数设置

（1）Source Name：指定输入参考的小信号输入源。

（2）Reference Node：作为参考值指定计算每个特定电压节点的电路节点，系统默认为 0。

利用传递函数分析可以计算整个电路中直流输入、输出电阻和直流增益 3 个小信号的值。

8.5.9　温度扫描

温度扫描是指在一定的温度范围内进行电路参数计算，用以确定电路的温度漂移等性能指标。

在仿真器的分析设置对话框中选择"Temperature Sweep"选项，即可在右侧显示温度扫描仿真参数设置，如图 8-33 所示。

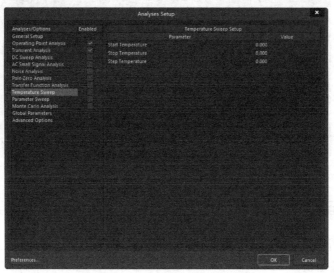

图 8-33　温度扫描仿真参数设置

（1）Start Temperature：温度扫描的起始温度。

（2）Stop Temperature：温度扫描的终止温度。

（3）Step Temperature：在温度变化区间内，递增变化的温度大小，即步长。

在温度扫描分析时，由于会产生大量的分析数据，因此需要将"General Setup"中的"Collect Data for"设定为"Active Signals"。

8.5.10　参数扫描

参数扫描可以与直流、交流或瞬态分析等分析类型配合使用，对电路所执行的分析进行参数扫描，观察电路参数的变化对研究电路特性提供了很大的方便。在分析功能上与蒙特卡罗分析和温度分析类似，它是按扫描变量对电路的所有分析参数扫描的，分析结果产生一个数据列表或一组曲线图。同时用户还可以设置第二个参数扫描分析，但参数扫描分析所收集的数据不包括子电路中的元器件。

在仿真器的分析设置对话框中选择"Parameter Sweep"选项，即可在右侧显示参数扫描仿真参数设置，如图 8-34 所示。

（1）Primary Sweep Variable：希望扫描的电路参数或元器件的值，在下拉列表中可以进行选择。

（2）Primary Start Value：扫描主要变量的初始值。

（3）Primary Stop Value：扫描主要变量的终止值。

（4）Primary Step Value：扫描主要变量的步长。

（5）Primary Sweep Type：参数扫描的扫描方式设置，有两种选择，即"Absolute Values"（按照绝对值的变化计算）和"Relative Values"（按照相对值的变化计算），通常选择"Absolute Values"。

（6）Enable Secondary：扫描时需要确定第二个扫描变量。

（7）Secondary Sweep Variable：希望扫描的电路参数或元器件的值，在下拉列表中可以进行选择。

（8）Secondary Start Value：第二个扫描变量的初始值。

（9）Secondary Stop Value：第二个扫描变量的终止值。

（10）Secondary Step Value：第二个扫描变量的步长。

（11）Secondary Sweep Type：参数扫描的扫描方式设置，有两种选择，即"Absolute Values"（按照绝对值的变化计算）和"Relative Values"（按照相对值的变化计算），通常选择"Absolute Values"。

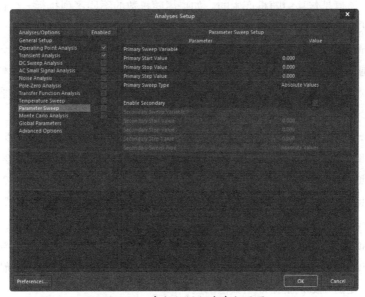

图 8-34　参数扫描仿真参数设置

参数扫描至少应与标准分析类型中的一项一起执行，我们可以观察到不同的参数值所画出的曲线不一样。曲线之间偏离的大小表明此参数对电路性能影响的程度。

8.5.11　蒙特卡罗分析

蒙特卡罗分析是一种统计模拟方法，它是指在给定电路元器件参数容差的统计分布规律的情况下，用一组随机数求得元器件参数的随机抽样序列，对这些随机抽样的电路进行直流扫描、静态工作点、传递函数、噪声、交流小信号和瞬态分析，并通过多次分析结果估算出电路性能的统计分布规律。蒙特卡罗分析可以进行最坏情况分析。

在仿真器的分析设置对话框中选择"Monte Carlo Analysis"选项，即可在右侧显示蒙特卡罗分析仿真参数设置，如图 8-35 所示。

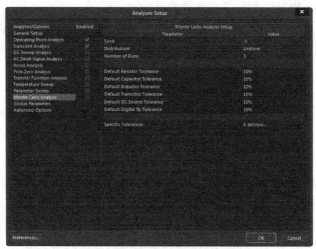

图 8-35　蒙特卡罗分析仿真参数设置

（1）Seed：该值是仿真中随机产生的。如果用随机数的不同序列执行一个仿真，需要改变该值，系统默认值为-1。

（2）Distribution：容差分布参数。其有 3 种选择，"Uniform"表示单调均匀分布，在超过指定的容差范围后仍然保持单调变化；"Gaussian"表示高斯曲线分布，名义中位数与指定容差有-/+3 的背离；"Worst Case"表示最坏情况，与单调均匀分布类似，不仅仅是容差范围内最差的点。

（3）Number of Runs：在指定容差范围内执行仿真的次数，系统默认值为5。

（4）Default Resistor Tolerance：电阻器件默认容差设置，系统默认值为10%。

（5）Default Capacitor Tolerance：电容器件默认容差设置，系统默认值为10%。

（6）Default Inductor Tolerance：电感器件默认容差设置，系统默认值为10%。

（7）Default Transistor Tolerance：晶体管器件默认容差设置，系统默认值为10%。

（8）Default DC Source Tolerance：直流源默认容差设置，系统默认值为10%。

（9）Default Digital Tp Tolerance：数字元器件传播延时默认容差设置，系统默认值为10%。该容差将用于设定随机数发生器产生数值的区间。

（10）Specific Tolerances：特定元器件的容差，用于定义一个新的特定容差，单击后面的"0 defined"按钮，弹出如图 8-36 所示的对话框。

在该对话框中，单击"Add"按钮，在出现的新增行的"Designator"中选择特定容差的元器件；在"Parameter"中设置参数值；在"Tolerance"中设定容差范围；在"Tracking No."即跟踪数（Tracking Number）中用户可以为多个元器件设定特定容差，此区域用来标明在设定多个元器件特定容差的情况下，它们之间的变化情况。如果两个元器件的特定容差的"Tracking No."一样，且分布一样，则在仿真时将产生同样的随机数并用于计算电路特性；在"Distribution"中选择"Uniform""Gaussian""Worst Case"中的一项。每个元器件都包含两种容差类型，分别为元器件容差和批量容差。

在电阻、电容、电感、晶体管等参数同时变化的情况下，可想而知，由于变化的参数太多，反而不知道哪个参数对电路的影响最大。因此，建议用户不要"贪多"，一个一个地分析。例如，用户想知道晶体管参数 BF 对电路频率响应的影响，那么就应该去掉其他参数对电路的影响，而只保留 BF 容差。

图 8-36　特定容差设置

8.6　上机实例

前面几节详细介绍了电路仿真的基础知识，从本节开始，将在前面讲述的基础上讲解几个实际电路仿真实例。

8.6.1　单结晶体管电路仿真

单结晶体管电路仿真原理图如图 8-37 所示。

单结晶体管电路
仿真

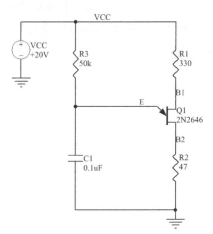

图 8-37　单结晶体管电路仿真原理图

下面介绍电路仿真的具体步骤。

1．绘制电路的仿真原理图

1）创建新项目文件和电路原理图文件

选择"文件"→"新的"→"项目"选项，创建一个新项目文件，右击，在弹出的快捷菜单中选择"保存工程为"选项，将新建的工程文件保存为"单结晶体管电路.PrjPcb"。

选择"文件"→"新的"→"原理图"选项，新建原理图文件，右击，在弹出的快捷菜单中选择"保存为"选项，将新建的原理图文件保存为"单结晶体管仿真电路.SchDoc"。

2）加载电路仿真原理图的元器件库

单击"Components"面板右上角的 ≡ 按钮，在弹出的下拉列表中选择"File-based Libraries Preferences"选项，弹出"Available File-based Libraries"对话框，在其中加载"Miscellaneous Devices.IntLib""Simulation Sources.IntLib""2N2646.ckt"，如图 8-38 所示。

图 8-38　本例中需要的元器件库

3）绘制电路仿真原理图

按照第 2 章中所讲的绘制一般原理图的方法绘制出电路仿真原理图，如图 8-39 所示。

4）添加仿真测试点

选择"放置"→"网络标签"选项，或单击工具栏中的"放置网络标签"按钮 Net，在仿真原理图中添加仿真测试点，结果如图 8-40 所示。VCC 表示电源输入信号，E 表示晶体管集电极观测信号，B1、B2 是两个晶体管基极观测信号。

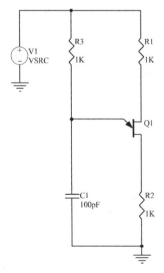

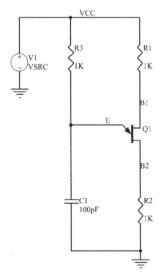

图 8-39　仿真原理图　　　　　　　　　　图 8-40　添加网络标签

2．设置元器件的仿真参数

（1）设置电阻元器件的仿真参数。在电路仿真原理图中，双击某一电阻，弹出该电阻的属性设置面板，在面板的"Models"选项组中，双击"Simulation"属性，弹出仿真属性对话框，如图 8-41 所示。在该对话框的"Value"文本框中输入电阻的阻值，单击"OK"按钮即可。

图 8-41　仿真属性对话框

采用同样的方法为其他电阻设置仿真参数。

（2）设置电容元器件的仿真参数。设置方法与电阻相同，这里不再赘述。

（3）设置晶体管元器件的仿真参数。双击晶体管元器件"UJT-N"，弹出元器件属性编辑面板，在"Parameters"选项组中添加参数值"2N2646"；在"Models"选项组中，双击"Simulation"属性，弹出仿真属性对话框，如图 8-42 所示。单击"Browse"按钮，在弹出的"浏览库"对话框中选择对应的元器件库，如图 8-43 所示。单击"确定"按钮，返回仿真属性对话框，如图 8-44 所示，单击"OK"按钮，退出对话框，完成设置。

图 8-42　仿真属性对话框

图 8-43 "浏览库"对话框

图 8-44 仿真属性对话框

3. 设置仿真激励源

将 V1 设置为+20V，它为 VCC 提供电源。双击仿真电源，弹出电源的元器件属性设置面板，双击右下角仿真模型，弹出仿真属性对话框，设置"Value"的值，如图 8-45 所示。由于 V1、V2 只是供电电源，在交流小信号分析时不提供信号，因此它们的"AC Magnitude"和"AC Phase"可以不设置。原理图设置结果如图 8-37 所示。

图 8-45 直流电压源参数设置

4．设置仿真方式

选择"设计"→"仿真"→"Mixed Sim"选项，弹出"Analyses Setup"（分析设置）对话框，如图 8-46 所示。在本例中需要设置"General Setup"选项和"Transient Analysis"选项。

1）通用参数设置

在"General Setup"选项中，双击"Available Signals"列表框中的 B1、B2、E，添加到"Active Signals"列表框中，如图 8-46 所示。

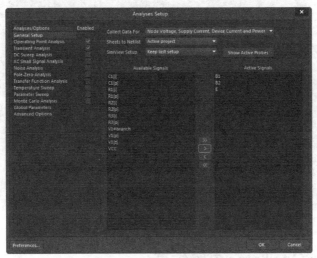

图 8-46　通用参数设置

2）瞬态分析仿真参数设置

选择"Transient Analysis"选项，修改"Transient Stop Time"（瞬态仿真分析的终止时间）的值为 15，修改"Transient Step Time"（仿真的时间步长）的值为 100，修改"Transient Max Step Time"（仿真的最大时间步长）的值为 100，选中"Use Initial Conditions"（使用初始设置条件）复选框，如图 8-47 所示。

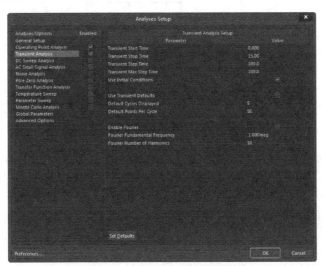

图 8-47　瞬态分析仿真参数设置

5．执行仿真

参数设置完成后，单击"OK"按钮，系统开始执行电路仿真，如图 8-48 所示为瞬态分析的仿真结果。

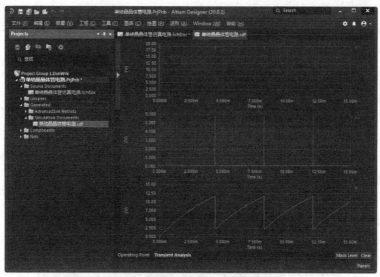

图 8-48　瞬态分析的仿真结果

8.6.2　Crystal Oscillator 电路仿真

Crystal Oscillator 电路仿真原理图如图 8-49 所示。

Crystal Oscillator
电路仿真

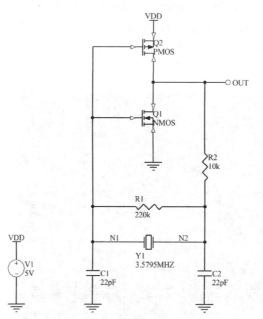

图 8-49　Crystal Oscillator 电路仿真原理图

本节只简单介绍 Crystal Oscillator 电路的仿真，主要讲述仿真激励源的参数设置及仿真方式的设置。对于仿真原理图的绘制，电阻、电容等元器件的仿真参数设置，这里不再讲述。

1. 设置仿真激励源

（1）双击直流电压源，在弹出的属性设置对话框中设置其标号和幅值，分别设置为+5V。

（2）双击放置好的直流电压源，弹出属性设置面板，将它的标号设置为"V1"，双击"Models"选项组中的"Simulation"选项，弹出仿真属性设置对话框，在"Parameters"选项卡中设置仿真参数，将"Value"设置为+5V，如图 8-50 所示。

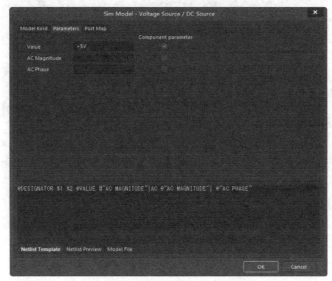

图 8-50　直流电压源仿真参数设置

2. 设置仿真方式

（1）选择"设计"→"仿真"→"Mixed Sim"（混合仿真）选项，弹出分析设置对话框。在"General Setup"选项卡中将"Collect Data For"设置为"Node Voltage, Supply Current, Device Current and Power"，将"Available Signals"列表框中的"N1""N2"和"OUT"添加到"Active Signals"列表框中，如图 8-51 所示。

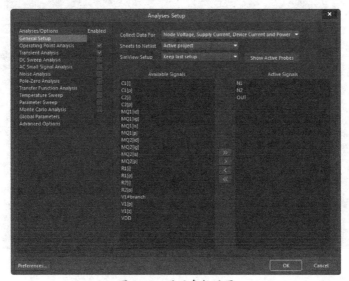

图 8-51　通用参数设置

（2）在"Analyses/Options"（分析/选项）列表框中，选择"Operating Point Analysis"和"Transient Analysis"两项，并对其进行参数设置。将"Transient Analysis"选项中的"Use Transient Defaults"（初始化瞬态值）设置为无效，并设置每个具体的参数，如图8-52所示。

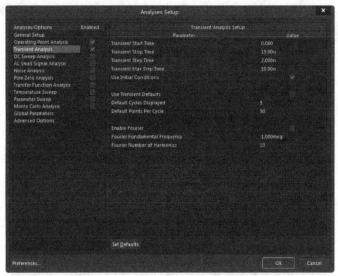

图 8-52　瞬态/傅里叶分析仿真参数设置

3. 执行仿真

（1）参数设置完成后，单击"OK"按钮，执行电路仿真。仿真结束后，输出的波形如图8-53所示，此波形为瞬态分析波形。

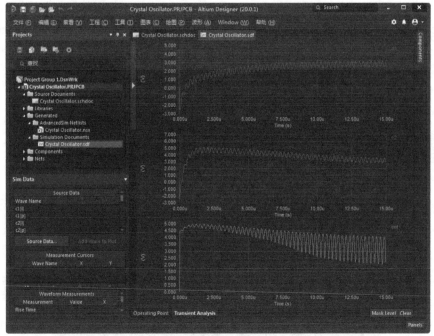

图 8-53　瞬态分析波形

（2）单击波形分析器窗口左下方的"Operating Point"标签，可以切换到静态工作点分析结果输出窗口，如图 8-54 所示。在该窗口中列出了静态工作点分析得出的节点电压值。

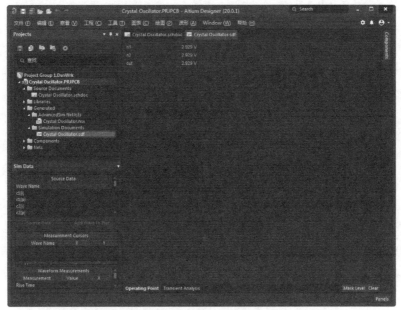

图 8-54　静态工作点分析结果输出窗口

8.7　本章小结

本章主要讲述了 Altium Designer 20 的电路原理图的仿真，原理图仿真的基本步骤如下：绘制仿真电路原理图、设置元器件的仿真参数、添加激励源和放置仿真测试点、设置仿真方式、输出仿真结果等，并通过实例对具体的电路图仿真过程进行了详细的讲解。

电路的仿真具有较强的理论性，要熟练掌握仿真方法，必须清楚各种仿真方式所分析的内容和输出结果的意义。用户可以借助于电路仿真，在制作 PCB 之前，尽早地发现自己设计的电路的缺陷，提高工作效率。

8.8　课后思考与练习

（1）简述电路仿真的基本步骤。
（2）绘制如图 8-55 所示的电路仿真原理图。

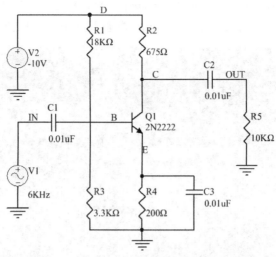

图 8-55　电路仿真原理图

（3）对图 8-55 所示电路仿真原理图进行静态工作点分析、瞬态分析、交流小信号分析和参数扫描仿真。

第 9 章　信号完整性分析

随着新工艺、新元器件的迅猛发展，高速元器件在电路设计中的应用已日趋广泛。在这种高速电路系统中，数据的传送速率、时钟的工作频率都相当高，而且由于功能的复杂多样，电路密集度也相当大。因此，设计的重点将与设计低速电路时截然不同，不再仅仅是元器件的合理放置与导线的正确连接，还应该对信号完整性（signal integrity，SI）问题给予充分的考虑，否则，即使原理正确，系统可能也无法正常工作。

知识重点

> 信号完整性的基本介绍
> 信号完整性演示范例
> 信号完整性分析实例

9.1　信号完整性的基本介绍

在高速数字设计领域，信号噪声会影响相邻的低噪声元器件，以至于无法准确传递"消息"。随着高速元器件越来越普及，板卡设计阶段的分布式电路分析也变得越来越关键。信号的边沿速率只有几纳秒，因此需要仔细分析板卡阻抗，确保合适的信号线终端，减少这些线路的反射，保证电磁干扰（electromagnetic interference，EMI）处于一定的规则范围之内。最终，需要保证跨板卡的信号完整性，即获得好的信号完整性。

9.1.1　信号完整性的定义

从字面意义上，这个术语代表信号的完整性分析。信号完整性分析关注元器件间的互连-驱动引脚源、目的接收引脚和连接它们的传输线。

我们分析信号完整性时会检查（并期望不更改）信号质量。当然，在理想情况下，源引脚的信号在沿着传输线传输时是不会有损伤的。元器件引脚间的连接使用传输线技术建模，考虑线轨的长度、特定激励频率下的线轨阻抗特性及连接两端的终端特性。一般分析需要通过快速的分析方法来确定问题信号，一般指筛选分析。而如果要进行更详细的分析，则是指研究反射（反射分析）和 EMI（EMI 分析）。

多数信号完整性问题都是由反射造成的，可通过引入合适的终端组件来进行阻抗不匹配补偿。如果在设计输入阶段就进行分析，则相对可以更快更直接地添加终端组件。很明显，相同的分析也可以在版图设计阶段完成，但版图完成后再添加终端组件十分费时且容易出错，在密集的板卡上尤其如此。有一种很好的补救策略，也是许多用户在使用信号完整性分析时用的，就是在设计输入后、PCB 图设计前进行信号完整性分析，处理反射问题，根据需求放置终端，进行 PCB 设计，使用基于期望传输线阻抗的线宽进行布线，然后再次分析。在输入阶段检查有问题标值的信号，同样进行 EMI 分析，把 EMI 保持在可接受的水平。

一般信号传输线上反射的起因是阻抗不匹配。基本电子学指出一般电路有低输出阻抗、高输入阻抗。为了减小反射、获得干净的信号波形且没有响铃特征，就需要很好地匹配阻抗。一般的解决方案包括在设计中的相关点添加终端电阻或 RC 网络，以此匹配终端阻抗，减少反射。此外，在 PCB 布线时考虑阻抗也是确保信号完整性的关键因素。

串扰水平（或 EMI 程度）与信号线上的反射直接成比例。如果信号质量得到满足，反射几乎可以忽略不计。在信号到达目的地的路径中尽量少兜圈子，就可以减少串扰。用户设计的黄金定律就是通过正确的信号终端和 PCB 上受限的布线阻抗获得最佳的信号质量。一般 EMI 需要严格考虑，但如果设计流程中集成了很好的信号完整性分析，则设计就可以满足最严格的规范要求。

9.1.2　在信号完整性分析方面的功能

要在原理图设计或 PCB 制造前创建正确的板卡，一个关键因素就是维护高速信号的完整性。Altium Designer 20 的统一信号完整性分析仪提供强大的功能集，保证用户的设计以期望的方式在真实世界中工作。

1．确保高速信号的完整性

最近越来越多的高速元器件出现在数字设计中，这些元器件也导致了高速的信号边沿速率。对于用户来说，需要考虑如何保证板卡上信号的完整性。快速的上升时间和长距离的布线会带来信号反射。特定传输线上明显的反射不仅会影响该线路上传输的真实信号，而且也会给相邻传输线带来"噪声"，即讨厌的 EMI。要监控信号反射和交叉信号 EMI，则需要可以详细分析设计中信号反射和 EMI 程度的工具。Altium Designer 20 就能提供这些工具。

2．在 Altium Designer 20 中进行信号完整性分析

Altium Designer 20 提供完整的集成信号完整性分析工具，可以在设计的输入（只有原理图）和版图设计阶段使用。先进的传输线计算和 I/O 缓冲宏模型信息用作分析仿真的输入，再结合快速反射和抗 EMI 模拟器，分析工具使用业界实证过的算法进行准确的仿真。

无论是只进行原理图分析还是对 PCB 进行分析，原理图或 PCB 文档都必须属于该项目。如果存在 PCB，则分析始终要基于该 PCB 文档。

9.1.3　将信号完整性集成进标准的板卡设计流程中

在生成 PCB 输出前，一定要运行最终的 DRC。选择"工具"→"设计规则检查"选项，弹出"设计规则检查器"对话框，如图 9-1 所示。

作为批量 DRC 的一部分，Altium Designer 20 的 PCB 编辑器可定义各种信号完整性规则。用户可设定参数门限，如降压和升压、边沿斜率、信号级别和阻抗值。如果在检查过程中发现问题网络，那么还可以进行更详细的反射或串扰分析。

图 9-1 "设计规则检查器"对话框

这样，建立可接受的信号完整性参数成为正常板卡定义流程的一部分，与日常定义对象间隙和布线宽度一样，然后确定物理版图导致的信号完整性问题就自然成为完成板卡全部 DRC 的一部分，将信号完整性设计规则作为补充检查而不是分析设计的唯一途径来考虑。

9.2 信号完整性分析实例

在 Altium Designer 20 设计环境下，既可以在原理图又可以在 PCB 编辑器内实现信号完整性分析，并且能以波形的方式在图形界面下给出反射和串扰的分析结果。其特点如下。

信号完整性分析
实例

（1）Altium Designer 20 具有布局前和布局后信号完整性分析功能，采用成熟的传输线计算方法，以及 I/O 缓冲宏模型进行仿真。信号完整性分析器能够产生准确的仿真结果。

（2）布局前的信号完整性分析允许用户在原理图环境下，对电路潜在的信号完整性问题进行分析。

（3）更全面的信号完整性分析是在 PCB 环境下完成的，它不仅能对反射和串扰以图形的方式进行分析，还能利用规则检查发现信号完整性问题，Altium Designer 20 能提供一些有效的终端选项，来帮助选择最好的解决方案。

下面介绍使用 Altium Designer 20 进行信号完整性分析的步骤。

> **注意**
>
> 不论是在 PCB 还是在原理图环境下进行信号完整性分析，设计文件必须在工程当中，如果设计文件是作为 Free Document 出现的，则不能进行信号完整性分析。

本例主要介绍在 PCB 编辑环境下进行信号完整性分析的方法。

为了得到精确的结果，在运行信号完整性分析之前需要完成以下步骤。

（1）电路中需要至少一块集成电路，因为集成电路的引脚可以作为激励源输出到被分析的网络上。像电阻、电容、电感等被动元器件，如果没有源的驱动，是无法给出仿真结果的。

（2）针对每个元器件的信号完整性模型必须正确。

（3）在规则中必须设定电源网络和接地网络，具体操作见下面介绍。

（4）必须要设定激励源。

（5）用于 PCB 的层堆栈必须设置正确，电源平面必须连续，分散的电源平面将无法得到正确的分析结果，另外，要正确设置所有层的厚度。

本节实例参照安装目录下的"Altium Designer 20\Examples\Signal Integrity\Simple FPGA_SI_Demo.PrjPcb"项目文件。

实例操作步骤如下。

（1）在 Altium Designer 20 设计环境下，选择"文件"→"打开"选项，在弹出的对话框中选择源文件目录"ch9\9.3\example\SimpleFPGA_SI_Demo.PrjPcb"，进入 PCB 编辑环境，如图 9-2 所示。

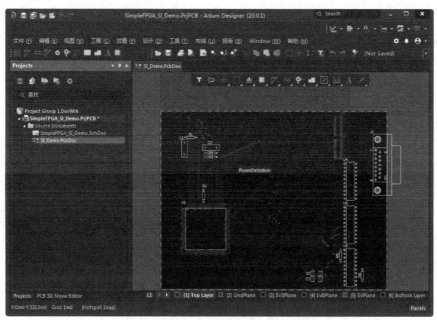

图 9-2　打开系统自带的范例工程文件

（2）选择"设计"→"规则"选项，在弹出的"PCB 规则及约束编辑器"对话框的"Signal Integrity"（信号完整性）选项中设置相应的参数，如图 9-3 所示。首先设置"SignalStimulus"（信号激励），右击"SignalStimulus"，在弹出的快捷菜单中选择"新规则"选项，在右侧的界面中设置相应的参数，本例设置为默认值。

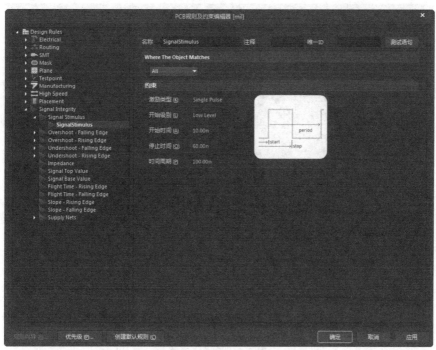

图 9-3　设置信号激励源

（3）设置电源和地网络，右击"Supply Net"，在弹出的快捷菜单中选择"新规则"选项，在右侧的界面中，将 GND 网络的电压设置为 0，如图 9-4 所示。按相同方法再添加规则，将 VCC 网络的电压设置为 5V，如图 9-5 所示。其余的参数按实际需要进行设置，最后单击"确定"按钮退出。

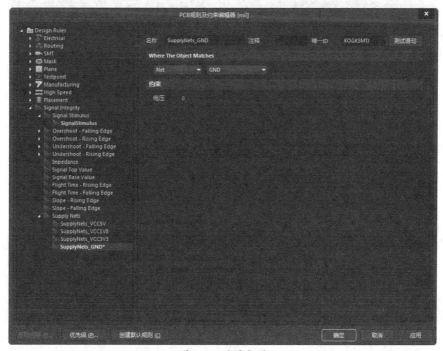

图 9-4　设置电源

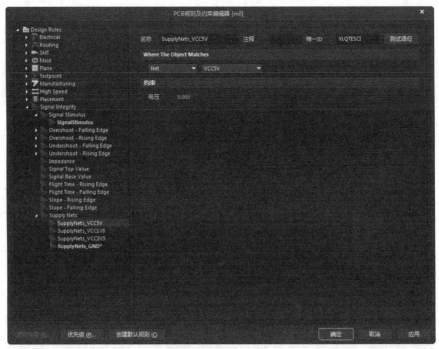

图 9-5 设置地网络

（4）选择"工具"→"Signal Integrity"选项，弹出"Signal Integrity"对话框，如图 9-6 所示。

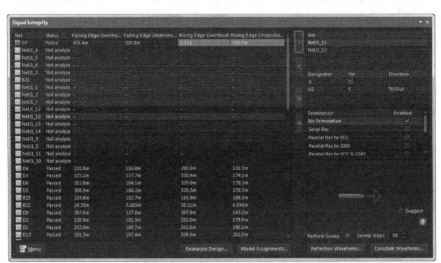

图 9-6 "Signal Integrity"对话框

单击"Model Assignments"（模型匹配）按钮，弹出模型配置对话框，如图 9-7 所示。

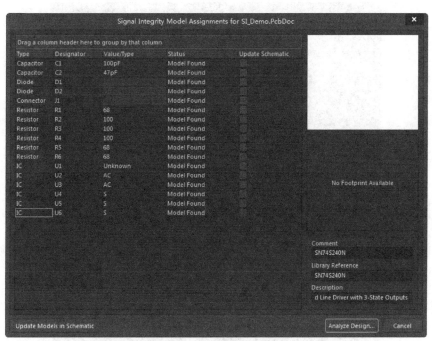

图 9-7　模型配置对话框

（5）在图 9-7 所示的模型配置对话框中，能够看到每个元器件所对应的信号完整性模型，并且每个元器件都有相应的状态与之对应，关于这些状态的解释如表 9-1 所示。

表 9-1　元器件状态对应表

状　态	解　释
No Match	表示目前没有找到与该元器件相关联的信号完整性分析模型，需要人为地去指定
Low Confidence	系统自动为该元器件指定了一种模型，但置信度较低
Medium Confidence	系统自动为该元器件指定了一种模型，置信度中等
High Confidence	系统自动为该元器件指定了一种模型，置信度较高
Model Found	与元器件相关联的模型已经存在
User Modified	用户修改了模型的有关参数
Model Added	用户创建了新的模型

修改元器件模型的步骤如下：双击需要修改模型的元器件（U1）的状态，弹出相应的对话框，如图 9-8 所示。在"Type"下拉列表中选择元器件的类型，在"Technology"（技术）下拉列表中选择相应的驱动类型，也可以从外部导入与元器件相关联的 IBIS 模型，单击"Import IBIS"按钮，在弹出的对话框中选择从元器件厂商那里得到的 IBIS 模型即可。模型设置完成后单击"OK"按钮。

（6）单击图 9-7 中左下角的"Update Models in Schematic"（更新模型到原理图）按钮，将修改后的模型更新到原理图中。

（7）单击图 9-7 中右下角的"Analyze Design"（分析设计）按钮，系统开始进行分析。

（8）图 9-9 为分析后的信号完整性对话框，选择需要分析的网络 D5，单击 ▷ 按钮，将其导入窗口的右侧。

（9）单击对话框右下角的"Reflections"按钮，反射分析的波形结果将会显示出来，如图 9-10 所示。

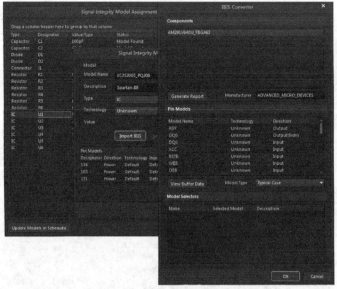

图 9-8　修改元器件模型

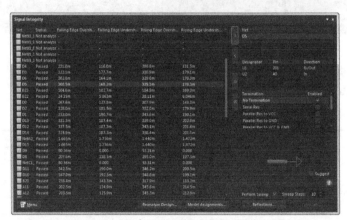

图 9-9　分析后的信号完整性对话框

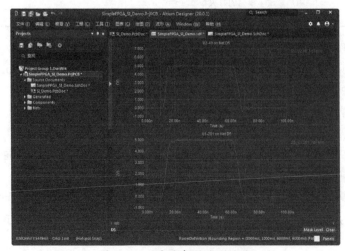

图 9-10　反射分析的波形结果

（10）从图 9-9 中左侧部分可以看到网络是否通过了相应的规则，如过冲幅度等，通过右侧的设置，可以以图形的方式显示过冲和串扰结果。选择左侧的网络 "D5" 右击，在弹出的下拉列表中选择 "Details"（细节）选项，在弹出的如图 9-11 所示的 "Full Results" 对话框中可以看到针对此网络分析的详细信息。

（11）在波形结果图上右击 "D5_U1.201_NoTerm"，弹出的快捷菜单如图 9-12 所示。

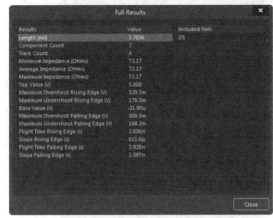

图 9-11　关于网络分析的详细信息　　　　　　　　　　　图 9-12　波形属性

在弹出的快捷菜单中选择 "Cursor A" 和 "Cursor B" 选项，可以利用它们来测量确切的参数，测量结果如图 9-13 所示。

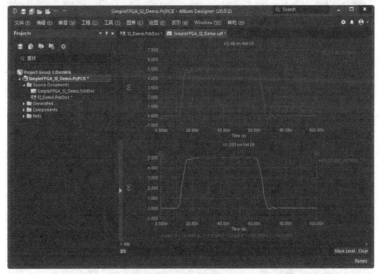

图 9-13　测量结果

（12）返回图 9-9 所示的对话框，对话框右侧给出了几种端接的策略来减小反射所带来的影响，选中 "Serial Res"（串阻补偿）复选框，如图 9-14 所示，将 "Min"（最小值）和 "Max"（最大值）分别设置为 25 和 125，选中 "Perform Sweep"（扫描步长）复选框，在 "Sweep Steps" 文本框中输入 10，然后单击 "Reflections Waveforms" 按钮，将会得到如图 9-15 所示的分析波形。选择一个满足需求的波形，能够看到此波形所对应的阻值，如图 9-16 所示，最后根据此阻值选择一个比较合适的电阻串接在 PCB 中相应的网络上即可。

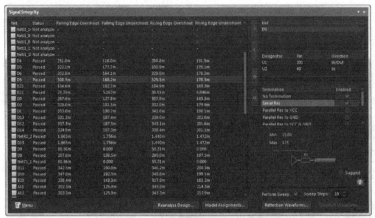

图 9-14　设置"Serial Res"的数值

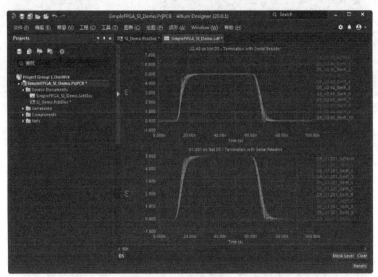

图 9-15　分析波形

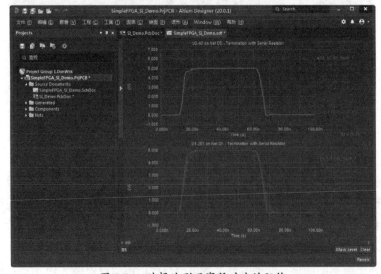

图 9-16　选择波形观察所对应的阻值

（13）进行串扰分析，重新返回如图 9-9 所示的对话框，双击网络"D6"将其导入右侧的"Net"列表框中，然后右击"D5"，在弹出的快捷菜单中选择"Set Agressor"（设置干扰源）选项，将"D5"设为干扰源，如图 9-17 所示，结果如图 9-18 所示。

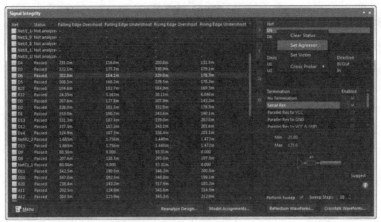

图 9-17　设置"D5"为干扰源

（14）单击图 9-18 右下角的"Crosstalk Waveforms"（串扰分析波形）按钮，经过一段漫长时间的等待之后就会得到串扰分析波形，如图 9-19 所示。

将完成的项目文件进行保存。

图 9-18　设置"D5"为干扰源的
　　　　　结果

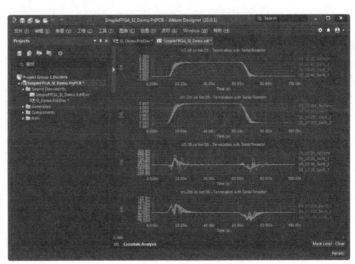

图 9-19　串扰分析波形

9.3　本章小结

本章主要对信号完整性分析的基本知识、设计流程及完整性分析做了简单的介绍，并通过实例讲解了使用信号分析的步骤。

9.4　课后思考与练习

（1）信号完整性分析的条件是什么？

（2）信号完整性分析的功能是什么？

（3）详细描述信号完整性分析的设计流程。

第10章 脉冲直流交换器电路设计实例

PCB 文件是实际电路板的缩影，是实际电路板在计算机中的模拟，PCB 文件的出现弥补了实际电路板在演示性上的缺陷，因此在进行 PCB 设计中需要考虑实际排布，同时也能更进一步地与实际电路板相似。本章实例详细讲解如何设计 PCB。

知识重点

- ➢ 电路分析
- ➢ 新建工程文件
- ➢ 原理图输入
- ➢ 输出元器件清单
- ➢ 设计电路板

脉冲直流交换器
电路设计实例

10.1 电路分析

脉冲直流交换器电路将低电压大电流转换成高电压、瞬间大电流。其组成部分有逆变部分（前级）和整流脉冲放电部分（后级）。

在该实例中以如图 10-1 所示的脉冲直流交换器电路图介绍从原理图到 PCB 的设计流程，让读者系统地了解从原理图设计到 PCB 设计的过程，掌握一些常用技巧。

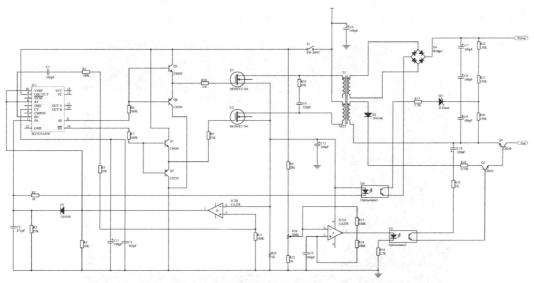

图 10-1　脉冲直流交换器电路图

10.2　新建工程文件

（1）选择"文件"→"新的"→"项目"选项，弹出"Create Project"对话框，新建一个项目文件。

默认选择"Local Projects"选项及"Default"选项，在"Project Name"文本框中输入文件名称"脉冲直流交换器电路"，在"Folder"文本框中选择文件路径，如图 10-2 所示。

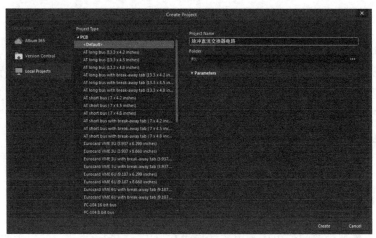

图 10-2　"Create Project"对话框

设置完成后，单击"Create"按钮，关闭该对话框，弹出"Project"面板，在该面板中出现了新建的工程类型。

（2）选择"文件"→"新的"→"原理图"选项，新建一个原理图文件，新建的原理图文件会自动添加到"脉冲直流交换器电路"项目中，如图 10-3 所示。

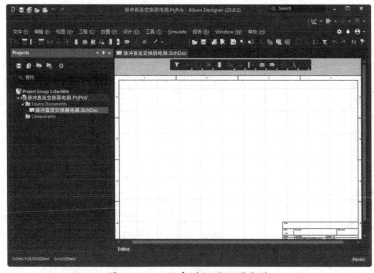

图 10-3　工程中增加原理图文件

10.3　原理图输入

单击右下角的"Panels"按钮，在弹出的列表中选择"Properties"选项，弹出"Properties"面板，如图 10-4 所示，设置图纸"Sheet Size"为 A3，只改变图纸的大小。设置完成后，按 Enter 键。

10.3.1　装入元器件

如果知道用到的元器件在哪个库中，直接在右侧"Components"面板中找到该元器件库，选择元器件；如果事先不知道准确的库，则利用"查找"命令，输入元器件名称，在系统元器件库中搜索元器件库。

（1）加载元器件库。单击"Components"面板右上角的 ■ 按钮，在弹出的下拉列表中选择"File-based Libraries Preferences"选项，弹出"Available File-based Libraries"对话框，选择"工程"选项卡，单击"添加库"按钮，在弹出的对话框中选择所需的库：常用插接件杂项库（Miscellaneous Connectors.IntLib）、常用电气元器

图 10-4　"Properties"面板

件杂项库（Miscellaneous Devices.IntLib），单击"打开"按钮，即可加载所选的库，如图 10-5 所示。

图 10-5　加载需要的元器件库

（2）搜索元器件。由于芯片 SG3525ADW 无法确定其元器件库，单击"Components"面板右上角的 ■ 按钮，在弹出的下拉列表中选择"File-based Libraries Search"选项，弹出如图 10-6 所示的"File-based Libraries Search"对话框，输入关键字，如图 10-6 所示。

（3）单击"查找"按钮，在"Components"面板中就会显示查询到的元器件，如图 10-7 所示。

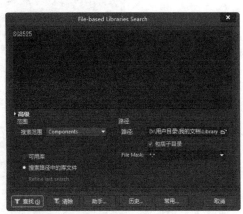

图 10-6 "File-based Libraries Search"对话框   图 10-7 "Components"面板

（4）双击"SG3525ADW"，弹出"Confirm"（确认）对话框，确认加载元器件所在的元器件库，如图 10-8 所示，单击"Yes"按钮，在原理图中放置芯片。

（5）在原理图中显示浮动的芯片，按 Tab 键，弹出元器件属性面板，在"Designator"文本框中输入"IC1"，如图 10-9 所示。

图 10-8 "Confirm"对话框   图 10-9 元器件属性面板

（6）按 Enter 键，在原理图空白处放置元器件，如图 10-10 所示。

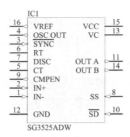

图 10-10 放置芯片 SG3525ADW

（7）使用同样的方法搜索元器件 1N4148，如图 10-11～图 10-13 所示。

图 10-11 "File-based Libraries Search" 对话框

图 10-12 查询结果

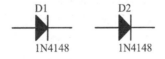

图 10-13 放置元器件

10.3.2 输入原理图

Altium Designer 20 采用了集成的库管理方式。在元器件列表下方还有 3 个小窗口，从上到下依次是元器件的原理图图形、元器件集成库中所包含的内容（封装、电路模型等）和元器件的 PCB 封装图形。如果该元器件有预览图，则在最下面还会出现元器件的预览窗格。在右侧的 "Components" 面板中，选择 "Miscellaneous Devices.IntLib" 为当前库，库名下的过滤器中默认通配符为 "*"，下方的列表框中列出了该库中的所有元器件。在 "*" 后面输入元器件的关键词，可以快速定位元器件，并选择元器件。

1）放置晶体管 C8050

① 选择 "Miscellaneous Devices.IntLib" 为当前库，在 "Components" 面板中的 "Search" 过滤器文本框中输入 "2N"，选择元器件列表中的 "2N3904"，双击 "2N3904" 后转到元器件

摆放状态，光标为十字形状且其上悬浮着一个轮廓。按 Tab 键，弹出属性设置面板，在"Designator"文本框中输入"Q1"作为第一个晶体管元器件序号，在"Comment"文本框中输入"C8050"，如图 10-14 所示。

　　② 按 Enter 键完成设置，按 Space 键可以旋转元器件，将 Q1 移动到合适的位置后单击放下元器件，并依次放置其余 3 个晶体管，结果如图 10-15 所示。

图 10-14　元器件属性设置面板

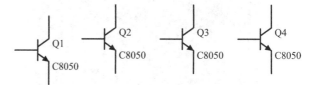

图 10-15　放置元器件

2）放置晶体管 C8550

① 选择"Miscellaneous Devices.IntLib"为当前库，在"Components"面板中的"Search"过滤器文本框中输入"2N"，选择元器件列表中的"2N3906"，双击"2N3906"后转到元器件摆放状态，指针为十字形状且其上悬浮着一个轮廓。按 Tab 键，弹出属性设置面板，在"Designator"文本框中输入"Q5"作为第一个晶体管元器件序号，在"Comment"文本框中输入"C8550"。

　　② 按 Enter 键完成设置，按 Space 键可以旋转元器件，将 Q5、Q6 移动到合适的位置后单击放下元器件。

　　3）放置电阻

① 选择"Miscellaneous Devices.IntLib"为当前库，在"Components"面板中的"Search"过滤器文本框中输入"RES2"，选择元器件列表中的"RES2"，双击"RES2"后转到元器件摆放状态，指针为十字形状且其上悬浮着一个电阻轮廓。

　　② 按 Tab 键，弹出属性设置面板。在"Designator"文本框中输入"R1"作为第一个电阻元器件序号，在"Comment"文本框中输入"100K"，如图 10-16 所示。按 Enter 键完成设

图 10-16　电阻元器件属性设置面板

置，按 Space 键可以旋转元器件，将 R1 移动到合适的位置后单击放下元器件。

③ 使用同样的方法摆放其余 21 个电阻，其中，R2 的值为 1kΩ、R3 的值为 27kΩ、R4 的值为 10kΩ、R5 的值为 10kΩ、R6 的值为 100kΩ、R7 的值为 100kΩ、R8 的值为 28kΩ、R9 的值为 21kΩ、R10 的值为 21kΩ、R11 的值为 100kΩ、R12 的值为 1kΩ、R13 的值为 47kΩ、R14 的值为 100kΩ、R15 的值为 100kΩ、R16 的值为 2.7kΩ、R17 的值为 2.7kΩ、R18 的值为 1kΩ、R19 的值为 0.33kΩ、R20 的值为 150kΩ、R21 的值为 150kΩ、R22 的值为 150kΩ。

④ 放置电容的方法同电阻相同，在库工作区面板的"Search"过滤器文本框中输入"CAP"可以找到所用的电容。其中，电容 C1 的值为 103pF、C2 的值为 471pF、C3 的值为 102pF、C4 的值为 223pF、C5 的值为 104pF。

4）放置元器件

① 由于在原理图元器件库中查找不到 CA358、EE55，因此需要进行编辑。为简化步骤，在"TI Operational Amplifier.IntLib"及"Miscellaneous Devices.IntLib"中找到相似的元器件 LF353P、Trans BB，并在此基础上进行编辑，具体过程这里不做赘述，结果如图 10-17 所示。

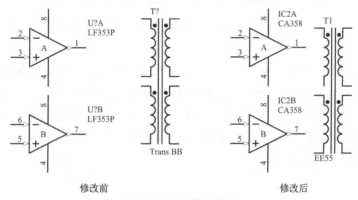

图 10-17　编辑元器件

② 继续放置其余元器件，结果如图 10-18 所示。

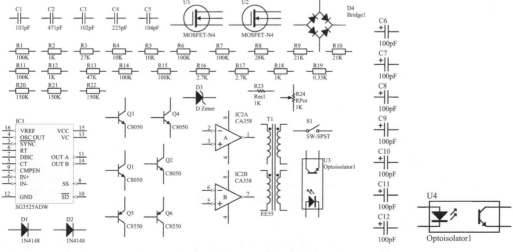

图 10-18　放置元器件

③ 按照电路要求进行布局，完成元器件放置后的原理图如图 10-19 所示。

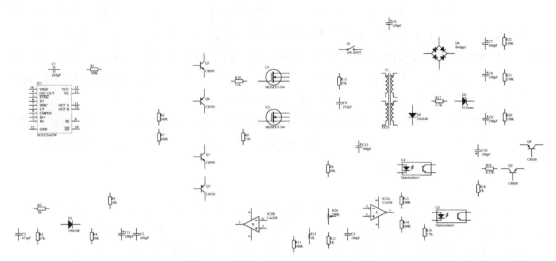

图 10-19　完成元器件放置后的原理图

④ 选择"视图"→"合适文件"选项，能够得到刚好显示所有元器件的视图，开始着手连接电路。

⑤ 选择"放置"→"线"选项，进入连线模式，指针变为十字形状。将指针移到 R1 的左端，当出现一个红色的连接标记时，说明指针在元器件的一个电气连接点上，单击确定第一个导线点，移动指针到 C1 的右侧，出现红色标记时单击，完成这个连接后右击，则恢复到连线初始模式，可以继续连接下面的电路。如果连接完毕，再次右击，则指针恢复到标准指针状态。原理图连线结果如图 10-20 所示。

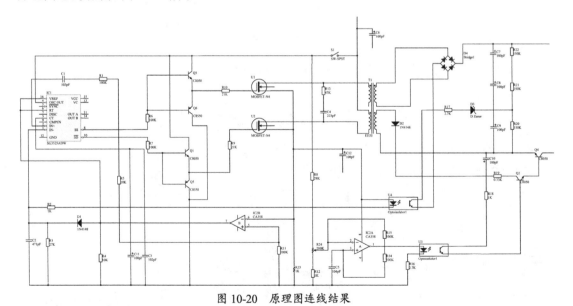

图 10-20　原理图连线结果

5）放置电源和接地符号

① 单击"布线"工具栏中的"VCC 电源符号"按钮，放置电源符号，本例共需要 1 个电源符号。单击"布线"工具栏中的"GND 接地符号"按钮，放置接地符号，本例共需要 3

个接地符号。结果如图 10-21 所示。

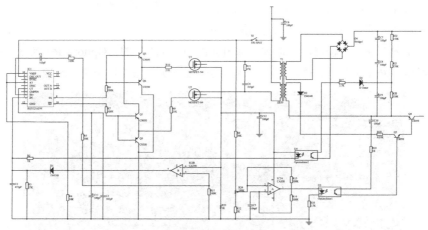

图 10-21　放置结果

② 选择"放置"→"端口"选项，或者单击"布线"工具栏中的"放置端口"按钮 ，指针将变为十字形状，在适当的位置单击即可完成电路端口的放置。双击一个放置好的电路端口，弹出"Properties"面板，在该面板中对电路端口属性进行设置，如图 10-22 所示。

使用同样的方法设置另一端口，完成的原理图如图 10-1 所示。

图 10-22　设置电路端口属性

10.3.3　设置项目选项

通过编译后，为确保电路捕获正确，可准备进行仿真分析或传递到下一个设计阶段。接下来需要设置项目选项，在后面编译项目时 Altium Designer 20 将使用这些设置。项目选项包括错误检查规则、连接矩阵、比较设置、ECO 启动、输出路径和网络选项，以及用户想指定的任何项目规则。

当编译项目时，详尽的设计和电气规则将应用于验证设计。当所有的错误被解决后，原理图设计的再编译将被启动的 ECO 加载到目标文件，如一个 PCB 文件。项目比较允许找出源文件和目标文件之间的差别，并在相互之间进行更新。

选择"工程"→"工程选项"选项，弹出如图 10-23 所示的"Options for PCB Project 脉冲直流交换器电路.PrjPcb"对话框，这个对话框用来设置所有与项目相关的选项。

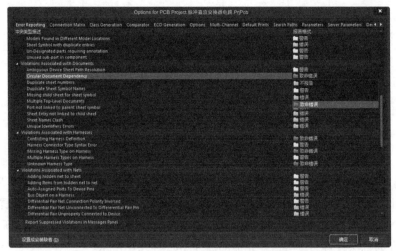

图 10-23 "Options for Project 脉冲直流交换器电路.PrjPcb"对话框

原理图中包含关于电路连接的信息，可以用连接检查器来验证设计。当编译项目时，Altium Designer 20 将根据在"Error Reporting"（错误报表）和"Connection Matrix"（连接矩形）选项卡中的设置来检查错误，错误发生后则会显示在"Messages"面板中。

对话框中的"Error Reporting"选项卡用于设置设计草图检查，"报表格式"表明违反规则的程度。单击所要修改的规则旁边的图标，在弹出的下拉列表中选择严格的程度，如图 10-23 所示。本例中这一项使用默认设置。

（1）选择"Options for Project 脉冲直流交换器电路.PrjPcb"对话框中的"Connection Matrix"选项卡，如图 10-24 所示。

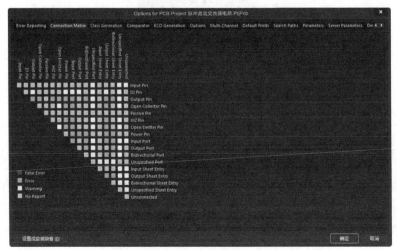

图 10-24 "Connection Matrix"选项卡

（2）单击两种连接类型的相交处的方块，在方块变为图例中的"Errors"表示的颜色时停止单击。例如，一个橙色方块表示一个错误，表明侦测出这种类型的连接。

（3）选择"Comparator"（比较器）选项卡，在"Differences Associated with Components"（元件的不同关联）列表框中找到"Changed Room Definitions"（改变 Room 定义）、"Extra Room Definitions"（额外的 Room 定义）和"Extra Component Classes"（额外的元件分类），从这些选项右侧的"模式"下拉列表中选择"Ignore Differences"（忽略不同）选项，如图 10-25 所示。

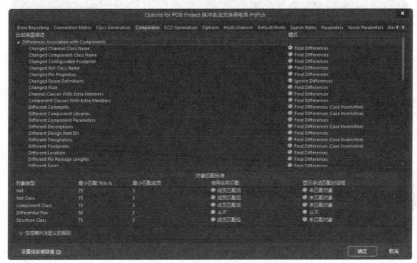

图 10-25　"Comparator"选项卡

（4）单击"确定"按钮，退出对话框，完成工程项目的设置。

（5）完成编译。

① 选择"工程"→"Compile××××"（编译）选项（××××代表具体的文件或 Project），分析工程原理图文件，弹出如图 10-26 所示的文件信息提示框。

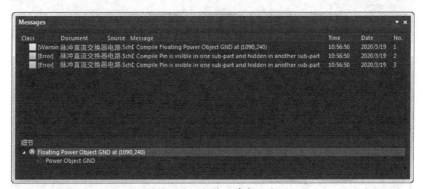

图 10-26　文件信息提示框

② 双击警告信息，弹出"Compile Error"（编译错误）对话框，查看错误报告，根据错误报告信息进行原理图的修改，然后重新编译，直到弹出如图 10-27 所示的信息为止。

图 10-27　"Messages" 对话框

10.4　输出元器件清单

元器件清单不只包括电路总的元器件报表，也可以分门别类地生成每个电路原理图的元器件清单报表。

10.4.1　元器件总报表

（1）选择"报告"→"Bill of Material"（元件清单）选项，弹出如图 10-28 所示的对话框，显示元器件清单列表。

图 10-28　元器件清单列表

（2）选中"Add to Project"和"Open Exported"复选框，单击 •••• 按钮，在安装目录"C:\Program Files\AD 20\Template"下，选择系统自带的元器件报表模板文件"BOM Default Template.XLT"。

（3）单击"Export"按钮，保存带模板的报表文件，系统自动打开报表文件，如图 10-29 所示。

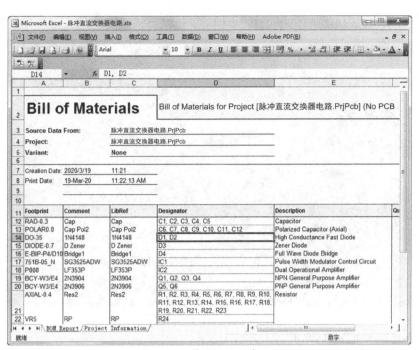

图 10-29 带模板的报表文件

（4）单击"OK"按钮，退出对话框，在左侧"Project"面板中显示添加的报表文件，如图 10-30 所示。

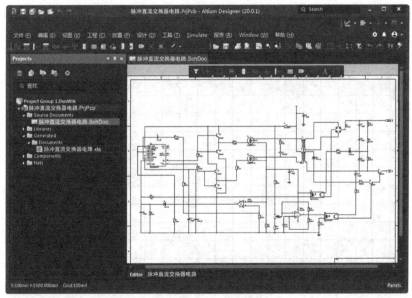

图 10-30 生成的报表文件

10.4.2 元器件分类报表

选择"报告"→"Component Cross Reference"（分类生成电路元件清单报表）选项，弹出如图 10-31 所示的对话框来显示元器件分类清单列表。在该对话框中，元器件的相关信息都是按子原理图分组显示的。其后续操作与 10.4.1 节相同，这里不再赘述。读者可自行练习。

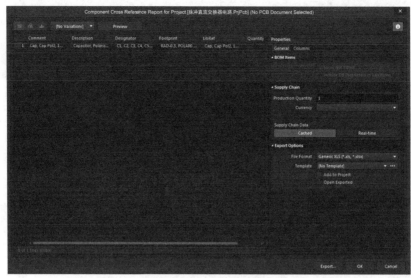

图 10-31　元器件分类清单列表

10.4.3　项目网络表

选择"设计"→"工程的网络表"→"PCAD"选项，系统自动生成了当前工程的网络表文件"脉冲直流交换器电路.NET"，并存放在当前工程下的"Generated \Netlist Files"文件夹中。双击打开该工程网络表文件"脉冲直流交换器电路.NET"，结果如图 10-32 所示。

图 10-32　创建工程的网络表文件

10.5 设计电路板

在一个项目中，在设计 PCB 时系统都会将所有电路图的数据转移到一块电路板中。但在进行电路板设计时，还要从新建 PCB 文件开始。

10.5.1 PCB 设置

（1）选择"文件"→"新的"→"PCB"选项，新建一个 PCB 文件。同时进入 PCB 编辑环境，在编辑区中也出现一个空白的 PCB。

（2）单击"PCB 标准"工具栏中的"保存"按钮，指定所要保存的文件名为"脉冲直流交换器电路.PcbDoc"。

（3）绘制物理边界。单击编辑区下方工作层标签栏中的"Mechanical1"，切换到机械层。

图 10-33 绘制边界

选择"放置"→"线条"选项，进入画线状态，指向外框的第一个角单击，移到第二个角双击，移到第三个角双击，移到第四个角双击；移回第一个角（不一定要很准）单击，最后右击退出该操作。

（4）绘制电气边界。单击编辑区下方工作层标签栏中的"Keep out Layer"，切换到禁止布线层。选择"放置"→"Keepout"→"线径"选项，光标显示为十字形指针，在第一个矩形内部绘制略小矩形，绘制方法同上，结果如图 10-33 所示。

（5）选择"设计"→"Import Changes From 脉冲直流交换器电路.PrjPcb"（输入变化）选项，弹出如图 10-34 所示的"工程变更指令"对话框。

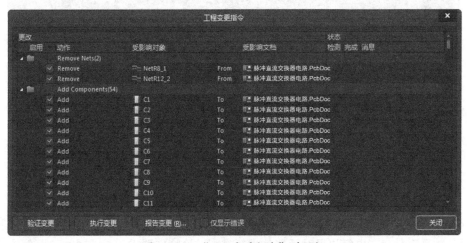

图 10-34 "工程变更指令"对话框

（6）单击"验证变更"按钮，验证一下更新方案是否有错误，程序将验证结果显示在对话框中，如图 10-35 所示。

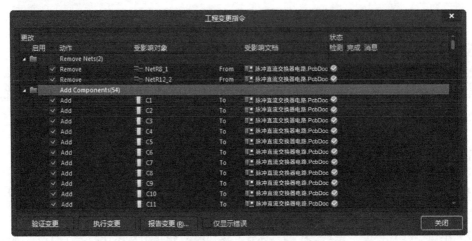

图 10-35　验证结果

（7）在如图 10-35 所示对话框中，没有错误产生，单击"执行变更"按钮，执行更改操作，如图 10-36 所示。单击"关闭"按钮，关闭对话框。加载元器件到电路板后的原理图如图 10-37 所示。

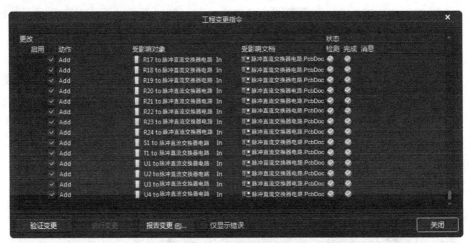

图 10-36　更改结果

图 10-37　加载元器件到电路板

（8）在图 10-37 中，按住鼠标左键将其拖到板框之中。单击选中，按 Delete 键，将它们删除。手动放置零件，在电气边界对元器件进行布局，除特殊要求，否则同类元器件依次并排放置。

（9）在绘制电路板边界时，按照元器件数量估算绘制，在完成元器件布局后，按照元器件实际所占空间对边框进行修改，结果如图 10-38 所示。

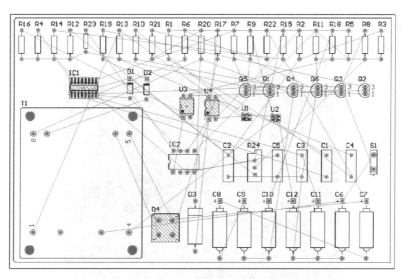

图 10-38 改变元器件放置后的原理图

10.5.2 3D 效果图

布局完毕后，可以通过查看 3D 效果图，看一下直观的视觉效果，以检查手工布局是否合理。

选择"视图"→"切换到 3 维模式"选项，系统生成该 PCB 的 3D 效果图，加入项目的生成文件夹内并自动打开。PCB 生成的 3D 效果图如图 10-39 所示。

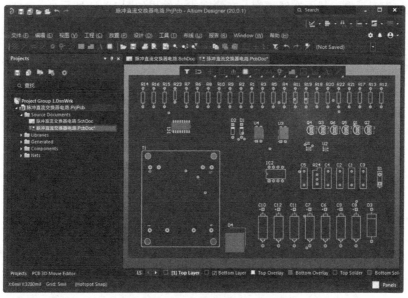

图 10-39 PCB 生成的 3D 效果图

10.5.3 布线设置

本电路采用双面板布线，而程序默认即为双面板布线，所以不必设置布线板层。

（1）选择"布线"→"自动布线"→"全部"选项，弹出"Situs 布线策略"对话框，参数设置如图 10-40 所示。

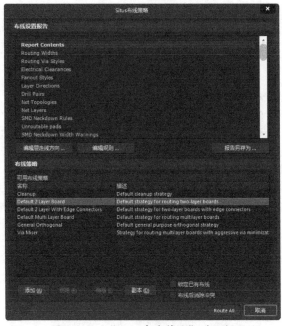

图 10-40 "Situs 布线策略"对话框

（2）保持程序预置状态，单击"Route All"（布线所有）按钮，进行全局性的自动布线，弹出"Messages"对话框，显示布线进度。布线完成的结果如图 10-41 所示。

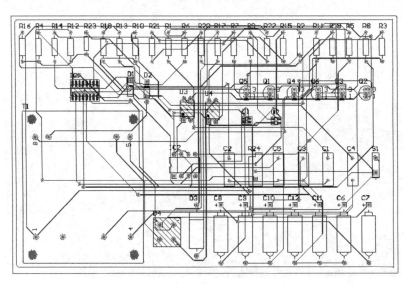

图 10-41 完成自动布线

（3）完成布线后，关闭如图 10-42 所示的"Messages"对话框。

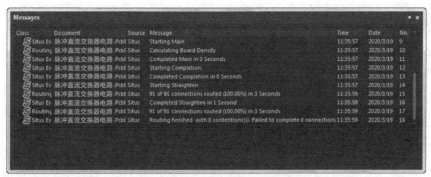

图 10-42　"Messages"对话框

10.5.4　覆铜设置

（1）选择"放置"→"铺铜"选项，对完成布线的电路建立覆铜，在覆铜属性设置面板中，选择影线化填充、45°填充模式，选择"Top Layer"选项，其设置如图 10-43 所示。

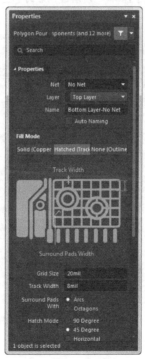

图 10-43　设置参数

（2）设置完成后，按 Enter 键，指针变成十字指针。用光标沿 PCB 的电气边界线，绘制一个封闭的矩形，系统将在矩形框中自动建立覆铜，顶层覆铜后的 PCB 如图 10-44 所示。采用同样的方式，为 PCB 的 Bottom Layer 层建立覆铜。底层覆铜后的 PCB 如图 10-45 所示。

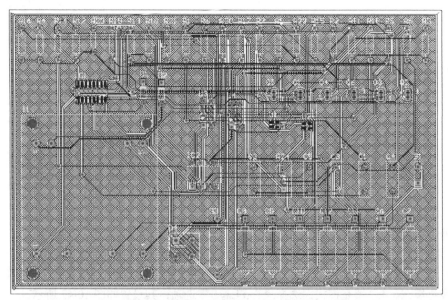

图 10-44　顶层覆铜后的 PCB

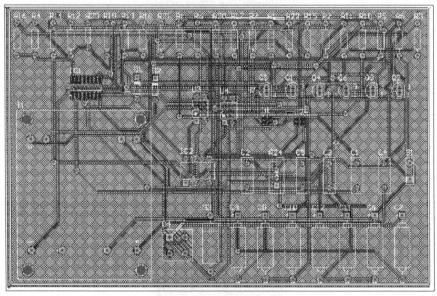

图 10-45　底层覆铜后的 PCB

10.5.5　滴泪设置

（1）选择"工具"→"滴泪"选项，即可执行补泪滴命令，并弹出"泪滴"对话框，如图 10-46 所示。

（2）单击"确定"按钮即可完成设置对象的泪滴添加操作。

补泪滴前后焊盘与导线连接的变化如图 10-47 所示。

（3）按照此种方法，用户还可以对某一个元器件的所有焊盘和过孔，或者某一个特定网络的焊盘和过孔进行添加泪滴操作。

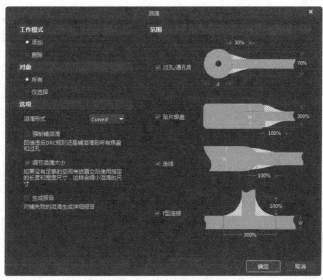

图 10-46　"泪滴"对话框

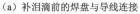

（a）补泪滴前的焊盘与导线连接　　（b）补泪滴后的焊盘与导线连接

图 10-47　补泪滴前后的焊盘与导线连接

（4）单击"PCB 标准"工具栏中的"保存"按钮，保存文件。

第11章　耳机放大器电路设计实例

电路的设计不单包括快速、准确地绘制原理图，那只是"万里长征"的第一步，对绘制完成的电路图通过报表文件检查图纸中的具体参数不失为一个捷径。此外，PCB 文件的绘制也是重中之重，这里简单介绍其绘制步骤，使读者对电路设计有一个新的认知。

知识重点

> 电路工作原理说明
> 耳机放大器电路设计
> 输出元器件清单
> 设计电路板

11.1　电路工作原理说明

利用放大器芯片前置放大信号，在如图 11-1 所示的一般运算放大器电路图的基础上，大幅度更改电阻、电容参数值，工作状态和运算放大器电路发生巨变，做输出小功率放大器，性能极佳。

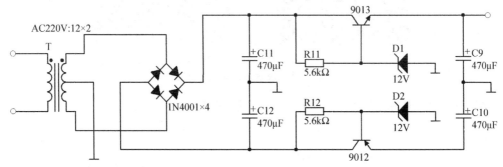

图 11-1　一般运算放大器电路图

电源滤波电容 C9、C10 设置过小容易引起自激，作为前置放大时，C9、C10 的大小选择 100μF 即可，但作为功率放大器时必须加大到 470μF 以上。同时，滤波电容的大小直接关系到音质的好坏。

电路中 R4（R9）和 R5（R10）的阻值应反复调试，在前置放大电路中 R4（R9）的值一般为 1kΩ，而 R5（R10）的值为 100kΩ，这样设置的参数值使放大系数高达 100。但在本实例中，过大的倍数差异会引起自激，因此需较少阻值差异，将 R4（R9）的值设置为 8.2kΩ，R5（R10）的值设置为 33kΩ，放大倍数只有 4，同时不会引起自激，负反馈也适量，音质柔和、清晰、通透度高，比例适度。但若继续增大 R4（R9）的值，减小 R5（R10）的值，则反馈过深，音量变轻，音色沉闷。

电路中 C2（C6）是输入回路的对地通路，在前置放大电路中其值只有 10μF，作为功率放大器时输入阻抗过大，信号阻塞，引起失真甚至自激，现将 C2（C6）的值加大到 100μF，音质明显改善，音域变宽，高音清脆悦耳，中音纯真明亮，低音深沉丰厚。

因为收听耳机时音量太大，输入端需要串接 R1（R6）并设置其阻值为 51kΩ；若放在床头收听，可选择 5 英寸以下的小喇叭。

11.2 耳机放大器电路设计

本项目的设计要求是完成耳机放大器电路中工作电路的原理图及 PCB 电路板设计。

11.2.1 创建原理图

（1）建立工作环境。在 Altium Designer 20 主界面中选择"文件"→"新的"→"项目"选项，弹出"Create Project"对话框，建立一个新的项目文件。

默认选择"Local Projects"选项及"Default"选项，在"Project Name"文本框中输入文件名称"耳机放大器电路"，在"Folder"文本框中选择文件路径。在该对话框中显示工程文件类型，如图 11-2 所示。

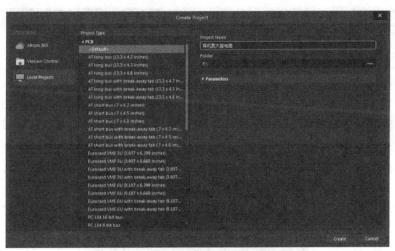

图 11-2 "Create Project"对话框

设置完成后，单击"Create"按钮，关闭该对话框，并弹出"Project"面板，在面板中出现了新建的工程类型。

选择"文件"→"新的"→"原理图"选项，在创建的原理图上右击，在弹出的快捷菜单中选择"另存为"选项，将新建的原理图文件保存为"耳机放大器电路.SchDoc"。

（2）设置图纸参数。打开"Properties"面板，在其中设置原理图绘制环境，如图 11-3 所示。

（3）选择"Parameters"选项组，显示标题栏设置选项。在"Value"文本框中输入参数值，在"Type"下拉列表中选择参数类型，在"ProjectName"文本框中输入原理图的名称，其他选项可以根据需要填写，如图 11-4 所示。

图 11-3 设置原理图绘制环境

图 11-4   "Parameters" 选项组

（4）添加元器件库。

原理图中的主要元器件有放大器 NE5532 和可调电阻器 RP，其余元器件均可在 Miscellaneous Devices.IntLib 和 Miscellaneous Connectors.IntLib 中找到。

单击 "Components" 面板右上角的  按钮，在弹出的下拉列表中选择 "File-based Libraries Preferences" 选项，弹出 "Available File-based Libraries" 对话框。在该对话框中单击 "添加库" 按钮，弹出相应的选择库文件对话框，在该对话框中选择确定的库文件夹，选择系统库文件 Miscellaneous Devices.IntLib 和 Miscellaneous Connectors.IntLib，单击 "打开" 按钮，完成库的添加，结果如图 11-5 所示，单击 "关闭" 按钮关闭该对话框。

图 11-5 加载需要的元器件库

11.2.2　创建可调电位器

（1）选择"文件"→"新的"→"库"→"原理图库"选项，启动原理图库文件编辑器，并创建一个新的原理图库文件。

（2）选择"文件"→"另存为"选项，将库文件命名为"可调电位器.SchLib"，如图 11-6 所示。

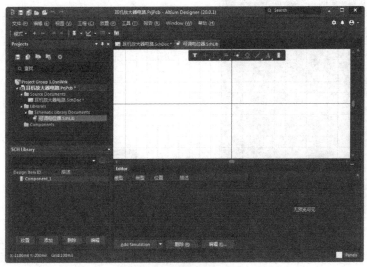

图 11-6　新建库文件

（3）管理元器件库。单击图 11-6 中左侧"SCH Library"（SCH 库）面板中的"添加"按钮，弹出"New Component"对话框，在该对话框中将元器件重命名为"RP"，如图 11-7 所示。单击"确定"按钮退出对话框，在如图 11-8 所示的"SCH Library"面板中显示新添加的元器件。

（4）绘制原理图符号。选择"放置"→"矩形"选项，或者单击"应用工具"工具栏中的"实用工具"下拉按钮，在弹出的下拉列表中选择"放置矩形"选项，这时指针变成十字形状。在图纸上绘制一个如图 11-9 所示的矩形。

图 11-7　为新元器件命名　　　图 11-8　"SCH Library"面板　　　图 11-9　绘制矩形

双击所绘制的矩形，弹出矩形属性面板，如图 11-10 所示。在该面板中设置所画矩形的参数，包括矩形的左下角点坐标（-100，-40）、矩形宽和高（200×80）、板的宽度、填充色和板的颜色，修改后的矩形如图 11-11 所示。

图 11-10　矩形属性面板

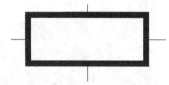

图 11-11　修改后的矩形

选择"放置"→"线"选项，或者单击"应用工具"工具栏中的"实用工具"下拉按钮，在弹出的下拉列表中选择"放置线"选项，这时指针变成十字形状。按 Tab 键，弹出设置线属性面板，如图 11-12 所示。在图纸上绘制一个如图 11-13 所示的带箭头竖直线。

图 11-12　设置线属性面板

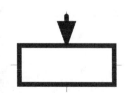

图 11-13　绘制带箭头竖直线

（5）绘制引线。选择"放置"→"引脚"选项，或单击"应用工具"工具栏中的"实用工具"下拉按钮，在弹出的下拉列表中选择"放置引脚"选项，绘制两个引脚，如图 11-14 所示。双击所放置的引脚，弹出引脚属性面板，如图 11-15 所示。在该面板中，取消选中"Name"

和"Designator"文本框后面的"可见的"单选按钮█，表示隐藏引脚编号。在"Pin Length"文本框中输入 150，修改引脚长度。使用同样的方法，修改另一侧水平引脚长度为 150，竖直引脚长度为 100。

（6）设置元器件属性。在左侧"SCH Library"面板中单击"编辑"按钮，弹出如图 11-16 所示的元器件属性面板，在"Designator"文本框中输入"R?"，在"Comment"文本框中输入"RP"，完成设置。

图 11-14 绘制直线和引脚　　　图 11-15 设置引脚属性　　　图 11-16 编辑库元器件属性

（7）添加封装。单击"Footprint"选项组中的"Add"按钮，弹出"PCB 模型"对话框，如图 11-17 所示。单击"浏览"按钮，在弹出的"浏览库"对话框中选择封装"VR4"，如图 11-18 所示，单击"确定"按钮，添加完成后的"PCB 模型"对话框如图 11-19 所示。

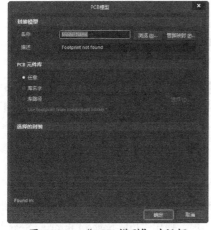

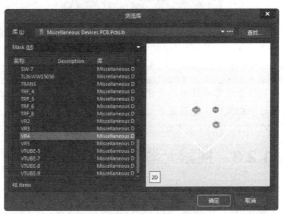

图 11-17 "PCB 模型"对话框　　　　　　图 11-18 "浏览库"对话框

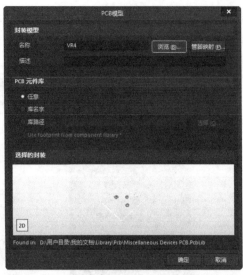

图 11-19 添加完成后的 "PCB 模型" 对话框

（8）保存原理图。选择"文件"→"保存"选项，或单击"原理图标准"工具栏中的"保存"按钮 ，可调电位器元器件即创建完成，如图 11-20 所示。

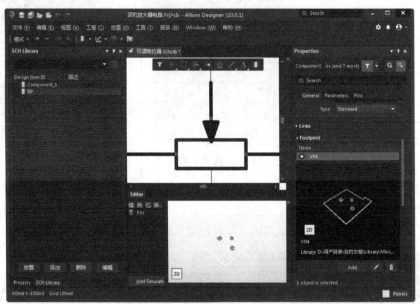

图 11-20 可调电位器绘制完成

提示

读者还可以练习在原理图库中编辑所需元器件，步骤同上面讲述的可调电位器，直接在原理图中编辑，相对步骤较少，过程简单。但必须在外形类似的元器件上修改，读者可自行练习、比较。

11.2.3 搜索元器件 "NE5532"

（1）关闭原理图库文件，返回原理图编辑环境。单击 "Components" 面板右上角的 ▇ 按钮，在弹出的下拉列表中选择 "File-based Libraries Search" 选项，弹出 "File-based Libraries Search"

对话框。

（2）在对话框中输入电路需要的元器件"NE5532"，如图 11-21 所示。单击"查找"按钮，在"Components"面板中显示搜索过程，最终显示搜索结果，如图 11-22 所示。

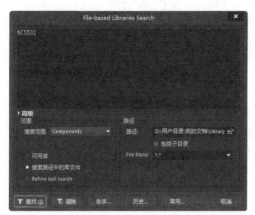

图 11-21　"File-based Libraries Search"对话框　　　图 11-22　"Components"面板

（3）在搜索结果中双击"NE5532P"，弹出确认对话框，如图 11-23 所示，单击"Yes"按钮，加载芯片所在元器件库，将其放置在图纸上，如图 11-24 所示。

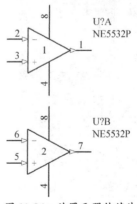

图 11-23　确认对话框　　　　　　　　　　图 11-24　放置元器件芯片

11.2.4　绘制原理图

在通用元器件库中找出所需要的元器件，放置在原理图中，结果如图 11-25 所示。

（1）编辑元器件。双击元器件"NE5532"，弹出元器件属性面板，在"Designator"文本框中输入"U1"，如图 11-26 所示。

选择"Pins"选项卡，单击"编辑"按钮 ✎，弹出"元件管脚编辑器"对话框，取消选中引脚 4 的"Show"（展示）和"Number"复选框，如图 11-27 所示。单击"确定"按钮，结果如图 11-28 所示。

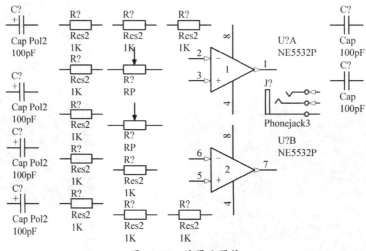

图 11-25　放置元器件

图 11-26　元器件属性面板

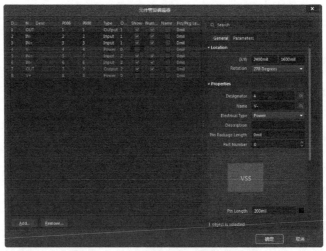

图 11-27　"元件管脚编辑器"对话框

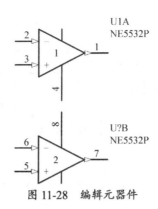

图 11-28 编辑元器件

（2）编辑其余元器件。使用同样的方法设置其余属性，根据前面介绍，本实例中同类型元器件在不同位置表达不同含义，因此不能利用"Annotate"（注释）对话框一次性完成标签的设置，需要按照要求对应修改编号及属性，同时对电路进行布局，结果如图 11-29 所示。

图 11-29 元器件布局

（3）连接线路。单击"布线"工具栏中的"放置线"按钮 ，放置导线，完成连线操作。完成连线后的电路图如图 11-30 所示。

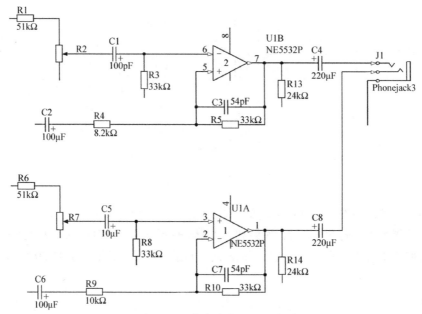

图 11-30　完成连线后的电路图

（4）放置电源符号。单击"布线"工具栏中的"VCC 电源端口"按钮，放置电源符号，结果如图 11-31 所示。

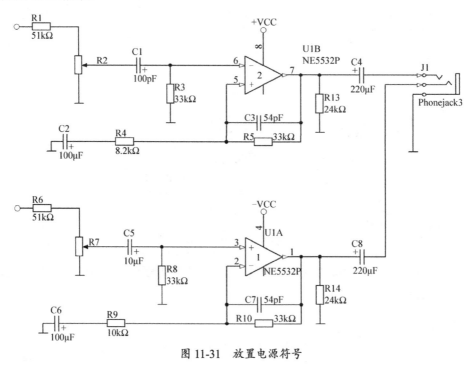

图 11-31　放置电源符号

（5）保存原理图。单击"原理图标准"工具栏中的"保存"按钮，保存原理图文件。

11.3　输出元器件清单

元器件清单不只包括电路中的元器件报表，也可以分门别类地生成每个电路原理图的元器件清单报表。

11.3.1　元器件总报表

（1）选择"报告"→"Bill of Material"选项，弹出如图 11-32 所示的对话框来显示元器件清单列表。

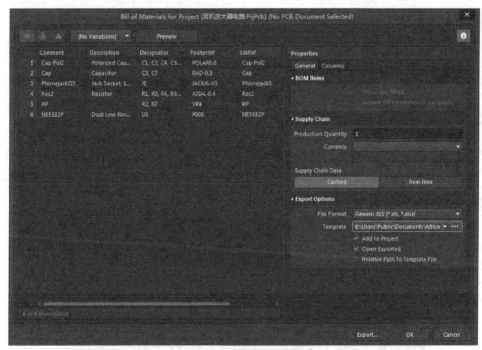

图 11-32　元器件清单列表

（2）选中"Add to Project"（添加到项目）和"Open Exported"（打开输出报表）复选框，单击 ••• 按钮，在安装目录下，选择系统自带的元器件报表模板文件 BOM Default Template.XLT。

（3）单击"Export"按钮，保存带模板报表文件，系统自动打开报表文件，如图 11-33 所示。

（4）关闭报表文件，单击"OK"按钮，退出该对话框，在项目面板中显示加载的.xls 格式的报表文件。

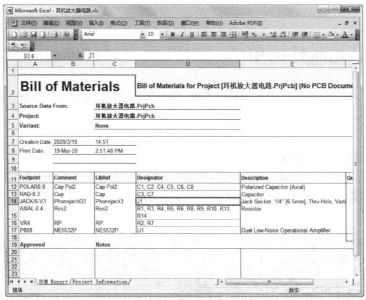

图 11-33　带模板报表文件

11.3.2　元器件分类报表

选择"报告"→"Component Cross Reference"（分类生成电路元器件清单报表）选项，弹出如图 11-34 所示的对话框来显示元器件分类清单列表。在该对话框中，元器件的相关信息都按子原理图分组显示。

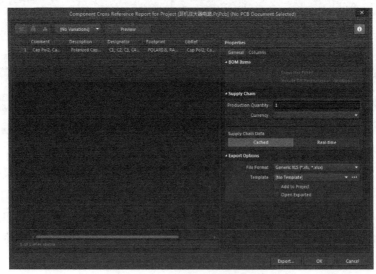

图 11-34　元器件分类清单列表

其后续操作与前面相同，这里不再赘述，读者可自行练习。

11.3.3　简易元器件报表

Altium Designer 20 还为用户提供了简易的元器件信息，不需要进行设置即可产生。系统在

"Project"面板中自动添加"Components""Nets"选项组，显示工程文件中所有的元器件与网络，如图 11-35 所示。

图 11-35　简易的元器件信息

11.3.4　项目网络表

选择"设计"→"工程的网络表"→"Protel"选项，系统自动生成当前工程的网络表文件"耳机放大器电路.NET"，并存放在当前工程下的"Generated\Netlist Files"文件夹中。双击打开该工程网络表文件"耳机放大器电路.NET"，结果如图 11-36 所示。

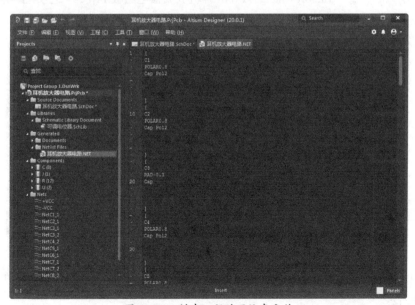

图 11-36　创建工程的网络表文件

11.4 设计电路板

在一个项目中，在设计 PCB 时系统都会将所有电路图的数据转移到一块电路板中，但在设计电路板时，还要从新建 PCB 文件开始。

11.4.1 PCB 设置

（1）选择"文件"→"新的"→"PCB"选项，新建一个 PCB 文件。同时进入 PCB 编辑环境，在编辑区中也出现一个空白的 PCB。

（2）单击"PCB 标准"工具栏中的"保存"按钮🔲，指定所要保存的文件名为"耳机放大器电路.PcbDoc"，单击"保存"按钮，关闭该对话框。

（3）绘制物理边界。单击编辑区下方工作层标签栏中的"Mechanical1"，切换到机械层。选择"放置"→"线条"选项，进入画线状态，指向外框的第一个角单击，移到第二个角双击，移到第三个角双击，移到第四个角双击，移回第一个角（不一定要很准）单击，最后右击退出该操作。

图 11-37 绘制矩形

（4）绘制电气边界。单击编辑区下方工作层标签栏中的"Keep out Layer"，切换到禁止布线层。选择"放置"→"Keepout"→"线径"选项，指针显示为十字形指针，在第一个矩形内部绘制略小矩形，绘制方法同上，结果如图 11-37 所示。

（5）选择"设计"→"Import Changes From 耳机放大器电路板.PrjPcb"选项，弹出如图 11-38 所示的"工程变更指令"对话框。

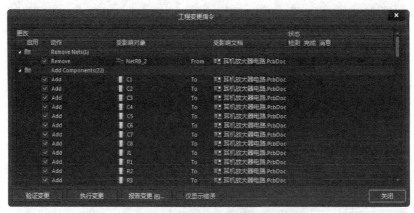

图 11-38 "工程变更指令"对话框

（6）单击"验证变更"按钮，验证更新方案是否有错误，程序将验证结果显示在对话框中，如图 11-39 所示。

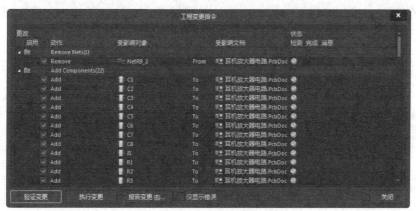

图 11-39 验证结果

（7）若在图 11-39 中显示没有错误产生，单击"执行变更"按钮，执行更改操作，如图 11-40 所示。单击"关闭"按钮，关闭对话框。加载元器件到电路板后的原理图如图 11-41 所示。

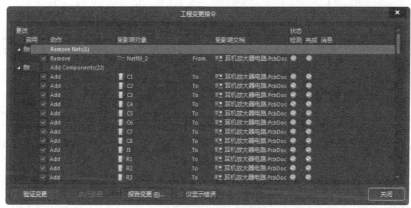

图 11-40 更改结果

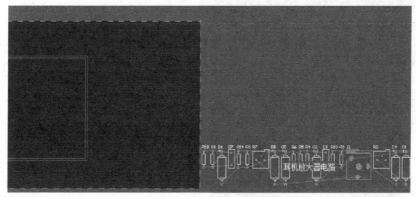

图 11-41 加载元器件到电路板

（8）在图 11-41 中，按住鼠标左键将其拖到板框中。单击选中，按 Delete 键，将它们删除。手动放置零件，将同类元器件放置在一起，结果如图 11-42 所示。

（9）在"应用工具"工具栏的"排列工具" 下拉列表中选择"以顶对齐器件"选项 ，均匀排布器件，结果如图 11-43 所示。

提示

在电气边界中对元器件进行布局，除特殊要求，否则同类元器件依次并排放置。

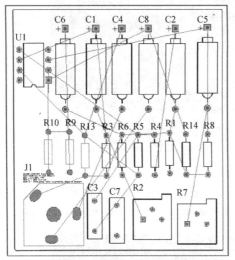

图 11-42　改变零件放置后的原理图

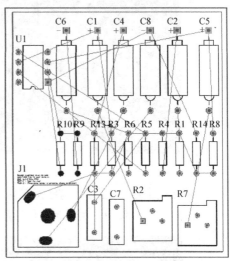

图 11-43　排布后的原理图

11.4.2　布线设置

本电路采用双面板布线，而程序默认即为双面板布线，所以不必设置布线板层。

（1）选择"布线"→"自动布线"→"全部"选项，弹出如图 11-44 所示的"Situs 布线策略"对话框。

（2）保持程序预置状态，单击"Route All"按钮，进行全局性的自动布线。布线完成结果如图 11-45 所示。

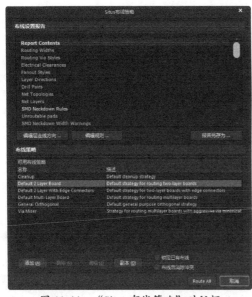

图 11-44　"Situs 布线策略"对话框

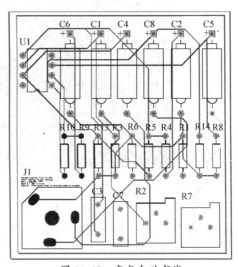

图 11-45　完成自动布线

（3）只需要很短的时间就可以完成布线，关闭如图 11-46 所示的"Messages"面板。

图 11-46　"Messages"面板

11.4.3　3D 效果图

选择"视图"→"切换到 3 维模式"选项，系统生成该 PCB 的 3D 效果图，如图 11-47 所示。

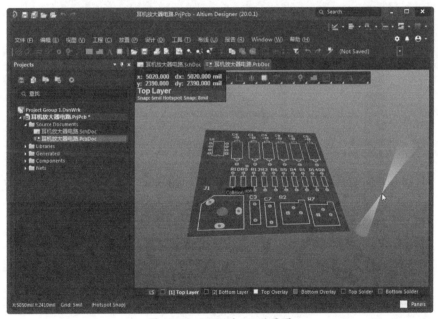

图 11-47　PCB 的 3D 效果图

选择"文件"→"导出"→"PDF 3D"选项，弹出如图 11-48 所示的"Export File"（输出文件）对话框，输出电路板的 3D 模型 PDF 文件，单击"保存"按钮，弹出"Export 3D"对话框。

在该对话框中还可以选择 PDF 文件中显示的视图，进行页面设置，设置输出文件中的对象，如图 11-49 所示，单击"Export"按钮，输出 PDF 文件，如图 11-50 所示。

图 11-48 "Export File" 对话框

图 11-49 "Export 3D" 对话框

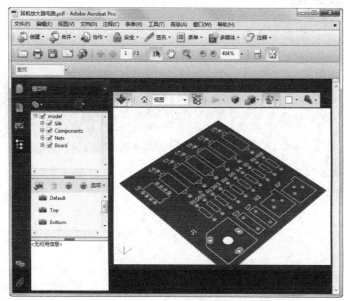

图 11-50 PDF 文件